普通高等教育基础课新形态教材
浙江省普通高校"十二五"优秀教材

数 学 文 化

第 3 版

主编　薛有才　张洪涛　龚世才
参编　叶善力　刘小林　张　景

机 械 工 业 出 版 社

数学的思想、精神、文化对人类历史文化的变革有着重要的影响。我们正是在这一意义下学习、讨论、研究数学文化的。

本书的特点有三：一是用许多大家熟知的数学史实来阐明数学的思想、方法与意义，特别是介绍了解析几何、微积分、概率论与数理统计、线性代数等大学生必修的大学数学内容的思想、方法与文化影响，以期加深对这些经典数学内容的理解；二是在众多数学史实的基础上，把它升华为哲学理论上的分析；三是延续中学数学新课程标准改革的精神，把提高大学生的数学文化素质与创新精神作为教材的基本目标之一。

本书适合理工类本科生、教师及其他对此感兴趣的读者。

图书在版编目（CIP）数据

数学文化/薛有才，张洪涛，龚世才主编. —3版. —北京：机械工业出版社，2023.9（2024.12重印）

普通高等教育基础课新形态教材　浙江省普通高校"十二五"优秀教材
ISBN 978-7-111-73727-8

Ⅰ.①数…　Ⅱ.①薛…　②张…　③龚…　Ⅲ.①数学-文化-高等学校-教材　Ⅳ.①O1-05

中国国家版本馆 CIP 数据核字（2023）第 159478 号

机械工业出版社（北京市百万庄大街 22 号　邮政编码 100037）
策划编辑：汤　嘉　　　　　　责任编辑：汤　嘉　张金奎
责任校对：潘　蕊　张　征　　封面设计：王　旭
责任印制：张　博
北京建宏印刷有限公司印刷
2024 年 12 月第 3 版第 3 次印刷
184mm×260mm·16 印张·393 千字
标准书号：ISBN 978-7-111-73727-8
定价：59.80 元

电话服务　　　　　　　　　　网络服务
客服电话：010-88361066　　机 工 官 网：www.cmpbook.com
　　　　　010-88379833　　机 工 官 博：weibo.com/cmp1952
　　　　　010-68326294　　金 书 网：www.golden-book.com
封底无防伪标均为盗版　　机工教育服务网：www.cmpedu.com

前　言

本书是在编者所编著的《数学文化》第 2 版（以下简称第 2 版）的基础上修改而成的。第 2 版曾被评为浙江省普通高校"十二五"优秀教材。

作为一本大学生素质教育教材、一本通俗读物、一本科普读物，如何选材并使之成为一个很好的系统，如何组成一个科学的数学文化体系一直是编者思考的问题。编者认为，应当紧密结合大学数学教育的实际，从数学的思想、方法与意义，数学文化史，数学文化价值与数学精神等方面来理解数学与数学文化，并从哲学角度予以升华，构建一本内容丰富、思想深刻、通俗易懂、体系比较完整的数学文化读本。

本书的主要特点如下：

1. 紧密结合大学数学教育，突出数学的思想、方法与意义。内容专设"解析几何的思想、方法与意义""微积分的思想、方法与意义""概率论与数理统计的思想、方法与意义""线性代数的思想、方法与意义"等章节，增加了一些典型的范例来说明这些大学数学课程的基本思想、方法，使之能与大学数学教学更好地衔接。

2. 突出数学的文化价值与文化影响力。本书注意分析数学历史事件对人们的思想所起到的巨大作用、在社会历史文化变革中所产生的巨大影响力，以及数学在社会进步、科技进步、经济进步中所发挥的作用，以使读者更能深切地体会数学的文化意义。

3. 突出数学的哲学分析。只有通过对数学史实进行深刻的哲学分析，人们的思想才能得到启迪与升华。编者从 M. 克莱因、徐利治、郑毓信、张楚廷、张顺燕等的著作中汲取了许多哲学营养，并将其较好地融入本书之中，结合数学史实进行通俗易懂、恰当的哲学分析。这些分析使读者既不会陷入深邃的哲学理论分析之中，又能很好地体现数学的哲学意义。

4. 突出数学文化的教育性。数学文化教育是素质教育的一部分，能够从数学精神、哲学与文化素养、思维能力与创新能力等方面起到教育作用。

编者感谢所有参考文献的作者，特别是徐利治、郑毓信、张楚廷、张顺燕、易南轩等先生，感谢众多读者的厚爱与支持，感谢本书各位编辑不懈的辛勤工作与鼎力支持，感谢机械工业出版社能继续出版本书。正是有了这么多人的工作与支持，本书才能够成为一本好的读物，受到大家的喜爱。

本次修订由浙江科技学院薛有才、龚世才、叶善力，浙江农林大学张洪涛、刘小林、张景合作完成。

最后，还是需要指出，由于编者水平和阅读的资料文献所限，错谬之处在所难免。真挚地期望各位专家、学者及其他读者不吝赐教。

编者

目 录

扫描二维码　获取更多资源

绪 言　数学与数学文化

数学是一种艺术，如果你和它交上了朋友，你就会懂得，你再也不能离开它。

——阿尔伯特·爱因斯坦

数学推理几乎可以应用于任何学科领域，不能应用数学推理的学科极少，通常认为无法运用数学推理的学科，往往是由于该学科的发展还不够充分，人们对该学科的知识掌握得太少，甚至还在混沌的初级阶段。任何地方只要运用了数学推理，就像一个愚笨的人利用了一个聪明人的才智一样。数学推理就像在黑暗中的烛光，能照亮你在黑暗中寻找宝藏的路。

——阿尔波斯诺特

我们每个人都学习过数学，甚至在牙牙学语的时候，我们的父母就开始教我们学习数数：1，2，3，…。每个孩童，可以说，就是在数数的过程中，开始了他们对世界的认识。对于数学，可以说每个人都有自己深刻的体会。那么，什么是数学呢？数学不只是数的世界、形的世界或应用于广阔的科学世界中的科学，数学还是文化，是人类创造的最重要的文化之一，以自己无穷的力量影响着世界，影响着人类。我国著名数学家齐民友先生写到：

一种没有相当发达的数学的文化是注定要衰落的，一个不掌握数学作为一种文化的民族也是注定要衰落的。[⊖]

数学是关于世界与宇宙的真理还是人的创造物？数学是像物理、化学一样关于物质世界的科学知识，还是像绘画、小说一样，是一种由人塑造出来的文化现象？

数学对科学世界具有什么样的贡献？没有数学，我们的科学世界会是什么样子呢？数学对人文科学具有什么样的贡献？如果我们说没有数学，就不会有今天繁荣的人文与社会科学，像音乐、绘画、雕塑、哲学、经济学等，就没有今天的理性世界，你同意吗？

数学是美的，令人流连忘返，还是枯燥乏味的，令人难以想象？

数学家都是不食人间香火的"神人"，还是充满了活力和爱心的"凡人"？

以上问题对每一个人来说，并不一定是清楚的。数学文化学习的任务就是要回答这些问题，告诉大家一个真实的数学世界。

1. 数学的基本特征

数学最基本的特征，就是它的抽象性、逻辑演绎性、应用的广泛性、语言性与教育的深刻性。

（1）数学的抽象性

提起数学的抽象性，每个人都有深刻的体会。例如，数字"3"，不是"3个人""3个苹果"等具体事物的数量，而是完全脱离了这些具体事物的抽象的"数"。数学中研究的

⊖　齐民友：《数学与文化》，大连理工大学出版社，2008，第1页。

形——三角形、四边形等，也不是三角板、长方形纸片或足球场等具体形状，而是与这些具体事物完全无关、抽象的"几何图形"。数学中的等式"3＝3"，也是完全抽象的。如果没有告诉我们等式两边的3是什么，我们是否可以说3kg的黄金等于3kg的杨树叶呢？当然，更不用说今天的代数数论、抽象代数、拓扑学等现代数学分支了。

为什么数学必须是抽象的？它可以具体点吗？事实上，数学的抽象性主要是由数学的研究对象所决定的。数学是模式的科学，研究事物及其相互间量的关系，因此，它必须抛开事物具体的物理特征，而仅研究事物所具有的量的关系。我们通过例子来说明。

例1 七桥问题

18世纪时，普雷格尔（Pregel）河从哥尼斯堡（Konigsberg）城中流过，河中有两个岛，把该地分为4个部分。河上有7座桥，将两岸和岛连接，如图1所示。城里的人从桥上走来走去，有人便提出这样一个疑问：一个人能否依次走过所有的桥，而每座桥只走一次？如果可以的话，这个人能否还回到原来出发地？这就是有名的"七桥问题"。许多人都在试验，每天都有许多人在想办法"不重复地走遍"这7座桥。但是，没有人能够完成这一"壮举"。这个问题有答案吗？

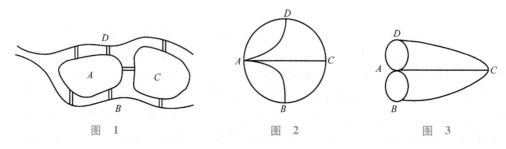

图 1　　　　　　图 2　　　　　　图 3

人们把这个难题拿到了大数学家欧拉面前，请他解决。欧拉经过认真思考，把问题抽象为：把该地的4个部分不断缩小，最后都缩成一点，而把连接两部分陆地的桥，设想成连接这两点的一条线，于是得到一个"图"，如图2（或图3）所示。于是，原来的问题就变为：这个图能否一笔画成而不重复？如果可以的话，起点是否与终点重合？这是一个有趣的问题。

欧拉是如何解决这个问题的？这需要一些简单的图论知识。图论中的"图"究竟指的是什么？或者说，什么是图？图是指若干个点，以及连接它们中某些点的线（直线或曲线）组成的有限图形。图可以是平面的，也可以是空间的，如图4所示。图中的点，称为顶点或顶；图中的线，称为边。一个图 G 可以用它的顶点的集合 V 和边的集合 E 唯

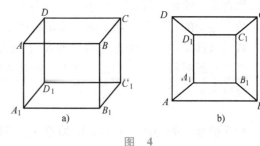

图 4

一确定，记作 $G＝(V, E)$。如果两个图的顶点的集合与边的集合相同，就称这两个图是"同构"的。两个同构图，从图论的角度就认为是完全相同的。如图4a、b两个图，虽然一个是立体的，一个是平面的，但它们的顶点的集合与边的集合相同，因此是同构的。同样，图2与图3也是同构的。

由彼此相连的顶点和边组成的部分图形（子图），称为图的一条"链"或"路"。如

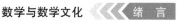

果一条路首尾相连，就称为回路或环。例如，图4b中就有多条回路，如 $A{\to}B{\to}C{\to}D{\to}A$，$A{\to}A_1{\to}D_1{\to}D{\to}A$，$A{\to}B{\to}B_1{\to}C_1{\to}D_1{\to}D{\to}A$ 等。

一个图，如果每两个顶点都有且只有一条边相连，就称之为"完全图"。如果图 G 的一条链，包含了 G 的所有顶点和边，就称之为"欧拉链"；特别地，如果一条回路包含 G 的所有顶点和边，就称之为"欧拉回路"。于是，七桥问题就变成：图2是否为一个欧拉链？或者，它是否为一个欧拉回路？为此，需要了解关于顶点的几个概念。

一个顶点所聚集的边的数目，称为该顶点的"度"。顶点的度是奇数，称为"奇顶点"；顶点的度是偶数，称为"偶顶点"。

关于一个图是否为欧拉链或欧拉回路，有一个简单的判定准则。我们把它写成定理形式：

定理1（欧拉回路判定准则） 一个连通图（图中任何两个顶点都能够用一条链来连接）是欧拉回路的充要条件是它的奇顶点的个数是0或2。

由此可以得到图是否可以一笔画的判定准则，我们也可以写成定理形式：

定理2（一笔画判定准则） 如果一个图上的奇顶点的个数是0或2，该图就可以一笔画，否则不能一笔画。特别地，若奇顶点的个数为0，即图上没有奇顶点，则该图不仅可以一笔画，而且起点还能与终点重合。

据此，对于上述七桥问题，很容易得出结论：因为图2（或图3）上的4个点都是奇顶点，所以它不是欧拉回路，不能一笔画。从而，我们知道哥尼斯堡七桥问题的答案是否定的。

这就是数学中的抽象过程，陆地再大、再广，在所研究的问题中作用并不大，它们与一个点的作用相当；桥也不管长短、曲直，完全可以用一条曲线代替。抽象的结果是，走路的问题变成了一笔画的问题。

不过，抽象并不是数学独有的属性，而是其他科学，乃至人类思维具有的特性。因此，单是数学的抽象性还不能说尽数学的特点。

数学在抽象方面的特点还在于：第一，保留量的关系和空间形式而舍弃了其他一切。第二，数学的抽象是经过一系列阶段而产生的，它们达到的抽象程度大大超过了自然科学中一般的抽象。数学中许多概念是在抽象概念之上的抽象，如群的概念。第三，数学抽象的特殊性在于数学对象是借助明确的定义建构的。在严格的数学研究中，无论所涉及的对象是否具有明显的直观意义，我们都只能依据相应的定义和推理规则进行，而不能求助于直观。而且，在经常的数学研究中我们就是依抽象思维的产物作为直接的研究对象。[⊖] 例如，"虚数单位 i"就是人们为了满足运算而构造出来的。在复数的运算中，我们完全是按照已有的定义"以固定形式"进行。

（2）数学的逻辑演绎性

获取知识有很多方法，如经验的方法、归纳的方法、类比的方法等。

远古时期的数学公式就是由经验日积月累而成。例如，古人对许多图形求面积的方法就是在多次、反复体验的基础上得出来的。

类比的方法也在很多场合运用，如数学以平面的性质类比得出立体空间的性质。当然这些类比得到的结果还必须进行证明。

⊖ 郑毓信、王宪昌、蔡仲：《数学文化学》，四川教育出版社，2008，第29-32页。

另一种使用更为广泛的推理方法是归纳法。例如，我们可以从以下等式中进行归纳：4＝2＋2，6＝3＋3，8＝5＋3，10＝5＋5＝7＋3，12＝7＋5，…，归纳得出：一个大于4的偶数可以表示为两个奇质数（素数）的和。归纳过程的本质在于，在几个有限的例子的基础上概括出一些总是正确的结论。

归纳法在科学实验中是基本的推理方法。尽管由归纳推理得出的结论经常被事实证明是正确的，但还不能说所有归纳得出来的结论都是确定无疑的。有时，归纳出来的结论并不正确。例如，近几期的彩票中奖号码比较接近，但我们不能从中归纳出这些号码就是中奖率比较高的号码。归纳推理的方式还会受到许多其他方面的限制。

在得出结论的几种方法中，每一种无疑都会在一定的情形中有用，但它们又都有一定的使用范围。即使经验中的事实，或作为类比、归纳、推理基础的事实是完全确定的，但得到的结论依然可能不确定、不正确。

演绎推理是一种更重要的获取知识的方法，演绎法是古希腊人发展的。所谓演绎法是一种运用理性思维从一些普遍性结论或一般性原理中推导出个别性结论的论证方法。例如，在数学上，从原始概念和公理出发，运用演绎思维得出一些定理，然后再依据这些定理及定义等继续进行推理论证，得出一个比较完整的数学理论系统。欧几里得几何学是世界上第一个演绎推理系统。它从几个不证自明的公理与一些基本定义出发，运用演绎推理方法，得到一系列几何（数学）定理，形成一个完整的公理化体系。

三段论是演绎推理的主要形式。三段论由大前提、小前提与结论三部分组成。例如：

例2　平面三角形的内角和等于 π。（大前提）

　　　　A 是一个平面三角形。（小前提）

　　　　A 的内角和等于 π。（结论）

这是一个典型的三段论演绎推理过程。它包含三个概念：内角和，A，三角形。结论中作谓项的"内角和"是大项，作为主项的"A"是小项，结论中不出现而在两个前提中出现的"三角形"是中项。大项"内角和"包含于大前提，小项"A"包含于小前提。

如果分别用 S、P、M 表示小项、大项与中项，那么三段论的一般形式为

　　　　　　M 是 P　　（大前提）

　　　　　　S 是 M　　（小前提）
　　　　　　━━━━━━━━━━━━━
　　　　　　所以 S 是 P　（结　论）

三段论中，有时会省略掉不言自明的部分，例如：

例3　因为 $\angle A$ 与 $\angle B$ 是对顶角，所以 $\angle A = \angle B$。

这里省略了大前提"对顶角相等"。

演绎推理的前提蕴含着结论，前提与结论之间存在必然的联系。因此，当前提为真时，结论必然为真。由此，演绎推理就是从已认可的事实推导出新命题，承认这些事实就必须接受推导出的新命题。演绎法的重要意义是，如果作为出发点的事实是确定无疑的，那么结论也确定无疑。数学是一门演绎的科学，很多理论都是由一组基本概念和关系（公理）出发，通过演绎不断形成新的概念，确立新的关系，推出新的命题与推论，逐步构建起学科理论体系。

作为获得新知识的方法，演绎法与反复试验法、类比法、归纳推理法相比，有很多优点。首先，如果前提确定无疑，那么结论也确定无疑；其次，与试验相反，即使不利用昂贵

的仪器，演绎也能进行下去甚至在试验之前，利用演绎推理我们就已经知道结论。演绎法具有的这些优点，使它有时成了唯一有效的方法。计算天文距离不可能使用直尺，而且试验也只能使我们局限在很小的时空范围内，但是演绎推理可以对无限的时空进行研究。

我们经常说数学是精确的。例如，$3+5=8$，是精确的，不是近似、估计的；欧氏几何定理"三角形三内角之和等于$180°$"，是从几何公理和定理经过逻辑推导得出来的，而非猜测、估计、测量和试验得到的。数学的精确性，主要来源于数学的演绎推理。

例4　抽屉原理的应用：

设有10本书，分为3类，分别是文学类（A类）、史学类（B类）、数学类（C类），证明至少有一类书有4本或4本以上。

这个问题很容易通过反证法证明。假设A类、B类、C类的书都不超过3本，那么所有书加起来就不超过9本，这与有10本书相矛盾。因此，至少有一类书超过3本，即4本或4本以上。

这个问题相当于：有10件物品，装在3个抽屉里，那么有一个抽屉至少有4件物品。这是一个具体的抽屉原理问题，看似很简单，却很有用。

在任意的6个人中，一定可以找到3个相互认识的人，或者3个互不认识的人。你能证明这一命题吗？实际上，利用抽屉原理就不难证明。

现在，我们就把6个人看作6件物品，然后将他们标记为A、B、C、D、E、F。以F为基准，将A、B、C、D、E这5件"物品"，分为两类即"装于两个抽屉"，一类是"与F相识"的，另一类是"与F不相识"的。这时，相当于把5件"物品"A、B、C、D、E放进两个抽屉。那么两个"抽屉"中必有其一至少有3件"物品"。现在可以看到，无论是哪个"抽屉"中有3件"物品"，都将得到我们所需要的答案。

如果"与F相识"的抽屉里有3个人，不妨说是A、B、C。这时，假若A、B、C 3人彼此不相识，那么已说明命题是成立的；假若A、B、C中至少有2人，如A、B 2人相识，再加之A、B与F都相识，因此，A、B、F 3人便是彼此相识的3人，这也说明了命题成立。如果"与F不相识"的抽屉里有3个人，仍不妨说是A、B、C 3人。这时，若A、B、C 3人互不相识，则已说明命题成立；假若A、B、C中至少有2人，如A、B 2人不相识，而他们又都与F不相识，这样，A、B、F 3人便是彼此互不相识的3人。于是命题亦成立。

从古希腊开始，演绎的方法过去一直是数学中"唯一"被承认的方法，归纳的方法几乎被赶出了数学的家园，但是在近年，我国数学家吴文俊院士、张景中院士等发展了一种"例证法"——用演绎来支持归纳。我们用张景中院士举过的一个简单例子予以说明。

例如，证明恒等式：$(x-1)^2=x^2-2x+1$。我们用$x=1$代入上式，两边都是0；用$x=2$代入上式，两边都是1；用$x=3$代入上式，两边都是4。这就已经证明了上式一定是恒等式。这是因为如果它不是恒等式，就一定是一个二次或一次代数方程，那么它最多只有2个根。现在$x=1$，2，3都是"根"，说明它不是方程而只能是恒等式。

"在这个具体问题上，演绎推理支持了归纳推理。我们用数学上承认的演绎法证明了归纳法的有效性"。$^{\ominus}$

举例的方法不仅能证明代数问题，也能应用在几何问题上面。吴文俊院士、张景中院士

$\ominus$　张景中：《数学与哲学》，中国少年儿童出版社，2003，第72页。

等在这方面做出了杰出的贡献。这一方法现在广泛应用于"机器证明"之中，有兴趣的读者可以阅读张景中院士的著作《数学与哲学》。这是我国数学家对数学发展的卓越贡献。

（3）数学公理化方法[⊖]

人的认识往往是由概念、命题、理论等四种形式表述出来的。我们对概念的认识是对它做出思维中的"规定"，即通过定义来认识它们的。但是，一个理论表述体系中的最初始的概念往往是这个体系中最抽象的概念，往往是无法定义的，如平面几何中的"点"。同样，一个数学理论体系中必然有不加证明的初始的命题，也就是公理。以这些初始概念或公理为出发点，运用逻辑演绎方法，逐步给出其他定义，导出其他命题（定理），从而形成理论体系，这就是数学中的公理化方法。由初始概念、公理、定义、逻辑规则、定理等构成的演绎体系称为公理体系。

由上分析可知，公理化方法实际是一种具体的演绎方法。公理体系中的公理是关于初始概念的命题，而体系中的其他命题（定理）都可以由公理及定义等演绎出来，因此，公理体系是一个表述由一般到个别的认识过程的体系。

例5　欧几里得的《几何原本》展示了世界上第一个公理体系。

欧几里得（Euclid，约公元前 330 年—约公元前 275 年）在公元前 300 年左右，在《几何原本》中，把古希腊的数学知识运用公理化方法进行了系统整理，构建了世界上第一个公理知识体系。在《几何原本》（第一卷）中，有 5 条公设与 5 条公理。其中的公设实际也是公理，只不过是欧几里得在几何学中的称法。

公设

1）连接任何两点可以作一直线段。

2）一直线段可以沿两个方向无限延长而成为直线。

3）以任意一点为中心，通过任意给定的另一点可以作一圆。

4）凡直角都相等。

5）如果同一平面内任一条直线与另两条直线相交，同一侧的两内角之和小于两直角，那么这两条直线经适当延长后在这一侧相交。（其等价命题：在一个平面中，过已知直线外一点作直线的平行线能作一条且仅能作一条。）

公理

1）等于同量的量，彼此相等。

2）等量加等量，其和仍相等。

3）等量减等量，其差仍相等。

4）彼此能重合的东西是相等的。

5）整体大于部分。

（4）数学应用的广泛性

数学的抽象性决定了数学应用的广泛性。正因为"3+5=8"是抽象的，超乎一切具体的事物之外，结论是精确的，所以它对任何领域里的事物都适用。在小学和中学学习的算术、代数和几何知识，是人们日常生活中应用最为广泛的知识。随着社会的进步，许多新的数学知识会逐渐进入人们的日常生活。

⊖ 顾泠沅：《数学思想方法》，中国广播电视大学出版社，2004，第95-102页。

例 6　海王星的发现过程

在 17 世纪初，开普勒（Johannes Kepler，1571—1630）陆续发现了其著名的开普勒行星运动三大定律。这些定律成为天文学的基本法则。

1781 年 3 月 13 日，赫歇尔发现了第七颗行星——天王星。1821 年，法国人布瓦德，将 1781 年以来 40 年的天王星资料进行了一番细细推算。这一算可不得了，因为天王星总也进不了开普勒的轨道。他又将 1781 年以前的观察资料再算一遍，发现又是另一个轨道。事情过了 10 年到了 1830 年，有人将天王星的轨道再算一遍，又是第三种样子。这下，平静的天文界哗然起来，如果不是哥白尼的假设、开普勒的"立法"都错了，那就是天王星外还有一颗未发现的新行星通过引力影响它的轨道。但是经过 80 年的探索，这颗行星杳无踪影。天王星距太阳约 28 亿千米，绕太阳一周，要用 84 年，如果它的轨道外再有一颗星，那么找起来真是"大海捞针"了。

1846 年 9 月 23 日，德国柏林天文台台长加勒收到一封来自法国的一位名叫勒维列的来信。信中写到，尊敬的加勒台长：请您在 9 月 23 日（当天）晚上，将望远镜对准摩羯座 δ 星（垒壁阵四）之东约 5°的地方，您就会发现一颗新行星。它就是您日夜寻找的那颗未知行星，它小圆面的直径约 3 角秒，其运动速度为每天后退 69 角秒（一周天 360 度，1 度 = 60 角分，1 角分 = 60 角秒）……加勒读完信后，不禁有点发愣。他心里又惊又喜，是谁这么大的口气，难道他已观察到这颗星了？好不容易熬到天黑，加勒和助手们便忙将望远镜对准那个星区。他们果然发现一个亮点，和信中所说的位置相差不到 1 度。他的眼睛紧贴望远镜，一直看了一个小时，这颗星竟然后退了 3 角秒。"哎呀！"加勒台长跳了起来，大海里的针终于捞到。几天后他们向全世界宣布：又一颗新行星发现了！它的名字取作海王星。

然而，年轻的勒维列不是靠观察，而是靠笔算出来的。在宇宙中，一颗行星会对附近的另一颗行星的运行轨道产生影响，这叫摄动。根据开普勒等人的理论，在当时对已知行星计算摄动是不成问题的。现在要反过来，靠这么一点点的摄动就要去推算那颗未知的新行星，这里面有许多的未知数，简直无从下手。勒维列研究了其他行星与太阳的距离，木星、土星和天王星轨道的半径差不多后一个都是前一个值的 2 倍，假设未知行星半径也是天王星的 2 倍，他列出了 33 个方程进行计算。计算结果和观察结果有误差，经过修正、计算、再修正、再计算，逐步逼近。就这样好几年过去了，终于达到了理想的结果——误差小于 1 角秒。真是，天文学家冒着寒风在星空下观察了一辈子不得其果，而这个初出茅庐的小伙子却用一支笔将结果精算于帷幄之中。科学的假设、科学的理论一旦建立，竟有如此伟大的神力。

事实上，早在一年前的 9 月有个叫亚当斯的 26 岁英国青年就已计算出这颗新行星的位置，并将结果转告给英国格林威治天文台台长。可惜的是，这位台长瞧不起这个无名小卒，也根本不相信数学的力量，因此，没有做认真的观察。好在后来大家承认海王星是他们俩同时发现的，勒维列和亚当斯之后分别担任了巴黎天文台和剑桥大学天文台的台长。

例 7　范·米格伦伪造名画案[①]

第二次世界大战期间，在比利时解放以后，荷兰开始搜捕纳粹同谋犯。在曾把大量艺术品卖给德国人的某商号的档案中，他们发现了一个银行家的名字，这个银行家曾充当把 17 世纪荷兰著名画家约翰内斯·维米尔（1632—1675）的油画《耶稣与通奸的人》卖给纳粹

①　张顺燕：《数学的思想、方法和应用》，北京大学出版社，1997，第 242-245 页。

空军元帅戈林的中间人。这个银行家又交代，他是三流荷兰画家范·米格伦的代表，因此，范·米格伦因通敌罪于 1945 年 5 月 29 日被捕。同年 7 月，范·米格伦在牢房里宣布，他从未把《耶稣与通奸的人》卖给戈林，并说，这幅画和非常著名、非常美丽的《耶稣和他的门徒》，以及其他四幅冒充维米尔的油画和两幅冒充德胡斯（17 世纪荷兰画家）的油画都是他自己的仿冒作品。范·米格伦为了证实自己所说的话，在监狱里开始伪造维米尔的油画《耶稣在医生们中间》，以向怀疑者证实他是伪造维米尔作品的高手。当这项工作几乎要完成的时候，范·米格伦获悉，通敌罪已改为伪造罪。因此，他拒绝最后完成这幅油画，并使它变陈，以使满怀希望的检查者们不能发现他使伪造品变陈的秘密。为了澄清这一问题，由一些卓越的化学家、物理学家和艺术史学家组成的国际专项小组受命调查这一事件。他们用 X 射线检查画布上是否曾经有过别的画，此外，他们分析了颜料，考察了画中有没有经历岁月的痕迹。不过，范·米格伦是很懂得这些方法的。为了不被别人发现是伪作，他从不很值钱的古画上刮去颜料而只用画布，然后设法使用维米尔可能使用过的颜料。范·米格伦也知道，陈年颜料是很坚硬的，而且不可能溶解。因此，他很机灵地在颜料里掺了一种酚醛类人工树脂化学药品，油画完成后在炉子上烘干时，它就硬化为酚醛树脂。但是，范·米格伦的伪造工作有几点疏忽之处，专家小组在范·米格伦伪造的画中找到了颜料钴蓝的痕迹。此外，他们还在几幅画里检验出 20 世纪初才发明的酚醛类人工树脂。根据这些证据，范·米格伦于 1947 年 10 月 12 日被确认为伪造罪，判刑一年，服刑期间他因心脏病发作而死于 1947 年 12 月 30 日。但是，即使知道了专家小组收集的证据之后，许多人还是不相信《耶稣和他的门徒》是范·米格伦伪造的，依据是其他所谓的伪造品，以及范·米格伦最近完成的《耶稣在医生们中间》等作品质量都很差。他们肯定，美丽的《耶稣和他的门徒》的作者不会画出质量如此之差的作品。

事实上，《耶稣和他的门徒》曾被著名的艺术史学家 A. 布雷迪乌斯鉴定为维米尔的真迹，并且被伦勃朗学会以 170000 美元的高价购去。专家小组对怀疑者的答复是，由于范·米格伦曾因他在艺术界没有地位而十分沮丧，因此，他决心绘出《耶稣和他的门徒》以证明他高于第三流画家。当创作出这样一幅杰作之后，他的志气消退了。而且，当他看到《耶稣和他的门徒》多么容易卖掉以后，在炮制后来的伪造品时就不太用心了。这种解释不能使怀疑者们满意，他们需要一个完全科学、判定性的证明来确定《耶稣和他的门徒》是伪造品。卡耐基梅隆大学的科学家们在 1967 年做到了这一点。

测定油画需要放射性的知识。我们知道，地壳中几乎所有岩石都含有少量的铀。岩石中的铀衰变为另一种放射性元素，而该放射性元素又衰变为一系列其他元素（见图 5），最后变为无放射性的铅。铀的半衰期是 4.5×10^9 年。它不断为这一系列中后面的各元素提供来源，使得当它们衰变后就有前面的元素予以补充。

所有油画都含有少量的放射性元素铅-210（^{210}Pb），还有更少量的镭-226（^{226}Ra），因为 2000 多年来画家用的颜料铅白，即氧化铅都含有铅-210 这种元素。铅白是由金属铅冶制成的，而金属铅又是从铅矿石中提炼出来的。在提炼过程中，矿石中的铅-210 随同金属铅一起被提炼出来，但是，90%~95% 的镭及它衰变的产物则随同其他废料作为矿渣而被除去。这样，铅-210 的绝大部分来源被切断，便以 22 年的半衰期非常迅速地衰变。这个过程一直进行到铅白中的铅-210 同所余少量的镭再度处于放射性平衡状态为止，这时铅-210 的衰变恰好被镭的衰变所补足而得到平衡。

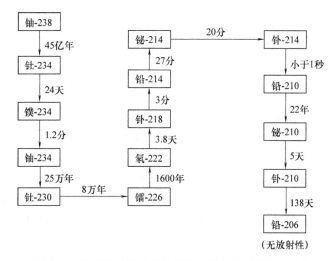

图 5 铀系元素（箭头旁注明的时间是各步的半衰期）

现在让我们利用这一信息——根据制造铅白时的原有铅-210 的含量来计算铅-210 现在在样品中的含量。设 $y(t)$ 是在时刻 t 每克铅白所含铅-210 的数量，y_0 是制造时刻 t_0 的每克铅白所含铅-210 的数量，$r(t)$ 是时刻 t 每克铅白中的镭-226 每分钟衰变的数量。如果 λ 是铅-210 的衰变常数，那么有下面的方程：

$$\frac{\mathrm{d}y}{\mathrm{d}t} = -\lambda y + r(t), \ y(t_0) = y_0 \tag{1}$$

因为我们关心的时间最多是 300 年，而镭-226 的半衰期是 1600 年，我们可以假定镭-226 保持不变，所以 $r(t)$ 是一个常数 r。这样式（1）变为

$$\frac{\mathrm{d}y}{\mathrm{d}t} = -\lambda y + r, \ y(t_0) = y_0 \tag{2}$$

我们现在来求解这一初值问题，将方程变形为

$$\frac{\mathrm{d}y}{-\lambda y + r} = \mathrm{d}t$$

两边积分，得

$$\int \frac{\mathrm{d}y}{-\lambda y + r} = \int \mathrm{d}t$$

求得

$$-\frac{1}{\lambda} \ln |\lambda y - r| = t + C_1$$

$$\ln |\lambda y - r| = -\lambda t - \lambda C_1$$

$$|\lambda y - r| = \mathrm{e}^{-\lambda C_1} \mathrm{e}^{-\lambda t}$$

令 $C = \pm \mathrm{e}^{-\lambda C_1}$，则

$$\lambda y - r = C \mathrm{e}^{-\lambda t}$$

$$y = \frac{C}{\lambda} \mathrm{e}^{-\lambda t} + \frac{r}{\lambda} \tag{3}$$

下面利用条件 $y(t_0) = y_0$ 来定出常数 C：

$$y_0 = \frac{C}{\lambda} \mathrm{e}^{-\lambda t_0} + \frac{r}{\lambda}$$

$$C = (\lambda y_0 - r) e^{\lambda t_0}$$

代入式（3），得

$$y = \frac{r}{\lambda}\left[1 - e^{-\lambda(t-t_0)}\right] + y_0 e^{-\lambda(t-t_0)} \qquad (4)$$

现在 $y(t)$ 和 r 可以很容易地测量出来，因此，如果我们知道了 y_0，就能利用式（4）来计算 $t-t_0$，由此我们就可确定油画的年龄。但是，正如已经指出的，我们不能直接测量 y_0，克服这一困难的方法之一是利用下述方法：在用来提炼金属铅的矿石中，铅-210 的原始含量与较多的镭-226 处于放射平衡。因此，我们取不同矿石的样品，并计算各矿石中每分钟镭-226 衰变的原子数。对不同矿石所做的结果列在表 1 中，这些数在 0.18 到 140.0 之间变化。因此，在刚生产出来时，每克铅白中所含铅-210 每分钟衰变的原子数在 0.18 到 140.0 之间变化。这意味着 y_0 也在一个很大的范围内变化，因为铅-210 衰变的原子数同它存在的数量成正比。这样一来，我们不能利用式（4）得到油画年龄的精确估值，甚至也不能得到粗略的估值。但是，我们仍能利用式（4）来区别 17 世纪的油画和现代的赝品。这是根据下述的简单事实：如果颜料的年份比铅-210 的半衰期 22 年老得多，那么颜料中铅-210 的放射量几乎等于颜料中镭-226 的放射量。如果油画是现代作品，譬如是 20 年左右的作品，那么铅-210 的放射量就比镭-226 的放射量大得多。

表 1　矿石和精选矿石样品（所含衰变率按 1g 铅白计算）

矿石种类和产地	每分钟镭-226 衰变的原子数
精选矿石（俄克拉荷马—堪萨斯）	4.5
破碎的原矿石（密苏里东南部）	2.4
精选矿石（密苏里东南部）	0.7
精选矿石（爱达荷）	2.2
精选矿石（爱达荷）	0.18
精选矿石（华盛顿）	140.0
精选矿石（不列颠哥伦比亚）	1.9
精选矿石（不列颠哥伦比亚）	0.4
精选矿石（玻利维亚）	1.6
精选矿石（澳大利亚）	1.1

我们把这一论点做如下精确分析：假定所考察的油画或者是很新的，或者有 300 年之久，在式（4）中令 $t-t_0 = 300$，我们有

$$y(t) = \frac{r}{\lambda}(1 - e^{-300\lambda}) + y_0 e^{-300\lambda}$$

$$\lambda y(t) = r(1 - e^{-300\lambda}) + \lambda y_0 e^{-300\lambda}$$

于是

$$\lambda y_0 = \lambda y(t) e^{300\lambda} - r(e^{300\lambda} - 1) \qquad (5)$$

如果这幅油画的确是现代的伪造品，那么 λy_0 就会大得出奇。为了确定怎样才算大得出奇，我们注意到，如果在当初制造颜料时，每克铅白中所含铅-210 每分钟的衰变 100 个原子，那么提炼出它的那种矿石大约含 0.014% 的铀。这个铀的浓度是相当高的，因为地壳岩

石中铀的平均含量约为 $2.7×10^{-6}$。在西半球有些极罕见的矿石中含铀量达 $2\% \sim 3\%$。为了保险起见，如果每克铅白中所含铅-210 的衰变率超过每分钟 30000 个，那么这样的衰变率就肯定是大得出奇。

要计算 λy_0，必须计算此刻铅-210 的衰变率 $\lambda y(t)$、镭-226 的衰变率 r 和 $e^{300\lambda}$。因为钋-210 的衰变率等于铅-210 若干年后的衰变率，而钋-210 的衰变率较容易测量，所以我们用钋-210 的衰变率代替铅-210 的衰变率。由式（5），得 $\lambda = \dfrac{\ln 2}{22}$。因此，$e^{300\lambda} = e^{300 \cdot \frac{\ln 2}{22}} = 2^{\frac{150}{11}}$。

对于油画《耶稣和他的门徒》和其他几幅伪造的画，测量出钋-210 和镭-226 的衰变率，列在表 2 中。

表 2　作者有疑问的油画（所有衰变率按 1g 铅白计算）

油画名称	每分钟钋-210 衰变的原子数	每分钟镭-226 衰变的原子数
耶稣和他的门徒	8.5	0.8
濯　足	12.6	0.26
看乐谱的女人	10.3	0.3
演奏曼陀林的女人	8.2	0.17
花边织工	1.5	1.4
笑　女	5.2	6.0

现在，如果我们对油画《耶稣和他的门徒》中的铅白，由式（5）算出 λy_0 之值，就得到

$$\lambda y_0 = 8.5 \times 2^{\frac{150}{11}} - 0.8 \left(2^{\frac{150}{11}} - 1 \right) = 98050$$

这个数大得令人难以置信，因此，这幅画一定是现代的伪造品。类似的分析无可争辩地证明了油画《濯足》《看乐谱的女人》《演奏曼陀林的女人》都不是维米尔的作品。《花边织工》和《笑女》都不可能是现代的伪造品，因为在这两幅画中，钋-210 和镭-226 都非常接近放射性平衡状态。

的确，数学有广泛的应用性。但是，数学，特别是现代数学新的理论成果，未必都能立即找到实际应用。数学中的许多理论、定理和公式是经过相当长的时间，才发现其在实际中的应用的。

例如，古希腊数学家阿波罗尼奥斯（约公元前 262—公元前 190），在公元前 3 世纪—公元前 2 世纪就著有《圆锥曲线论》，对椭圆、双曲线和抛物线的性质做了系统研究。他用几何方法得到了我们今天所知道的关于圆锥曲线的全部结论，但是在其以后将近 2000 年中，人们几乎没有找到圆锥曲线的实际应用。这不等于说圆锥曲线没有用。17 世纪初，德国天文学家开普勒（1571—1630）发现了行星运动三大定律，原来，地球等太阳系行星是沿着椭圆轨道绕太阳运动的，而太阳为其椭圆轨道的一个焦点。其后，牛顿利用他发明的微积分理论证明了宇宙中所有天体运行的轨道都是圆锥曲线——椭圆、双曲线或抛物线。据此，人们可以事先计算出这些天体运行的轨道，并根据计算的数据来准确地对它们进行天文观测。

科学史上的这些典型事例说明了数学理论的巨大力量和实际价值。这是数学的胜利，也是数学理论巨大价值的光辉体现。

（5）数学的语言性

在上面我们谈到了数学应用的广泛性，那么就存在一个问题：我们应当如何对数学应用的广泛性做出合理的解释？有不少著名的科学家都曾以各种不同的方式提出过上述的问题。例如，爱因斯坦就曾写道："在这里，有一个历来都能激起探索者兴趣的谜。数学既然是一种同经验无关的人类思维的产物，它怎么能够这样美妙地适合实在的客体呢？那么，是不是不要经验而只靠思维，人类的理性就能够推测到实在事物的性质呢？"[○]怀特海也曾指出："当数学越是退到抽象思想更加极端的区域时，它就越是在分析具体事实方面相应地获得脚踏实地的重要成长。没有比这事实更令人难忘的了。它导致了这样的悖论，最极端的抽象是我们用以控制具体事实的思想的正式武器。"[○]正是出于同样的考虑，著名物理学家维格纳把数学在自然科学中的成功应用称为是"不可思议的有效性"。

从历史上分析，事实上，古希腊学者已经提供了一个关于数学有效性问题的可能的解答，这就是数量关系即为现实世界的本质。具体地说，古希腊的毕达哥拉斯学派最早提出了"万物皆数"的观点。据说，毕达哥拉斯学派由于和声的发现而得到极大的启示。他们发现，产生各种谐音的弦的长度都成整数比。他们进而推测，世界上的一切事物和现象都可以，而且也只能通过数的和谐性得到解释。这样，毕达哥拉斯学派认为，他们抓住了世界的最终奥秘，那就是数是万物的本源。在毕达哥拉斯之后，柏拉图也明确地强调了"数量关系即为现实世界的本质"的思想。柏拉图指出，上帝常常以几何学家自居。这就是说，世界是按照数学的模式创造出来的。显然，在这样的解释下，数学的有效性就是一件十分自然的事。

到了中世纪，上述关于"数量关系即为现实世界本质"的思想又由于宗教神学而得到了进一步加强。处于宗教神学影响之下的自然科学家普遍地接受大自然是按数学方式设计的观点，并把探索自然界的数学结构作为自己的使命。例如，开普勒就曾多次谈到上帝通过他的数学方案给宇宙以和谐，并希望通过自己的工作来揭示上帝在创造宇宙时所采用的数学方案。

关于"数量关系是现实世界的本质"的观点，并不能看成是对数学应用的广泛问题的令人满意的解答。第一，如果不能对"数量关系何以构成了现实世界本质"做出进一步说明，这无非就是以一个新的问题取代了原来的问题；第二，科学就其本质而言，是与宗教神学有所不同的，因而，随着科学的发展，关于"上帝按照数学方案设计了宇宙"的说法越来越显示出其解释的乏力。由此，另一种解答的出现就是不可避免的。在历史上，这就是康德关于数学命题是所谓的先天综合判断的论点。作为德国古典哲学的主要代表人物之一，康德深入地研究了认识论的问题，特别是理性在认识活动中的作用。康德指出，人类的认识并不是一个纯粹被动意义上的反映过程，恰恰相反，理性本身在其中发挥了十分重要的积极作用。例如，就感性认识而言，康德指出，在此事实上涉及了"现象的质料"与"现象的形式"的区分。他写道："在现象里与感觉相应的，我称之为现象的质料；但是现象中的杂多

○ 徐利治、郑毓信：《数学模式论》，广西教育出版社，1983，第55-60页。
○ 爱因斯坦：《爱因斯坦文集》（第一卷），商务印书馆，1976，第136页。
○ Kapur J. N.：《数学家谈数学本质》，王庆人译，北京大学出版社，1989，第209页。

使其能被安排在一定的关系里面的，我称之为现象的形式。"⊖这就是说，外部世界为感性认识提供了素材（质料），但是，这些素材只有借助于一定的形式才能被安排在一定的关系之中，从而构成真正的认识，而所说的形式就是人类理性本能的表现。康德的这些思想为发展数学应用的广泛性的新观点提供了必要的基础，可以说数学的作用是为人类的认识活动提供了必要的概念框架或必要的语言。

事实上，自然科学中任何重大的理论发展，如爱因斯坦的相对论对牛顿力学的取代及量子力学的发展等，都可以说是以一种新的概念框架取代了原来的概念框架。另外，就现代的理论研究而言，往往是数学为新的理论提供了必要的概念框架。正如爱因斯坦所指出的，在现代科学认识中，逻辑基础越来越远离经验事实，而且我们从根本基础通向那些同感觉经验相关联的导出命题的思想路线，也变得越来越艰难、漫长了。因此，理论科学家在探索理论时，就不得不越来越遵循纯粹数学的、形式的考虑。这就是说，我们能够用纯粹数学的构造来发现概念，以及把这些概念联系起来的定律，这些概念和定律是理解自然现象的钥匙。⊜例如，正是数学中的波函数为具体描述微观粒子的状态提供了必要的概念工具；而量子力学的基本特征则用概率的概念取代了原来的确定性概念。另外，由经典力学到相对论的发展则可以说是用"四维时空"的概念取代了牛顿的"绝对时空"与"绝对同时性"的概念。

正因为此，有不少自然科学家，特别是理论物理学家都曾明确地强调了数学的语言功能。例如，著名物理学家玻尔就曾指出："数学不应该被看成是以经验的积累为基础的一种特殊的知识分支，而应该被看成是一种普通语言的精确化，这种精确化给普通语言补充了适当的工具来表示一些关系，对这些关系来说，普通字句是不精确的或过于纠缠的。严格说来，量子力学和量子电动力学的数学形式系统，只不过为推导观测的预期结果提供了计算法则。"⊜狄拉克也曾写道："数学是特别适合于处理任何种类的抽象概念的工具，在这个领域内，它的力量是没有限制的。正因为这个缘故，关于新物理学的书如果不是纯粹描述实验工作的，就必须基本上是数学性的。"⊗爱因斯坦更是通过与艺术语言的比较专门论述了数学的语言性质。他写道："人们总想以最适当的方式来画出一幅简化的和易领悟的世界图像，于是他就试图用他的这种世界体系来代替经验的世界，并来征服它。这就是画家、诗人、思辨的哲学家和自然科学家所做的，他们都是按照自己的方式去做的。……理论物理学家的世界图像在所有这些可能的图像中占有什么地位呢？它在描述各种关系时要求尽可能达到最高标准的严格精确性，这样的标准只有用数学语言才能达到。"⊕

一般地说，就如对客观世界量性规律性的认识一样，人们对其他各种自然规律的认识也并非是一种直接的、简单的反映，而是包括了一个在思想中"重新构造"相应的研究对象的过程，以及由内在的思维构造向外部的"独立存在"的转化。特殊地，就现代的理论研究而言，这种相对独立的"研究对象"的构造则又往往是借助于数学语言得以完成的（数学与一般自然科学认识活动的区别之一就在于数学对象是一种"逻辑建构"；一般的科学对象则可以说是一种"数学建构"），显然，这也就更为清楚地表明了数学的语言性质。

⊖ 康德：《十八世纪末—十九世纪初德国古典哲学》，商务印书馆，1960，第15-16页。
⊜ 爱因斯坦：《爱因斯坦文集》（第一卷），商务印书馆，1976，第372页。
⊜ 玻尔：《原子物理学和人类知识论文续编》，商务印书馆，1978，第73页。
⊗ 狄拉克：《量子力学原理》，科学出版社，1979，第V页。
⊕ 爱因斯坦：《爱因斯坦文集》（第一卷），商务印书馆，1976，第101页。

对于这里所提倡的"数学的语言观",我们还应做出如下的补充说明:

① 强调数学的语言性质,即是肯定了数学的规范功能,这也就是数学的语言观与所谓的毕达哥拉斯-柏拉图传统的主要区别。这就是说,按照数学的语言观,数学不能被认为是揭示了事物或现象的本质,而只能说是为相应的认识活动提供了必要的概念框架,或者说必要的规范。当然,我们不能因此而低估数学在认识活动中的作用。事实上,正如前面所已指出的,如果离开了数学语言的规范化作用,就不可能有对自然界的深入认识。这也就如同庞加莱所指出的:"其主要对象是研究这些空虚框架的数学分析是精神的空洞游戏吗?它给予物理学家的只不过是方便的语言;这难道不是平庸的贡献吗——严格地讲,没有这种贡献,也能够做到这样一点,甚至人们无须担心这种人为的语言可能成为设置在现实和物理学家眼睛之间的屏障吗?远非如此,没有这种语言,事物的大多数密切的类似对我们来说将会永远是未知的。而且,我们将永远不了解世界的内部和谐。"⊖

另外,对数学规范性的强调也就是对思维在认识活动中创造性作用的直接肯定。这不仅是指新的数学概念、理论本身即是创造性思维的产物,而且是指数学语言的应用也为新的科学概念的创造提供了现实的可能性。例如,麦克斯韦最初就是借助于数学语言引进了"位移电流"的概念,并进一步发展起了电磁场的理论。由于电磁波的存在在 20 多年后才得到了证实,因此,在很长的时间内,就如亥姆霍兹所指出的,电磁波只是作为"符号的载体"而存在的。对此,赫兹也曾写道:"对于什么是麦克斯韦的理论这一问题,我不知道任何简单和确定的回答,除非麦克斯韦的理论就是麦克斯韦方程组。"类似地,对于薛定谔的波函数,一度也曾流传过这样一首小诗:"薛定谔运用波函数,能算出不少好东西;要问函数的意义怎么样,却又谁都说不上。"一般地说,这就如同美国学者戴森所指出的:"对于一个物理学家来说,数学不仅是可以用来计算现象的工具,而且是可以创造新理论的概念和原则的主要源泉……一位物理学家必须借助于数学来建立他的理论,因为数学使他能比有条理地思考想象出更多的东西。"⊖

② 作为问题的另一方面,我们又不能因强调数学的语言性质而完全否认了数学(以及自然科学)的客观真理性。特别是,就整体、过程、趋势、源泉来说,我们应当明确肯定数学的客观真理性。当然,依据上述的分析,我们应当看到,这里所说的数学的客观内容不仅涉及不依赖于人类的物质存在,而且涉及人类自身的活动,即人类与外部存在的相互作用。

综上可见,数学在自然科学中的成功应用并非是一种"不可思议的有效性"。另外,从数学哲学的角度看,上面的讨论清楚地表明了数学的语言性质。

(6) 数学教育的深刻性

虽然数学具有广泛的应用,但是我们不能指望每个数学定理或数学公式在我们的日常生活中都有用处。事实上,我们在学校中所学的许多数学定理,除做数学题目之外,在以后的工作和生活中直接用到的很少,或者根本就没有用到过。但是,通过数学学习所获得的数学思想、方法和数学思维习惯,在我们日常生活和实际工作中却时时、处处都在起作用。特别是,现代社会越发展,所见所做的事情越来越复杂,更需要我们用数学的思维方式、方法去

⊖ 庞加莱:《科学的价值》,李醒民译,商务印书馆,2007,第 190 页。

⊖ 戴森:《自然科学哲学问题丛刊》1982 年第 1 期。

观察、思考和理解，即需要我们"数学地"思考和解决问题。这实际上就是要发挥数学的文化价值。

所谓数学的文化价值，主要是指数学对人们观念、精神及思维方式的养成所起到的十分重要的影响。首先，数学对人类理性精神的养成和发展有着特别重要的意义，而后者则被看成人类文明的核心；其次，数学有着重要的思维训练功能，这不仅是指逻辑思维的训练，而是有着更为广泛的含义。例如，数学对人们抽象思维能力的培养就有着特别重要的作用。另外，由于数学研究的对象并不一定具有明显的直观背景，而是各种可能的量化模式，因此，这也就为人们创造性才能的充分发挥提供了最为理想的场所。数学不仅有利于人们逻辑思维的发展，而且有利于人们创造性才能，包括审美直觉的发展。○

在对数学的文化价值的研究中，郑毓信先生提出了数学教育对发展人们"数学理性"的重要意义。所谓数学理性，其主要内涵是：第一，主客体的严格区分，在自然界的研究中，我们应当采取纯客观的、理智的态度，而不应掺杂有任何主观的、情感的成分；第二，对自然界的研究应当是精确的、定量的，而不应是含糊的、直觉的；第三，批判的精神和开放的头脑；第四，抽象的、超验的思维取向。这也就是说，我们应当努力超越直观经验，并通过抽象思维达到对事物本质和普遍规律的认识。当然，郑先生也指出了数学理性的局限性，提出了我们应明确地提倡"科学精神"与"人文精神"的相互渗透与融合。○

由以上分析，我们可以看出数学教育对人的成长所具有的特殊意义，这也就是我们指出的数学教育的深刻性。

2. 什么是数学

对于什么是数学，有很多回答。不要说我们普通人，即使对那些大数学家来说，这也是一个难以回答的问题。我们先看看下面这些说法吧，其中不乏有许多名人独到的理解。

（1）知识说。这应是大多数人对数学的一种看法，即数学是一门知识，包括算术、代数、几何、微积分、概率和统计、拓扑学等。也就是说，数学是这些知识的集合。

（2）科学说。"我们常常把数学看作一门严格的科学，并且数学也必须是严格的。"（A. Weiner）"数学是关于与内容相脱离的形式与关系的科学。"（亚历山大洛夫）

（3）对象说。"数学的最初和基本的对象是空间形式和数量关系。"（恩格斯）"数学是研究现实世界中数量关系和空间形式的。最简单地说，是研究数与形的科学。"

（4）模式说。"数学是模式的科学。数学家们寻找存在于数量、空间、科学、计算机，乃至想象的模式。"（L. Steen）

（5）方法说。"数学鲜明地区别于人类的其他所有知识体系之处在于，它坚持从作为必要条件的、已阐明的公理出发进行演绎证明，得出可以被接受的结论。"（M. Kline）"纯数学是一组假设和演绎的理论，可以不靠直觉而从这些假设严格地导出的结果。"（G. Fitch）

（6）发明与发现说。"我认为，数学的实在存在于我们之外，我们的职责是发现它或是遵循它。"（G. Hardy）而数学的发明观点，也是对数学创造性的肯定。例如："数学是人类的发明。"（P. Bridgman）持发明说的数学家往往还强调数学活动的"构造性"。例如："数学家是通过构造而工作的，他们构造越来越复杂的组合。"（H. Poincare）

○　郑毓信、王宪昌、蔡仲：《数学文化学》，四川教育出版社，2000，第8-10页。
○　郑毓信、王宪昌、蔡仲：《数学文化学》，四川教育出版社，2000，第291-298页。

（7）艺术说。"我几乎更喜欢把数学看作艺术，然后才是科学，因为数学家的活动是不断创造的。"（M. Bodier）"数学是创造性的艺术，因为数学家创造了美好的概念。"（H. Fehr）这种关于数学"艺术性"的分析，常常还包含了对数学创造"自由性"的肯定。例如："数学是所有人类活动中最完全自主的。它是最纯的艺术。"（J. Sullivan）"数学是一门艺术，因为它创造了显示人类精神的纯思想的形式和模式。"（H. Fehr）

（8）技艺说。"算术亦是六艺要事，自古儒士论天道，定律历者，皆学通之。然可以兼明，不可以专业。"（颜之推）

（9）语言说。"没有数学这门语言，事物间大多数密切的类似关系将永远不会被我们发现，我们也无从发现世界内部的和谐。"（H. Hoincare）"数学不应当被看成以经验的积累为基础的一种特殊的知识分支，而应该被看成普通语言的精确化。这种精确化给普通语言补充了适当的工具来表示一些关系。对这些关系来说普通字句是不精确或过于纠缠的。"（N. Weiner）

（10）思维说。"数学是一种思维方式。""数学是'思维的体操'。"（N. Weiner）"人们现在一般都认为，把数学放在自然科学内不大妥当。实际上，科学本质上是物理学，而数学跟思维的关系更密切一些。"（胡世华）

（11）文化说。"在最广泛的意义上说，数学是一种精神、一种理性精神。"（T. Broadbent）

可见，对于什么是数学，可谓仁者见仁，智者见智。

郑毓信先生根据他的研究，提出了"模式论"的数学定义："数学是关于量化模式的建构与研究。"这里，郑先生是把数学的研究对象特称为"量化模式"，并指出"模式"与"模型"的区别：模型从属于特定的事物或现象，从而就不具有模式那样的相对独立性和普遍意义。⊖

为了生存和发展，人类需要更好地利用自然和改造自然，这首先要认识自然，了解自然的规律，对周围的各种"模式"进行识别、分类和研究。而数学，就是我们的心智和文化为识别和研究"模式"而建立起来的一套规范的思维方法、思想体系和实用技术。

前面我们在例1中提到的方法，实际上就已经为我们理解"模式"提供了一个很好的背景。定理1、2提供的方法不仅解决了"七桥问题"，也为一般化的"一笔画问题"提供了解决方案。同样地，例4中的"抽屉原理"为解决此类问题提供了方便的方法。关于"模式"的含义我们将在第15章中详细介绍。

3. 数学是人类文化最重要的部分

数学是一种文化，而且是人类文化的重要组成部分。

一般地说，凡是经过人类创造的，一切非自然的物质财富和精神财富，都属于文化范畴。作为人类思维的创造物，数学当然是人类文化的一种。那种认为文化只是"读书识字"，把数学等排除在文化之外的观点，是非常错误的。

文化的突出之处在于它的影响力，或者我们干脆说文化就是影响力。数学文化从它诞生的时候起，就以非凡的影响力影响着人类。它指导人们发现自然，发现世界，改造世界；它是科学的语言，没有数学，就不会有今天繁荣且实用的科学技术；它深刻影响着人们的世界观；它形成了人类最重要的能力之一——理性能力；它深刻地影响着音乐、绘画、建筑等领

⊖ 郑毓信：《数学教育哲学》，四川教育出版社，2001，第51页。

域，并在这些领域中不断丰富自己；它以自己的方法改造经济学、管理学，形成了数量经济学、数理金融学等新兴学科；它是今天人们离不开的计算机的基础；它是文化教育中最具影响力的学科之一。

 思考题

1. 数学有什么特征？请举例说明。
2. 什么是数学？谈谈你的理解。
3. 谈谈你对文化与数学文化的认识。

第1章 古代西方数学与欧氏几何

几何学中没有王者之路。

——欧几里得

数学思想来源于经验，……虽则经验与数学思想之间的宗谱有时是悠久而朦胧的，但是，数学思想一旦被构思出来，这门学科就开始经历它本身所特有的生命。把它比作创造性的、受几乎一切审美因素支配的学科，比把它比作别的事物特别是经验科学要更好一些。

——冯·诺依曼

本章简要地介绍古代西方数学及几何学的诞生、欧氏几何，以及古代西方数学的特征与意义。这段过程是漫长而艰难的，其思想成果极其深刻且影响深远。通过本章的介绍，我们希望读者能了解古代西方数学的概貌和一些有关数学的思想，并从中找到对自己富有启发性的东西。

1.1 原始文明中的数学

古代中国、古印度、古巴比伦和古埃及被认为是人类文明的发源地。

由于即使在最原始的人类社会，也存在对生活必需品进行以物易物的交换，因此，就必须进行计算。从而在原始文明中，人类就已经迈出了数学史上最初的几步。

由于利用手指和脚趾能使计算的过程变得容易，因此，原始人像小孩一样利用自己的全部手指和脚趾去数东西也就不足为奇了。这种记数法的痕迹已融入今天的语言中，如"digit"一词，不仅有"数字"的意思，也有"手指和脚趾"的意思。手指的利用，无疑体现了记数系统中采用十进制的原因。

在原始文明中，人类已经发明了表示数的特殊记号。特别是，原始人已经知道3只羊、3个苹果有很大的共性，即数量3。这样，数字就被看作是一种抽象的思想——数与特殊的实物无关。这一点，在人类思想史上具有非常重要的意义。

原始文明发明了基本的算术四则运算：加、减、乘、除。从一项对比较原始的种族的研究中发现，原始部落的牧民在出售牲畜时，总是一只只单独分开来卖。如果选择用羊的数目乘每只羊的售价的方法，就会把牧民搞糊涂了，他们就会怀疑被欺骗了。因此，掌握四则运算并不是一件简单的事情。

在原始文明中，基本的几何概念来源于对物质实体所形成图形的观察。例如，角的概念，很可能最初就来自于对肘和腿等形成的角的观察。在许多语言中，表示角的边的词与表示腿的词相同，如我国就将直角三角形的两边分别称为"勾"与"股"。

在古埃及文明和古巴比伦文明早期的记载中，我们发现了高度发达的记数系统（数系）、代数学与非常简单的几何学。对于从 1 到 9 的数字，古埃及人曾用过这样简单的记号来表示：Ⅰ、Ⅱ 等。对于 10，他们曾用记号 ∩ 表示，如 20 就记为 ∩∩。中国在宋代使用的数字如下：Ⅰ、Ⅱ、Ⅲ、╳、…，而 10 记为十。

位值制很重要，采用十进制（以 10 为基底），10 个符号就足以表示无论多大的数。古印度人发明了今天称为阿拉伯数字的数字符号和十进制。古巴比伦人引入的进制是六十进制。因此，欧洲人直到 16 世纪都将这套记数系统运用于所有的数学计算与天文学计算中，而且直到今天还用于角度和时钟上。

0 是一个非常特殊的数字。中国人可以说是最早发明了类似于今天的数字 0 的符号。不过，在数学史上，一般认为 0 是印度人发明的。

在古巴比伦和古埃及的文明中，算术已经超出了整数和分数的范围。他们已能够解决一些含有未知量的方程。实际上，欧几里得体系中的代数知识部分来源于古巴比伦文明。

1.2 几何学的诞生与经验数学

非洲东北部有一条举世闻名的河流——尼罗河。它穿过非洲北部的撒哈拉沙漠，流入地中海，两岸狭长的地带便成了肥沃的绿洲。河的下游经过的地方孕育了最古老的文明古国之一——古埃及。古埃及是世界上文化发展最早的几个地区之一，位于尼罗河两岸，是一个于公元前 3200 年左右形成的统一国家。

古埃及人在数学方面达到了很高的水平，掌握了多方面的数学知识。古埃及人大约在公元前 3500 年就已经有了文字。埃及最古老的文字是象形文字，后来演变成一种较简单的书写体，通常叫僧侣文。现今对古埃及数学的认识，主要根据两卷用僧侣文写成的纸草书[⊖]，一卷藏在伦敦，叫作莱因德纸草书；一卷藏在莫斯科，称为莫斯科纸草书。据说写这份纸草书的是生活在约公元前 1800 年到公元前 1600 年的阿摩斯。从纸草书上，人们发现古代的埃及人已学会用数学来管理国家和宗教的事物，确定付给劳役者的报酬，求谷仓的容积和田地的面积，按土地面积征收地税等。这些知识转换成数学语言就是加减乘除运算、分数的运算、一元一次方程和一类相当于二元二次方程组的特殊问题等。纸草书上还有关于等差数列和等比数列的问题。他们还学会了计算矩形、三角形和梯形的面积，长方体、圆柱体、棱台的体积等，与现代计算值相近。并且，他们用公式 $S=\left(\dfrac{8d}{9}\right)^2$（$d$ 为直径）来计算圆面积，相当于取 π 值为 3.1605，这是十分了不起的成就。

从莫斯科纸草书和莱因德纸草书中可知古埃及人已采用十进制的象形符号。数目的写法，从 1 到 10，以及 100、1000、10000、100000、1000000 均有不同的象形文符号，唯独没有表示 0 的符号。数字 1 是用一竖表示，许多竖则表示个位数；一段绳子表示 10；一卷绳子表示 100；池塘里的荷花表示 1000；手指表示 10000；用蝌蚪代表 100000，因为蝌蚪能大

⊖ 尼罗河三角洲一带盛产一种水草，这种形状如同芦苇的水生植物的名字叫纸莎草。古埃及人把这种草从纵面剖成小条，拼排整齐，连接成片，压榨晒干，用来写字，在纸莎草上写的字，叫纸草书。有不少古埃及纸草书一直保留到今天，成为我们考察埃及历史文化的珍贵材料。藏在伦敦的莱因德纸草书与藏在莫斯科的纸草书的年代大约为公元前 1850 到公元前 1650 年之间，相当于中国的夏代。

量繁殖，取其众之意；举起双手的人表示巨大或永恒，代表 1000000。与众不同的长度单位是古埃及数学形式的显著特色。这些单位是指、掌、脚掌和肘，古埃及数学家在这些单位之间规定了一定的相互关系。1 至 1000000 之间的数是根据排在一起的上述基本数学符号相加的原则组成。这种书写数字的方法十分烦琐，表示一个较大的数目，就必须把相应的数学符号多次重复加在一起。例如，表示 375 这个数，就需要将一卷绳子的形象符号（百位数）重复写 3 次，一段绳子的符号（十位数）重复写 7 次，一竖的符号（个位数）重复写 5 次。

古埃及的数学基本上是采用十进制的。在算术的四则运算中，古埃及人实际上只是通过加法来完成的，减法是倒数，乘法则是化成加迭法步骤来进行运算的。在做乘法时，只是把乘数和被乘数一次次地相加，直到约数为止。以 13×23 为例，其运算式如下：

　　/　　1　23
　　　　　2　46
　　/　　4　92
　　/　　8　184

把左列的乘数从 1 开始加位下去，直到把乘数加到 13 为止（把前面标以"/"斜记号的数字 1，4，8 加在一起，即 1+4+8＝13），然后把右列相对应的被乘数加在一起（23+92+184），得到的结果为 299，即 13×23＝299。

除法运算是乘法运算的逆运算，以 77÷7 为例，其运算式如下：

　　/　　1　7
　　/　　2　14
　　　　　4　28
　　/　　8　56

将右列的除数 7 加倍，在能把除数加到等于被除数 77 时为止（7+14+56），然后在左列相对应的数前标以"/"记号，并把它们加在一起（1+2+8），得到的结果是 11，即为商，所以 77÷7＝11。这样看来，77 除以 7 就是找出几个 7 相加等于 77。由此可知，古埃及人使用的是简单的算术，而非比较高深的数学，并且他们使用的算术只限于加法和减法，乘法和除法实际上是利用加减法来完成的。对古埃及人来说，四则运算都可以化为记数形式，这种运算方法虽然比较缓慢，但不需要记忆，运算起来还是很简单的。

人们一般认为古埃及人在几何方面要超过古巴比伦人。一种观点认为，几何学是"尼罗河的恩赐"。希罗多德曾记述，在公元前 14 世纪，塞索斯特里斯王（Sesostris）将土地分封给所有的古埃及人。如果一年一度的尼罗河泛滥冲毁了某个人的土地，法老就会根据报告派监工来测量冲毁的土地。这样，从埃及的土地测量中，几何学（geometry）——geo 意指土地，metry 意指测量——就产生并兴盛起来。要注意的是，希罗多德可能正确地指出了几何学在埃及受重视的原因，但事实是在公元前 14 世纪以前的 1000 多年前，几何学就已经存在了。

公元前 2900 年以后，古埃及人建造了许多金字塔作为法老（国王）的坟墓。从金字塔的结构，可知当时埃及人已懂得不少天文和几何的知识。例如，基底直角的误差与底面正方形两边同正北的偏差都非常小。

在计算体积方面，经考察莱茵德纸草书发现，古埃及人已经知道立方体、柱体等一些简单图形的体积的计算方法，并指出立方体、直棱柱、圆柱的体积公式为"底面积×高"。

古埃及人对分数的记法和计算都比现在复杂得多。古埃及人用"单位分数"（分子是 1 的分数）来表示分数。对一般的分数则拆成"单位分数"表示（拆法不一）。例如：

$$\frac{2}{5}=\frac{1}{3}+\frac{1}{15}, \quad \frac{2}{7}=\frac{1}{4}+\frac{1}{28}, \quad \frac{3}{8}=\frac{1}{4}+\frac{1}{8}$$

在莱茵德纸草书中发现，古埃及人已经在做一些代数题目。例如，纸草书第 26 题，用现代语言表达为："一个量与其 $\frac{1}{4}$ 相加之和是 15，求这个量。"这是一个一元一次方程问题。

除这两卷纸草书之外，还有一些写在羊皮上或用象形文字刻在石碑上和木头上的史料，藏于世界各地。

古希腊时代以前的数学，包括古埃及、古巴比伦、古中国与古印度等文明古国，都以经验的积累为其主要特征。数学公式由经验日积月累而成。古人通过实践积累了一定的经验，形成了一些初步的数学知识，但还没有上升为系统的理论。古埃及人和古巴比伦人的几何学是经验的法则，或者说是实际技艺。

我们可以肯定地说，古巴比伦人与古埃及人已经积累了相当丰富的几何知识。但是，还不构成一门有自己的定理和证明的理论科学的几何学。公元前 7 世纪时几何从埃及传到古希腊。在古希腊，伟大的唯物主义哲学家泰勒斯、德谟克利特和许多人又将它发展了，而毕达哥拉斯和他的门生们对几何学的发展做出了卓越的贡献。

1.3 古希腊数学与数学演绎法、数学抽象法

1.3.1 古希腊数学

古希腊数学是古代西方数学的代表。

在历史上，古希腊文明是继承和吸收爱琴海的米诺斯文明、古埃及文明和腓尼基文明而形成的后继文明。它吸收这些文明中的一些数学文化传统，把它发展成为一种以数学来解释世界的独特方式。在这一发展过程中，毕达哥拉斯学派、柏拉图、欧几里得等起到了极其重要的作用。

毕达哥拉斯学派的数学观念带有浓厚的原始文化的神秘色彩。亚里士多德曾说，毕达哥拉斯学派把数看作真实物质对象的组成部分。这种"万物皆数"的观点构成了毕达哥拉斯学派的核心观念。

据传，毕达哥拉斯学派关于谐音的研究对其核心观念的形成起到了十分重要的作用。他们发现，弹弦音质的变化来源于弦长短的数量变化，两根绷得同样紧的弦如果长度成正比，就会发出谐音。音乐这种似乎与数毫无联系的现象最终都可以用数来解释，这就极大地增强了毕达哥拉斯学派用数来解释世界的信心。

由上述信念出发，毕达哥拉斯学派又进而提出行星的运动也可用数的关系来表达。由于认为物体在空间运动时会发出声音，运动快的物体比运动慢的物体发出的声音高，因此，毕达哥拉斯学派认为，行星的运动最终也可以通过"天际"的音乐表示为数量关系：离地球越远的天体运动越快，各个行星则因其离开地球距离的不同而发出的声音匹配为和谐之音，等等。

综观毕达哥拉斯学派的研究，我们可以清楚地看到人们对数学神秘性的继承和发展。但是，这种神秘的数学研究把人们对世界的认识和理解引向了一条数学化的道路。首先，纯粹的数学研究应归功于毕达哥拉斯学派；其次，毕达哥拉斯学派对数的研究则是人类第一次用数学来研究世界、研究自然的本质，是人类第一次企图从数与数的关系上来解释世界、解释自然。

柏拉图（约公元前427—公元前347）是古希腊时期最有名的哲学家。在雅典，他创立了从事哲学和科学研究的学院——Academy。在其后半生的40余年中，他专心致志地教学、著书和培养数学家，其影响延续至今。

作为一位哲学家，柏拉图突出地强调了数学对哲学与了解宇宙的重要作用。柏拉图认为，存在着一个物质世界——地球及其上的万物，通过感官我们能够感觉到这个世界；同时，还存在着一个精神的世界，一个诸如美、正义、智慧、善、完美无缺和非尘世的理念世界。感官所能把握的只是具体的和逝去了的东西，只有通过心灵才能达到对这些永恒理念的理解。这种理念论就是柏拉图哲学的核心。

与毕达哥拉斯学派一样，对柏拉图来说，世界是按照数学来设计的。他指出，神永远按几何规律办事。柏拉图试图对世界的本原做出进一步的具体论述。他指出，构成物质世界的真正元素并不是土、气、火与水等具体物质，而是五种正多面体，因为这些元素的每一个原子都是正多面体：土的原子是立方体，火的原子是正四面体，气的原子是正八面体，水的原子是正二十面体，另外，正十二面体对应的则是宇宙。这样，在柏拉图那里，数学就成为了构造世界的基石。柏拉图对数学重要意义的突出强调极大地激励了和他同时代的人及后人积极地从事数学的研究。

▶▶ 1.3.2 数学演绎法

数学演绎法是古希腊人对数学的第一个卓越贡献。

我们在序言中已经谈过数学演绎法，有时它会成为唯一有效的方法。例如，计算天文距离不可能使用直尺，而且试验也只能使我们局限在很小的时空范围内，但是演绎推理可以对无限的时空进行研究。

古希腊人抛弃了通过经验、归纳或其他任何非演绎的方法得到的所有规则、公式和程序步骤，而这些方法在以前数千年的文明里，一直被看成数学整体中的组成部分。对古希腊人来说，古埃及人和古巴伦人通过经验所积累的数学知识就像空中楼阁、由沙子砌成的房子等，一触即溃。古希腊人寻求的是坚不可摧、永恒的知识宫殿。

古希腊人坚持演绎推理。它使数学从木匠的工具盒、农民的小棚和测量员的背包中解放出来了，使得数学成为人们头脑中的一个思想体系。在这以后，人们开始靠理性而不是靠感官去判断什么是正确的。正是依靠这种判断，理性才为西方文明开辟了道路。因此，古希腊人以一种比其他方法更为高超的方法，清楚地揭示了他们赋予人的理性力量以至高无上的重要性。

尽管演绎法有如此多的优点，但它并不能取代试验法、类比法或归纳推理法。确实，当前提能保证100%正确时，由演绎推出的结论也100%正确。但是这样确定的前提不一定是有用的，而且遗憾的是没有人能发现这样的前提。因此，获得知识的方法都有其利弊。尽管如此，古希腊人却坚持，所有的数学结论只有通过演绎推理才能确定。

我们在序言中也谈过我国数学家由演绎法又发展出了"例证"的方法，其实质就是用演绎推理来支持归纳推理。

1.3.3 数学抽象化

古希腊人的第二个卓越贡献在于他们将数学抽象化。

古希腊人将物质实体从数学概念中剔除，仅仅留下了量的性质。他们为什么这样做呢？显然，思考抽象事物比思考具体事物要困难得多，但有一个突出的优点——获得一般性。一个已经证明了的关于抽象三角形的定理一定适用于由 3 根木棒搭成的图形，以及由地球、太阳、月亮在任何时候所形成的三角形。

古希腊人偏爱抽象概念，对他们来说，抽象概念是永恒的、理想的和完美的，而物质实体却是短暂的、不完善的和易腐朽的。物质世界除了提供一个理念的模型之外，没有其他意义。

坚持数学中的演绎法和抽象化，古希腊人创造了我们今天所看到的这门科学，而这两个特点都由哲学家们加以传播。

大多数人描述古希腊人对现代文明的贡献时，他们所谈论的是艺术、哲学和文学方面的贡献。但是，古希腊人对当今文明最突出的贡献则是他们的数学。按照以上所叙述的内容，他们改变了这门学科的性质，这是为人类奉献的最好的礼物。

1.4 欧几里得的《几何原本》及其文化意义

1.4.1 欧几里得的《几何原本》

欧几里得（约公元前330—公元前275）（见图1-1）的《几何原本》（Elements）的出现是数学史上一座伟大的里程碑。欧几里得的《几何原本》刚问世就受到人们的高度重视，在西方世界，除《圣经》之外没有其他著作的作用、研究、传播之广泛能与《几何原本》相比。自 1482 年第一个印刷本出版以来，至今已有 1000 多种版本。

在欧几里得之前所积累下来的数学知识是零碎的、片断式的，可以比作是建设大厦的砖瓦木石。人们只有借助于逻辑方法，把这些知识组织起来，加以分类、比较，揭露彼此间的内在联系，整理在一个严密的系统之中，才能建成宏伟的大厦。《几何原本》就体现了这种精神，对整个数学的发展产生了深远的影响。

图 1-1 欧几里得

在我国明朝时期，意大利传教士利马窦与我国的徐光启合译《几何原本》前 6 卷，于 1607 年出版。中译本书名为《几何原本》。徐光启在《几何原本杂议》中对这部著作曾给予高度的评价。他说："此书有四不必：不必疑，不必揣，不必试，不必改。有四不可得：欲脱之不可得，欲驳之不可得，欲减之不可得，欲前后更置之不可得。有三至三能：似至晦，实至明，故能以其明明他物之至晦；似至繁，实至简，故能以其简简他物之至繁；似至难，实至易，故能以其易易他物之至难。易生于简，简生于明，综其妙，在明而已。"

《几何原本》的后面各卷由中国数学家李善兰与英国传教士伟列亚力合作翻译，并于 1857 年完成此项伟大的工作。至此，《几何原本》第一次完整地传入中国。

《几何原本》的内容与形式对几何学本身，以及数理逻辑的发展都产生了巨大影响，几何学由此成为一门演绎的科学。

《几何原本》的英文名为 Elements，原意是指一学科中具有广泛应用的重要定理。欧几里得在这本书中用公理法对当时的数学知识做了系统化、理论化的总结。全书共分 13 卷，包括有 5 条公设、5 条公理、119 个定义和 465 个命题及证明，构成历史上第一个数学公理体系。各卷的内容大致可分类如下：

第 1 卷：几何基础。包括 23 个定义、48 个命题，另外提出了 5 个公设和 5 个公理（在以后各卷再没有加入新的公设和公理），该卷的最后两个命题是毕达哥拉斯定理及其逆定理（毕达哥拉斯定理：在直角三角形中，直角所对的边上的正方形的面积等于夹于直角两边上正方形的面积之和，即勾股定理）。

第 2 卷：几何代数。以几何形式研究代数公式，主要讨论毕达哥拉斯学派的几何代数学。

第 3 卷：圆形。包括圆、弦、割线、切线及圆心角和圆周角等。

第 4 卷：正多边形。主要讨论给定圆的某些内接和外切正多边形的尺规作图问题。

第 5 卷：比例说。主要讨论欧多克斯的比例理论。

第 6 卷：相似图形。

第 7、8、9 卷：初等数论。探讨偶数、奇数、质数、完全数等的性质。给出了求两个或多个整数的最大公因子的"欧几里得算法"，讨论了比例、几何级数，还给出了许多数论的重要定理。

第 10 卷：不可公度量。讨论无理量，即不可公度的线段，共有 115 个命题。

第 11、12、13 卷：立体几何。主要探讨立体几何中的定理，并证明了只存在五种正多面体。可以说目前中学几何课本中的内容，绝大多数都能在《几何原本》中找到。

欧几里得在《几何原本》第 1 卷中列出了 5 个公设和 5 个公理。它们的区别是，公理是适用于一切科学的真理，而公设则只应用于几何学。在非欧几何出现以前，公设和公理都被人们当作不成问题的真理加以接受。

▶▶ 1.4.2 以《几何原本》为代表的古希腊数学的特点与文化意义

1.《几何原本》的特点⊖

第一，封闭的演绎体系。在《几何原本》中，除推导时需要逻辑规则之外，每个定理的证明所采用的论据均是公设、公理或前面已经证明过的定理，原则上不再依赖其他的东西。因此，《几何原本》是一个封闭的演绎体系。

第二，抽象化的内容。《几何原本》研究的都是抽象的概念和命题之间的逻辑关系，不计较这些概念和命题与社会生活之间的关系，也不考察由这些数学模型产生的现实模型。因此，《几何原本》的内容是抽象的。

第三，公理化的方法。这是世界上首次用公理的方法将零碎的知识整理成为一个宏伟而

⊖ 易南轩、王芝平：《多元视角下的数学文化》，科学出版社，2007，第 107 页。

严谨的逻辑体系。《几何原本》用 5 个公设、5 个公理、23 个定义，然后逐步通过逻辑演绎形成了一个严密的数学体系。欧几里得把旧数学变成一种清晰明确、有条不紊、逻辑严谨的新体系。欧几里得从一大堆零碎、片断式的知识中，遴选出少数几条不证自明的命题作为演绎系统的出发点，这是将几何理论公理化至关重要的第一步；然后利用这些公理、公设、定义证明第一个命题，再将公理、公设、定义与第一个命题融合去对第二个命题进行证明；如此循序渐进，直至证明所有的命题，创造了数学的逻辑演绎方法。

2. 《几何原本》的文化意义

从毕达哥拉斯开始，古希腊数学开始了用数学来解释世界的科学尝试。这一尝试经柏拉图的推广达到了一个高潮。尽管用现代观点来看，其科学性几乎为零，但这毕竟是人类开始用"科学"来解释世界的尝试。

以《几何原本》为代表的古希腊数学，继承了毕达哥拉斯与柏拉图开创的传统，第一次形成了一种理性认识世界的方法。《几何原本》表现出来的已不仅仅是一种数学命题的真理性特征，更为重要的是借助数学表现了一种认识世界、表述世界的理性方法，给人们提供了一种思维的理性方式：从几个简单的原理出发，可以有逻辑性地演绎出整个理论体系，进而表现出这个理论所揭示的真理。[一]

在数学史上，没有哪一位数学家的著作像《几何原本》那样世人皆知。2000 多年来，它对人类思想产生了巨大的影响。它不仅是一本引导人们进入科学殿堂的教科书，更重要的是将公元前 7 世纪以来古希腊积累起来的丰富的几何学知识整理在抽象、封闭和严密的逻辑系统之中，使几何学成为一门独立的、演绎的科学。它是人类历史上第一个公理化的数学体系，为后人提供了一个完整的演绎系统公理化方法的楷模。在古希腊文明的意义上，《几何原本》依据柏拉图哲学、亚里士多德的逻辑学和欧几里得的精心构思，借助数学表现了一种认识世界、表述世界的理性方法，给人们提供了一种思维的理性方式。一种数学方法能最终演化成为一种认识世界的理性思维方式，这不得不说是数学所能达到的最高的文化意义。[二]

从方法论的角度讲，《几何原本》可说是为真理的探求提供了直接的范例，或者说，在整个文化系统中发挥了一种"整流"和"放大"作用。所谓"整流"，是指一种方法和思维模式一旦取得文化系统中的典范地位，就会促使整个文化系统中各个方面的经验、知识都按照这一经典模式去进行整理；所谓"放大"则是指在按照经典模式进行整理的过程中，人们又必然会进行一些选择、建构以及再创造，并按照经典的模式进行理论建构，从而使原来零乱、无条理的经验、知识形成一个与经典理论模本相似的理论体系。由历史的考察可以看出，古希腊文化在欧几里得之后，其各个学科都按照《几何原本》体系进行了再改造。在文艺复兴以后，古希腊文化的复活更使《几何原本》成为整个西方文化中的一个理想模式，物理、化学、天文、医学、逻辑、哲学等无一不是按照《几何原本》形式进行了理性构造。例如，牛顿的《自然哲学的数学原理》就可看成是其中的代表。[三]

[一] 郑毓信、王宪昌、蔡仲：《数学文化学》，四川教育出版社，2000，第135-136页。
[二] 同上。
[三] 同上。

更为一般地，《几何原本》的成功更是极大地增强了古希腊人关于自然界是依据数学方式设计的信念，并使整个古希腊文化具有了一种深远的从数学探求真理的精神。这种理性的信念和精神作为古希腊文化的精髓为整个西方文化所吸收和继承。

最后，我们还需要指出，阿基米德（Archimedes，公元前287年—公元前212年）在古希腊数学的发展中起到极为重要的传承与发展作用。据说，他曾向欧几里得等数学家学习，是欧几里得之后古希腊伟大的哲学家、百科全书式科学家、数学家、物理学家、力学家，静态力学和流体静力学的奠基人，并且享有"力学之父"的美称。他的主要数学著作有：《论球和圆柱》（从定义和公理出发，推出有关圆和圆柱的面积体积等50多个命题，蕴含微积分思想）；《圆的度量》（求得圆周率 π 为：$\frac{71}{223} < \pi < \frac{7}{22}$，还证明了圆的面积等于以圆的周长为底，半径为高的等腰三角形的面积）；《抛物线求积法》（明确螺线的定义，以及对螺线的计算方法，导出几何级数和算数级数求和的几何方法）；《论锥形体与球形体》（确定由抛物线和双曲线绕其轴旋转而成的锥形体体积，以及椭圆绕其长轴等旋转而成的球形体体积）；《数沙者》（专讲计算方法和计算理论的一本著作，建立了新的量级计数法，确定新的单位，提出表示任何大量计数的方法）等。他采用不断分割法求椭球体、旋转抛物体等的体积，这种方法已具有积分计算的雏形。

古希腊数学史上还有一些伟大的数学家，如阿波罗尼（Apollonius，公元前262年—公元前190年）等，限于篇幅，不再详述。

 **思考题**

1. 简述古埃及数学的特征。
2. 简述古希腊数学的特征。
3. 简述《几何原本》的主要内容与特征。

第 2 章　中国古代数学与《九章算术》

数学发明的动力，不是推理而是思想。

——德·摩根

想获得真理和知识，唯有两件武器，那就是清晰的直觉和严格的演绎。

——笛卡儿

自然界的大书是以数学符号写的。

——伽利略

在这一章中，我们介绍中国古代文化中的数学、《九章算术》及中国古代数学的特征，并从文化价值观念出发对中西古代数学进行比较。

2.1　中国古代文化中的数学

中国古代文明是人类最古老的文明之一。数学是中国古代科学中一门重要的学科，根据中国古代数学发展的特点，可以将其分为五个阶段：萌芽、体系的形成、发展、繁荣和中西方数学的融合。

2.1.1　中国古代数学的萌芽

原始社会末期，私有制和货物交换产生以后，数与形的概念有了新的发展，仰韶文化时期出土的陶器上面已刻有表示 1、2、3、4 的符号，这表示当时人们已开始用文字符号取代结绳记事了。

西安半坡出土的陶器上有用 1~8 个圆点组成的等边三角形和分正方形为 100 个小正方形的图案，半坡遗址的房屋基址都是圆形和方形。为了画圆作方，确定平直，人们还创造了规、矩、准、绳等作图与测量工具。据《史记·夏本纪》记载，夏禹治水时已使用了这些工具。商代中期，在甲骨文中已产生一套十进制数字和记数法，其中最大的数字为 3 万；与此同时，殷人用 10 个天干和 12 个地支组成甲子、乙丑、丙寅、丁卯等 60 个名称来记 60 天的日期；在周代，又把以前用阴、阳符号构成的八卦表示 8 种事物发展为六十四卦表示 64 种事物。

公元前 1 世纪的《周髀算经》提到西周初期用矩测量高、深、广、远的方法，并举出勾股形的勾三、股四、弦五，以及环矩可以为圆等例子。《礼记·内则》提到西周贵族子弟从 9 岁开始便要学习数字和记数方法，要受礼、乐、射、御、书、数的训练，作为"六艺"之一的数已经开始成为专门的课程。

春秋战国时期，筹算已得到普遍的应用，筹算记数法已使用十进位值制，这种记数法对

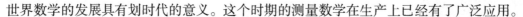

世界数学的发展具有划时代的意义。这个时期的测量数学在生产上已经有了广泛应用。

战国时期的百家争鸣很好地促进了数学的发展，尤其是一些命题的争论直接与数学有关。道家认为经过抽象以后的名词概念与它们原来的实体不同，他们提出"矩不方，规不可以为圆"，还提出了"一尺之棰，日取其半，万世不竭"等命题；而墨家则认为名来源于物，可以从不同方面和不同深度反映物。墨家给出一些数学定义，如圆、方、平、直、次（相切）、端（点）等。墨家不同意"一尺之棰"的命题，提出一个"非半"的命题来进行反驳：将一线段按一半一半地无限分割下去，就必将出现一个不能再分割的"非半"，这个"非半"就是点，体现了中国古代简朴的初步极限思想。

▶▶ 2.1.2 中国古代数学的形成

秦汉时期是中国封建社会的上升时期，经济和文化均得到迅速发展。中国古代数学体系正是形成于这个时期，主要标志是算术已成为一个专门的学科，以及以《九章算术》为代表的数学著作的出现。

《九章算术》是战国、秦、汉封建社会创立并巩固时期数学发展的总结。就其数学成就来说，堪称是世界数学名著，如分数四则运算、今有术（西方称三率法）、开平方与开立方（包括二次方程数值解法）、盈不足术（西方称双设法）、各种面积和体积公式、线性方程组解法、正负数运算的加减法则、勾股形解法（特别是勾股定理和求勾股数的方法）等，在当时已经达到很高的水平，其中线性方程组解法和正负数运算的加减法则在世界数学发展史上是遥遥领先的；就其特点来说，它形成了一个以算筹为工具、算法为中心、与古希腊数学完全不同的独立体系。

《九章算术》有几个显著的特点：①采用按类分章的数学问题集的形式；②算式都是从算筹记数法发展起来的；③以算术、代数为主，很少涉及图形性质；④重视应用。这些特点是同当时社会条件与学术思想密切相关的。秦汉时期，一切科学技术都要为当时确立和巩固封建制度，以及发展社会生产服务，强调数学的应用性。最后成书于东汉初年的《九章算术》，排除了战国时期在百家争鸣中出现的道家和墨家重视名词定义与逻辑的讨论，偏重于与当时生产、生活密切结合的数学问题及其解法，这与当时社会的发展情况是完全一致的。

《九章算术》在隋唐时期曾传到朝鲜、日本，并成为这些国家当时的数学教科书。它的一些成就，如十进位值制、今有术、盈不足术等还传到印度和阿拉伯，并通过印度、阿拉伯传到欧洲，促进了世界数学的发展。

▶▶ 2.1.3 中国古代数学的发展

魏晋时期出现的玄学，不为汉儒经学束缚，思想比较活跃；它诘辩求胜，又能运用逻辑思维，分析义理，这些都有利于数学从理论上加以提高。吴国赵爽注《周髀算经》，汉末魏初徐岳撰《九章算术注》，魏末晋初刘徽撰《九章算术注》《九章重差图》都是出现在这个时期。赵爽与刘徽的工作为中国古代数学体系奠定了理论基础。

赵爽是中国古代对数学定理和公式进行证明与推导的最早的数学家之一。他在《周髀算经》书中补充的"勾股圆方图及注"和"日高图及注"是十分重要的数学文献。在"勾股圆方图及注"中，他提出用弦图证明勾股定理和解勾股形的 5 个公式；在"日高图及注"

中，他用图形面积证明汉代普遍应用的重差公式。赵爽的工作是带有开创性的，在中国古代数学发展中占有重要地位。

刘徽大约与赵爽同时代，继承和发展了战国时期道家和墨家的思想，主张对一些数学名词，特别是重要的数学概念给予严格的定义，认为对数学知识必须进行"析理"，才能使数学著作简明、严密，利于读者。他的《九章算术注》不仅是对《九章算术》的方法、公式和定理进行了一般的解释和推导，而且在论述的过程中有很大的发展。刘徽创造了割圆术，已经有了极限的初步思想，并首次算得圆周率为 157/50 和 3927/1250。刘徽用无穷分割的方法证明了直角方锥与直角四面体的体积比恒为 2：1，解决了一般立体体积的关键问题。在证明方锥、圆柱、圆锥、圆台的体积时，刘徽为彻底解决球的体积提出了正确途径。

东晋以后，中国长期处于战争和南北分裂的状态。祖冲之父子的工作就是经济文化南移以后，南方数学发展的具有代表性的工作。他们在刘徽《九章算术注》的基础上，把传统数学大大向前推进了一步。他们的数学工作主要有计算出圆周率为 3.1415926 ~ 3.1415927，提出二次与三次方程的解法等。据推测，祖冲之在刘徽割圆术的基础上，算出圆内接正 6144 边形和正 12288 边形的面积，从而得到了上述圆周率的结果。他又用新的方法得到圆周率的两个分数值，即约率 22/7 和密率 355/113。祖冲之的这一工作，使中国在圆周率计算方面，比西方领先约 1000 年之久。祖冲之之子祖暅总结了刘徽的有关工作，提出"缘幂势既同，则积不容异"，即等高的两立体，若其任意高处的水平截面积相等，则这两立体的体积相等，这就是著名的祖暅原理。祖暅应用这条原理，解决了刘徽尚未解决的球体积公式。

隋炀帝好大喜功，大兴土木，客观上促进了数学的发展。

唐初王孝通的《缉古算经》，主要讨论土木工程中计算土方、工程分工、验收以及与仓库和地窖相关的计算问题，反映了这个时期数学的情况。王孝通在不用数学符号的情况下，列出数字三次方程，不仅解决了当时社会的需要，也为后来天元术的建立打下基础。此外，对于传统的勾股形解法，王孝通也是用数字三次方程解决的。

唐初封建统治者继承隋制，于 656 年在国子监设立算学馆，设有算学博士和助教，学生 30 人。由太史令李淳风等编纂注释的《算经十书》，作为算学馆学生用的课本。明算科考试亦以这些算书为准。李淳风等编纂的《算经十书》，在保存数学经典著作、为数学研究提供文献资料方面是很有意义的。他们给《周髀算经》《九章算术》《海岛算经》所作的注解，有利于学生的学习。隋唐时期，由于历法的需要，天算学家创立了类似于今天二次函数的内插法，丰富了中国古代数学的内容。

算筹是中国古代的主要计算工具，具有简单、形象、具体等优点，但也存在布筹占用面积大、运筹速度加快时容易摆弄不正而造成错误等缺点，因此，人们很早就开始对其进行改革。其中太乙算、两仪算、三才算和珠算都是用珠的槽算盘，这在技术上是重要的改革。尤其是珠算，它继承了筹算五升十进位值制的优点，又克服了筹算纵横记数与置筹不便的缺点，优越性十分明显。但由于当时乘、除算法仍然不能在一个横列中进行，且算珠还没有穿档，携带不方便，因此，仍没有普遍应用。

唐中期以后，商业繁荣，数学计算增多，迫切要求改革计算方法，从《新唐书》等文献可以看出这次算法改革主要是简化乘、除算法，唐代的算法改革使乘、除算法可以在一个横列中进行运算，既适用于筹算，也适用于珠算。

2.1.4 中国古代数学的繁荣

960 年，北宋王朝的建立结束了五代十国割据的局面。北宋的农业、手工业、商业空前繁荣，科学技术突飞猛进，火药、指南针、印刷术三大发明就是在这种经济高速发展的情况下得到广泛应用。1084 年，秘书省第一次印刷出版了《算经十书》。1213 年，鲍澣之又进行翻刻。这些都为数学发展创造了良好的条件。

从 11~14 世纪约 300 年间，出现了一批著名的数学家和数学著作，如贾宪的《黄帝九章算法细草》、刘益的《议古根源》、秦九韶的《数书九章》、李冶的《测圆海镜》和《益古演段》、杨辉的《详解九章算法》《日用算法》和《杨辉算法》、朱世杰的《算学启蒙》《四元玉鉴》等，很多领域都达到古代数学的高峰，其中一些成就也是当时世界数学的高峰。从开平方、开立方到四次以上的开方，这些在认识上是一个飞跃，实现这个飞跃的就是贾宪。杨辉在《九章算法纂类》中载有贾宪的"增乘开平方法""增乘开立方法"；在《详解九章算法》中载有贾宪的"开方作法本源"图、"增乘方法求廉草"和用增乘开方法开四次方的例子。根据这些记录可以确定贾宪已发现二项系数表，创造了增乘开方法。这两项成就对整个宋元数学产生重大的影响，其中贾宪三角比西方的帕斯卡三角形提出早 600 多年。

把增乘开方法推广到数字高次方程（包括系数为负的情形）解法的是刘益。《杨辉算法》中"田亩比类乘除捷法"卷，介绍了原书中 22 个二次方程和 1 个四次方程，后者是用增乘开方法解三次以上的高次方程的最早例子。秦九韶是高次方程解法的集大成者，他在《数书九章》中收集了 21 个用增乘开方法解高次方程（最高次数为 10）的问题。为了适应增乘开方法的计算程序，秦九韶把常数项规定为负数，把高次方程解法分成各种类型。当方程的根为非整数时，秦九韶采取继续求根的小数，或用减根变换方程各次幂的系数之和为分母、常数为分子来表示根的非整数部分，这是《九章算术》和刘徽《九章算术注》处理无理数方法的发展。在求根的第二位数时，秦九韶还提出以一次项系数除常数项为根的第二位数的试除法，这比西方最早的霍纳方法早 600 多年。

元代天文学家郭守敬、王恂等在《授时历》中解决了三次函数的内插值问题。秦九韶在"缀术推星"题、朱世杰在《四元玉鉴》"如象招数"题都提到内插法（他们称为招差术），朱世杰得到一个类似于四次函数的内插公式。

用天元（相当于 x）作为未知数符号，列出高次方程，古代称为"天元术"，这是中国数学史上首次引入符号，并用符号运算来解决建立高次方程的问题。现存最早的天元术著作是李冶的《测圆海镜》。从天元术推广到二元、三元和四元的高次联立方程组，是宋元数学家的又一项杰出创造。对这一杰出创造进行系统论述的是朱世杰的《四元玉鉴》。朱世杰的四元高次联立方程组表示法是在天元术的基础上发展起来的。他把常数放在中央，四元的各次幂放在上、下、左、右四个方向上，其他各项放在四个象限中。朱世杰的最大贡献是提出四元消元法，其方法是先选择一元为未知数，其他元组成的多项式作为这个未知数的系数，列成若干个一元高次方程式，然后应用互乘相消法逐步消去这一未知数。重复这一步骤便可消去其他未知数，最后用增乘开方法求解。这类似于现在线性方程组的解法，它比西方同类方法早了 400 多年。

勾股形解法在宋元时期有新的发展，朱世杰在《算学启蒙》（卷下）提出已知勾弦和、股弦和求解勾股形的方法，弥补了《九章算术》的不足。李冶在《测圆海镜》对勾股容圆问题进行了详细的研究，得到 9 个容圆公式，大大丰富了中国古代几何学的内容。

已知黄道与赤道的夹角和太阳从冬至点向春分点运行的黄经余弧，求赤经余弧和赤纬度数，是一个解球面直角三角形的问题，传统历法都是用内插法进行计算。元代郭守敬、王恂等则用传统的勾股形解法，沈括用会圆术和天元术解决了这个问题。不过他们得到的是一个近似公式，结果不够精确。但他们的整个推算步骤是正确无误的，从数学意义上讲，这个方法开辟了通往球面三角法的途径。

中国古代计算技术改革的高潮也是出现在宋元时期。宋元的历史文献中载有大量这个时期的实用算术书目，其数量远比唐代多得多，改革的主要内容仍是乘除法。算法改革的同时，穿珠算盘在北宋可能已出现。但如果把现代珠算看成是既有穿珠算盘，又有一套完善的算法和口诀，那么应该说它最后完成于元代。

从明初到明中叶，商品经济有所发展，和这种商业发展相适应的是珠算的普及。明初《魁本对相四言杂字》和《鲁班木经》的出现，说明珠算已十分流行。前者是儿童看图识字的课本，后者把算盘作为家庭必需用品列入一般的木器家具手册中。随着珠算的普及，珠算算法和口诀也逐渐趋于完善。王文素、程大位、徐心鲁等数学家增加了起一口诀，加、减口诀，并在除法中广泛应用归除，从而实现了珠算四则运算的全部口诀化。

宋元数学的繁荣是社会经济与科学技术发展的必然结果，也是传统数学发展的结果。

2.2 《九章算术》及其对中国古代数学的影响

2.2.1 《九章算术》⊖

在第 1 章 1.4 节中，我们曾详细讨论了《几何原本》及其文化意义。如果说《几何原本》集中地体现了古希腊的数学传统，那么中国古代特有的数学传统在《九章算术》中有着典型的表现。《九章算术》的确切写作起始年代已无从考证。作为中国古代数学的集大成者，这一著作应是经过许多不同年代的修改与补充，才逐渐成为一种模式。

《九章算术》采用问题集的形式，收集有 246 个与生产、生活实践有联系的应用问题，以方田、粟米、衰分、少广、商功、均输、盈不足、方程、勾股共 9 个类型的实践应用性问题共分为 9 章，是为《九章算术》书名之由来。每道题有问（题目）、答（答案）、术（解题步骤和方法）。有的是一题一术，有的是多题一术，有的是一题多术。"术"实际是以算筹为工具的布列算筹的算法。全书共计 246 个问题，共给出 202 个具体的算法——"术"。

公元前 221 年，秦始皇结束了长达 5 个世纪兼并征战的局面，建立起我国第一个中央集权的国家，奖励耕织、兴修水利、重视冶炼、建筑长城。在生产的推动下，科学技术有了很大的发展。至西汉前期，生产、科学技术有了更进一步的发展，《九章算术》就是在这种历史条件下成书的，是我国著名的《算经十书》中最重要的一部。《九章算术》成书于宋代，实际上除个别片段之外，它的基本内容应完成于公元前 200 年或更早些。秦朝的焚书导致无一完整的数学书籍流传下来。由于先秦和西汉生产、科技的发展，此时期积累了大量的数学知识，后经西汉的张苍、耿秦昌将秦火残卷片和积累的数学知识收集、加工、删补整理编成

⊖ 郑毓信，王宪昌、蔡仲：《数学文化学》，四川教育出版社，2000，第 235-237 页。

《九章算术》。《九章算术》是从先秦"九数"发展来的,原书有插图,作者名氏不详。现传《九章算术》分9章,包括魏晋时刘徽和唐时李淳风等的注释、北宋贾宪的细草、南宋杨辉的详解,是世界数学经典名著。《九章算术》的主要内容如下:

第1章:方田(土地测量,共38题)。主要讲各种形状的田亩面积的计算,同时系统地叙述了分数的加、减、乘、除的运算法则及分数的简化,其中重要的术是"割圆术"。

第2章:粟米(粮食交易,共46题)。专讲各种谷物之间的兑换问题。主要涉及比例运算问题,求第四比例项的算法,称为"今有术"。

第3章:衰分(比例分配,共20题)。专讲配分比例算法问题,其中重要的术是"衰分术"。

第4章:少广(计算宽度等,共24题)。已知面积和体积,求其一边长和径长等,专讲开平方、开立方问题,其中重要的术是"开方术",开启了中国古代解一元高次方程的先河。

第5章:商功(土方工程计算,共28题)。专讲各种土木工程中提出的种种数学问题,主要是各种立体图形体积的计算,其中重要的术是"阳马术",开创了中国古代数学独特的证明方法。

第6章:均输(公平的征税,共28题)。专讲如何按人口、路途远近等合理运输问题,以及按等级分物问题,合理摊派捐税徭役的计算问题(古时有"均输平准"政策——当时按各地区人口多少、路途远近、生产的粮食种类等缴纳实物或摊派徭役的计算方法),其中重要的术是"均输术"。

第7章:盈不足(过剩与不足,共20题)。介绍一种叫作"盈不足术"的重要数学方法。问题涉及的内容多与商业有关,其中重要的术是"盈不足术"。

第8章:方程(列表计算法,共18题)。主要讲一次联立方程组的解法,即介绍利用线性方程组和增广矩阵求解线性方程的一种方法,其中又提出了正负数的概念及其加减运算法则。本章重要的术是"方程术",相当于现在利用线性方程组的系数增广矩阵变换的方法。

第9章:勾股(直角三角形,共24题)。主要讲勾股定理的各种应用问题,还提出了一般二次方程的解法,其中重要的术是"勾股术"。

《九章算术》采用按类分章的形式成书,问题大都与当时的实际社会生活密切相关,使中国数学在解决实际问题的计算方面大大胜过古希腊的数学体系。《九章算术》标志着我国具有独特风格的数学体系的形成,成为我国古代数学发展史上一座重要的里程碑。《九章算术》以其独特的数学体系与另一种风格的古希腊数学体系比肩并峙,交相辉映,都对世界数学的发展具有深远的影响。《九章算术》更以一系列"世界之最"的成就,反映出我国古代数学在秦汉时期已经取得世界领先发展的地位。下面我们分别按算术、代数、几何三方面取得的成就予以介绍。

1. 算术方面

《九章算术》最早比较系统、完整地叙述了分数约分、通分和四则运算的法则,化带分数为假分数,并知道用最小公倍数作为公分母。

《九章算术》中包含了相当复杂的比例问题,基本上囊括了现代算术中的全部比例内容,形成了一个完整的系统。

　　《九章算术》中十进位值制的发明，使古代数学得到蓬勃发展，超越了其他地区，打破了十进位值制记数法、分数等数学思想起源于印度的说法。

　　《九章算术》中提出的"盈不足术"，讲盈亏问题及其解法，这是我国古代数学的一项杰出创造。例如，第七章《盈不足》中第1题："今有（人）共买物，（每）人出八（钱），盈（余）三（钱）；（每）人出七（钱），不足四（钱），问人数、物价各几何？""答曰：七人，物价五十三（钱）。"

　　"盈不足术曰：置所出率，盈、不足各居其下。令维乘（即交错乘）所出率，并以为实，并盈、不足为法，实如法而一……置所出率，以少减多，余，以约法实，实为物价，法为人数"。用现代符号语言来表示：设每人出 a_1 钱，盈 b_1 钱；设每人出 a_2 钱，不足 b_2 钱，求人数 x 和物价 y，依题意，有

$$\begin{cases} y=a_1x-b_1, \\ y=a_2x+b_2, \end{cases} \Rightarrow \begin{cases} x=\dfrac{b_1+b_2}{a_1-a_2}, \\ y=\dfrac{a_1b_2+a_2b_1}{a_1-a_2}. \end{cases}$$

当然，我们还可求得每人应该分摊的钱数：$t=\dfrac{y}{x}=\dfrac{a_1b_2+a_2b_1}{b_1+b_2}$。

　　因此，盈不足术实际上包含了上述三个公式。有些形式上不属于"盈不足"类型而又相当难解的算术问题，只要通过两次假设未知量的值可转换成"盈不足"问题，从而用"盈不足术"求解。这种方法在 9 世纪时传入阿拉伯，称为"契丹法"（中国算法）；13 世纪由阿拉伯传入欧洲，并被为"双设法"。

2. 代数方面

　　《九章算术》在代数方面具有世界先进水平的成就：

　　（1）"正负术"。《九章算术》在代数方面的第一个贡献是引进负数，并给出了对正、负数进行加、减运算的正确法则（乘、除法还未提到）。负数概念的提出，是人类关于数的概念的一次意义重大的飞跃，是数系扩充的一个重大进展，在 7 世纪印度才出现负数概念，而欧洲直到 17 世纪对负数的要领才有所认识。

　　（2）"开方术"。我国另一部数学古籍《周髀算经》中已经用到了开平方，但未讲如何开法。而在《九章算术》中讲了开平方、开立方的方法，计算步骤和现在基本一样，并且提出有开方开不尽的情况，开方术中实际包含了二次方程 $x^2+bx=c$ 的数值求解程序。在"开平方"中，"借算"的右移、左移在现代的观点下可以理解为一次变换和代换，这对以后宋、元时期高次方程的求解具有深远的影响。

　　（3）"方程术"。《九章算术》中的《方程》一章主要讲多元一次联立方程组及其解法，其解法实质上是"高斯消去法"，直到 17 世纪欧洲才出现这种方法。例如，《九章算术》第 8 章《方程》的第 1 题如下："今有上禾（上等谷子）三秉（捆），中禾二秉，下禾一秉，实（打谷）三十九斗；上禾二秉，中禾三秉，下禾一秉，实三十四斗；上禾一秉，中禾二秉，下禾三秉，实二十六斗。问上、中、下禾实一秉各几何？"

　　按现代记法：设 x，y，z 依次为上、中、下禾各一秉的谷子斗数，则上述问题是求下面三元一次方程组的解

$$\begin{cases} 3x+2y+z=39, \\ 2x+3y+z=34, \\ x+2y+3z=26 \end{cases}$$

在《九章算术》中，先用算筹数码布列出一个方阵，用现代记号，就是一个如下的矩阵，相当于现在"线性代数"线性方程组的"增广矩阵"：

$$\begin{pmatrix} 3 & 2 & 1 & 39 \\ 2 & 3 & 1 & 34 \\ 1 & 2 & 3 & 26 \end{pmatrix}$$

若把《九章算术》中的算筹演算"翻译"成现代的符号演算，就是一种"遍乘直除"（这里，除是减的意思，直除就是连续减的意思）方法，实质为现代数学中的"加减消元法"。在印度，直到 7 世纪才出现方程组的解法；而在欧洲，直到 16 世纪法国数学家布托才提出三元一次方程组的解法。值得注意的是，在《九章算术》中着重布列数字方阵，并对其进行"遍乘直除"的变换，为现代代数中用矩阵中的初等变换解线性方程组提供了雏形。

3. 几何方面

《九章算术》中包含了大量的几何知识，分布在《方田》《商功》和《勾股》章中，提出了许多面积、体积的计算公式和勾股定理的应用。面积计算中主要包括正方形、矩形、三角形、梯形、圆和弓形等。例如，对弓形面积的计算公式（见图 2-1）："术曰：以弦乘矢，矢又自乘，并之，二而一。"用现代记号就是 $S=\frac{1}{2}(bh+h^2)$。这是一个经验公式，所得近似值不很精确，而圆的面积采用"径一周三"（即 $\pi \approx 3$），就更不精确了。

因为立体的形状多且复杂，所以在《九章算术》中体积计算的问题比面积计算的问题多，如正方体、长方体、正方台、四角锥、楔形体、圆台等，内容相当丰富，而且计算准确，但涉及球时，取 $\pi \approx 3$ 就失之准确。立体图形的体积的计算是在长方体的体积公式 $V=abh$ 的基础上来计算的。

《九章算术》中，对三个特别重要而基本的多面体给出了计算公式，它们是：

"堑堵"：两个底面为直角三角形的正柱体（见图 2-2），其体积计算公式为

$$V_{堑堵}=\frac{1}{2}abh$$

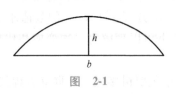

图　2-1

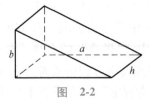

图　2-2

"阳马"：底面为长方形而有一棱与底面垂直的锥体（见图 2-3），其体积计算公式为

$$V_{阳马}=\frac{1}{3}abh$$

"鳖臑"：每个面都为直角三角形的四面体（见图 2-4），其体积计算公式为

$$V_{鳖臑}=\frac{1}{6}abh$$

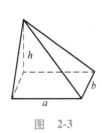

图 2-3

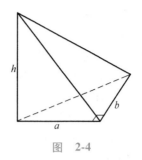

图 2-4

并由此可求得各种"方锥"（锥体）的体积。

《九章算术》以前虽然已有勾股定理，但主要是在天文方面的应用，而在《九章算术》中对勾股定理的应用已经很广。在《勾股》一章一开始，该书就讲述了勾股定理及其变形，可理解为已知直角三角形的两边，推求第三边的方法。在《勾股》一章的 24 个题目中，有 19 题是应用题，如第 6 题"今有池方一，葭（音 jiā，一种芦苇类植物）生其中央，出水一尺。引葭赴岸，适与岸齐。问水深、葭长各几何？""答曰：水深一丈二尺，葭长一丈三尺。""术曰：半池方自乘，以出水一尺自乘，减之，余，倍出水除之，即得水深，加出水数，得葭长"。如图 2-5 所示，用现代记号就是：设池方为 $2a$，水深为 b，葭长为 c，则按术得水深

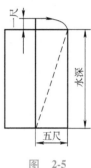

图 2-5

$$b = \frac{a^2 - (c-b)^2}{2(c-b)} = 12$$

葭长：

$$c = \frac{a^2 - (c-b)^2}{2(c-b)} + (c-b) = 13$$

按现代解法：设水深为 x 尺，则葭长为 $(x+1)$ 尺。按题意由勾股定理，得

$$5^2 + x^2 = (x+1)^2$$

整理，得 $2x = 5^2 - 1^2 \Rightarrow x = 12$。两种解法相比较，可见实质解法步骤完全一致。印度古代著名的"莲花问题"，其中除数据与《九章算术》的"葭生中央问题"不同之外，其余完全相同，但要比中国《九章算术》晚了 1000 多年。

《九章算术》以其杰出的数学成就、独特的数学体系，不仅对东方数学，而且对整个世界数学的发展产生了深远的影响，在科学史上占有极其重要的地位。

《九章算术》与《几何原本》是世界数学史上东西方交相辉映的两本不朽的传世名著，也是现今数学的两大主要源泉。若将这两本数学名著相对照，则可以发现从形式到内容都各有特色和所长，形成东西方数学的不同风格。

从结构上看，《九章算术》是按问题的性质和解法把全部内容分类编排；《几何原本》则是以形式逻辑方法把全部内容贯穿起来。从内容上看，《九章算术》是以解应用题为主，包括了算术、代数、几何等我国数学的全部内容，其中代数是中国所创，而几何中一些复杂的体积（如楔形体）计算水平之高是《几何原本》所没有的；《几何原本》以数理逻辑内容取胜。从产生背景看，《九章算术》产生于百家争鸣形成众多流派的春秋战国和秦汉时期，当时生产技术的发展需要应用数学解决大量实际问题，这些条件有力地推动了应用数学的普及和发展，直接体现出数学的应用；《几何原本》成书于古希腊形式逻辑的发展时期，

写书的目的是抽象出几何规律，未直接体现出应用。

《几何原本》对世界数学产生了巨大的影响，被许多国家作为初等几何的教科书，在人类文化发展中起重大的作用达 2000 年之久；《九章算术》的影响虽然不及《几何原本》大，但在我国的影响是很大的，并且长期以来作为数学的教材和研究数学的资料，对日本、朝鲜、越南、印度及阿拉伯国家和地区数学的发展均有过深刻的影响。《九章算术》于唐代时就已传入朝鲜、日本，现已被译成日、俄、英、德、法等多种文字，在世界数学史上具有十分重要的地位。在《九章算术》的 5 种外文译本中，特别值得一提的是由郭书春和林力娜从 1984 年到 2004 年历时 20 年翻译而成，由法国 DUNOD 出版社出版的《九章算术》中法文对照本。该书厚 1150 页，首印 850 册，3 个月后即告脱销，巴黎 DUNOD 出版社于 2005 年 8 月又再版发行。国际学术界认为在《九章算术》的日、俄、英、德、法多个译本中，法文本的水准堪称一枝独秀。2005 年 7 月 30 日，作为法国文化年的一项重要活动，在北京举行了关于《九章算术》中法对照本的一个高级研讨会。

中国古代数学的独特现象之一是数字最终演化为以"筹"（竹棍）的形式来表示，并以此为工具进行数学的运演操作。这是一种与古希腊数学符号运演相异的手工操作运演形式。

《九章算术》及其刘徽的注释是中国古代数学的典范。它总结了历史上积累下来的数学知识和方法，并进行了有目的的分类整理，同时对筹算竹棍运演排列的操作方法给出了具体的程序，用"术"的形式给出了方法模式。刘徽的注释更对当时《九章算术》中记载的内容、方法给予了令人信服的详尽论证。

《九章算术》及其刘徽的注释对中国古代分式运演的方法、开方的筹算运演方法、正负数的筹算运演方法、割圆术的极限思想方法、方程筹算解法等一系列内容都给出了"析理以辞、解体用图"这一中国特有的证明论述方式。这些方法、理论及独特的论证方式表现了中国文化系统中数学的独特文化内涵。

2.2.2　《九章算术》的主要特征

中国古代算学与《九章算术》具有什么样的特征呢？吴文俊指出："我国古代数学，总的来说就是这样一种数学，构造性与机械化是其两大特色。"[一]所谓构造性是指从某些初始对象出发，通过明确规定的操作展开的数学理论。它与非构造性数学不同，主要关心如何求出问题的解答，如何将可行的方法予以有效的实现，而非构造性数学经常考虑的是研究对象的一些性质，如存在性、可能性等问题。所谓机械化，吴文俊指出："数学问题的机械化，就要求在运算或证明过程中，每前进一步之后，都有一个确定的、必须选择的下一步，这样沿着一条有规律的、固定的道路，一直达到结论。"[二]例如，小学数学中整数的四则运算就是机械化的算法；同样，中学数学中采用设未知数列方程解应用题的代数方法也是机械化的算法。在这个总的特征基础上，我们再进一步给出《九章算术》一些更为具体的特征[三]。

1. 开放的归纳体系

中国古代数学的发展与社会的生产实践紧密结合，以解决现实生活中的实际问题为直接

[一] 吴文俊：《吴文俊论数学机械化》，山东教育出版社，1995，第 96 页。
[二] 吴文俊：《复兴构造性数学》，《数学进展》，1985，第 14 页。
[三] 易南轩、王芝平：《多元视角下的数学文化》，科学出版社，2007，第 108-130 页。

目的。在《九章算术》中通常是先给出一些问题，从中归纳出某一类问题的一般解法，再把各类算法综合起来，得到解决该领域各种问题的方法，同时，还把解决问题的不同方法进行归纳，从这些方法中提炼出数学模型，然后以各模型立章，编成《九章算术》。因此，《九章算术》具有浓厚的人文色彩、鲜明的社会性和突出的数学应用，是一个与社会实践紧密联系的开放体系。

2. 算法化的概括

《九章算术》按问题性质和解法分为 9 大类，每一大类为一卷，每一卷又分几小类，每一小类都有一般的解题步骤。这种步骤相当于现代数学的公式，每道题都给出答案，大部分题都可套用解题步骤（公式）求得解答。用一个固定的模式解决问题，形成了所谓的算法倾向。这里所说的"算法"，不只是单纯的计算，而是带有一般性的计算程序，并力求规范化，便于重复迭代，求出具体的数值解。《九章算术》这种以解题为中心，在解题中给出算法，根据算法组建理论体系，是中国古代数学理论体系的典型代表。

3. 模型化的方法

《九章算术》各章都是先从相应的社会实践中选择具有典型意义的现实模型，并把它们表述成问题，然后通过"术"使其转化为数学模型，或由数学模型转化为对原型的应用。这正与现代数学教学中的"数学建模"相一致。

4. 独特的筹算运演方式

筹算的方法，即用竹棍作为运演操作的工具是中国古代文化对人类数学的一个独特贡献。这种筹算的操作方式和运演程序表现了中国古代数学的极大创造性。这种运演操作不仅可以进行加、减、乘、除、开平方、开立方的运算，而且在方程的运算方面更达到了令人惊奇的地步。

2.2.3 中国古代数学的特征

下面我们主要介绍郑毓信先生关于中国古代数学的特征的研究。[一]

如上所述，在中国古代数学的发展中，筹算这种运演操作不仅可以进行加、减、乘、除、乘方、开方的运算，而且在解方程（组）的运算方面已经与现代数学中方程理论的矩阵解法有极大的相似之处。由数学史我们知道，西方数学中的行列式、矩阵是 18~19 世纪开始发展形成的，但是筹算这种特殊的手工操作运演，以一种独特的方式表示了表格式、形式化的运算，从而就具有与现代数学矩阵初等变换极为相似的特征。由此我们也就可以理解筹算运演方法本身的创造性及其独特的理论形式了。

在中国古代数学的发展中，筹算数学遇到的一个重要问题是如何处理圆的面积。中国不像古希腊数学那样从表述世界美好、和谐的意义来看待圆及其面积，而只是基于实践应用的需求来求圆的面积。刘徽在《九章算术》第 1 章《方田》第 32 题的注释中给出了割圆术，并给出了圆周率（157/50）。刘徽在此就体现了实用的准则，他以图形来说明割圆术（见图 2-6）的方法，并用割圆术通过圆内接正多边形变得最终与圆重合的方法来论证圆的面积。在割圆

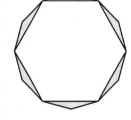

图 2-6 割圆术

⊖ 郑毓信、王宪昌、蔡仲：《数学文化学》，四川教育出版社，2000，第 235-247 页。

术中，他没有对无穷小的极限问题做过多考虑。刘徽指出："割之弥细，失之弥少。割之又割，以至于不可割，则与圆和体，而无所失矣。"从而这一曾引起古希腊数学家高度关注，并用"穷竭法"回避的问题，在中国古代数学中就只是在应用的意义上得到了处理，也就是用直观的形式忽略了分割中出现的无穷小问题。一般地，西方数学中那种带有宇宙万物意义的内容、概念及方法在中国筹算数学中大都被轻视、忽略了，因为实践应用才是中国古代算学的根本目的。

在中国古代数学的发展中，筹算所发展和构成的思维方式与古希腊数学的演绎思维方式有着完全不同的形式。筹算数学的实践应用性要求使其充分发展和应用了人类在解决数学问题时所可能使用的各种思维方式，包括归纳、类比、直觉思维等。《九章算术》中所给出的各种筹算运演规则，如今有术、齐同术、开方术、方程术、割圆术、更相减损术等，都表现出一种"程序"性的法则。要注意的是这些方法不是建立在概念、命题的逻辑运演体系之上，而是建立在一种以筹算操作形式"类推衍化"的类比、归纳。

综上可见，《九章算术》所体现的中国古代数学的符号形式、运演操作形式、解决问题的类型和构造体系的方法，事实上是中国文化这样一种特定的文化系统对自己数学形式的选择。这就是说，即如古希腊选择《几何原本》一样，中国文化的这种选择也使古代中国数学按照所选定的方式、方法、目标去发展，而与文化选择相异的方法、形式等则被历史慢慢地淘汰或被历史所淡化、冷落。

《九章算术》集中体现了中国古代数学的特征，它的方法、构造形式、解决问题的范畴，成为中国古代数学的典范。

特殊地，中国筹算经世致用的"末技"地位决定了它在中国文化中存在、传播和使用的特定群体，而这种受文化价值观念左右的社会群体对筹算的学习、应用和传播也最终确定了筹算的发展方向。具体地说，由于儒家教育的经学中不开设数学内容，历代的士大夫阶层很少有人精通数学。在这种文化系统中，数学的价值无法得到社会上层人士——士大夫阶层的承认，当然也就不可能获得社会的激励与推动。事实上，中国的数学只在少数士大夫中得到了重视，如董仲舒、李淳风、一行（唐高僧）、贾宪、沈括、郭守敬（元代天文学家）等。但即使在这个为数很少的士大夫群体中，他们对筹算的学习也只是为了应用，并没有从事过关于数学概念、方法及构造的理论思考与研究。所以，中国古代数学实际上主要保留、传播于作为技艺应用的群体之中。由于数学很难得到官学的稳定正规教育，因此，中国古代数学在民间的传播及在历法中的应用大都通过私学——师傅带徒弟式的教育传承。

中国古代数学技艺性的文化价值观，以及保留、传播和应用数学的极少数士大夫群体和少数的社会实用技艺群体，使中国筹算的发展形成了两种独特的发展趋势。

（1）任何一种数学传统一旦得以形成，特别是具有了确定的方法和构造模式，就获得了一定的自主性或独立性，即其自身会在一定程度上产生引导数学家前进的动力。特别是，数学作为概念、方法和理论所存在的有待于进一步研究和解决的问题就会促使数学家深入地进行研究。就中国古代而言，这就是指，筹算会发展自己的概念、方法、构造形式和解决问题的难度。然而，由于实用性始终是决定中国古代数学发展的主要因素，因此，从总体上说，上述这种源自数学内部的发展就只可能在局部的范围，并在一定的限度内得以实现。另外，同样重要的是，就这种发展的具体实现而言，则又取决于数学能否成功地吸引住社会中的"精英"分子，因为归根结底地说，只有借助于各个数学家的具体努力，数学发展才可能得以实现。也正是从后一角度去分析，中国古代数学在封建社会经济、技术相对稳定的状态下进步甚微，而在战乱年代却表现出具有创造性的发展。具体地说，当社会的经济、技术相对稳定的状态下，社会进步缓慢，以《九章算术》为代表的中国古代数学基本上适应社会的需要，因此数学的发展变化不大，此时唯一给数学以活力的只是历法方面对数学的应用。与此相反，当社会动荡、改朝换代时，由于此时士大夫阶层无法按传统的价值观实现人生的目标，也即无法实现"学而优则仕"的发展道路，于是就转向"出世"的宗教或其他方向以表现自己的价值或避世赋闲。此时，数学以其自身在技艺应用时留下的问题就可能吸引一部分造诣较高的士大夫。这样，本来是作为技艺应用的筹算，就并非在太平盛世获得了具有创造性的发展，反而是在魏晋南北朝和宋元时代的战乱时期表现出了具有创造性的高峰。

（2）筹算作为中国文化系统中的技艺应用系统，必然最终演化为一种计量应用的实用工具。这就是说，筹算的竹棍排摆运演形式必然会在社会实践应用的压力和经世致用的技艺价值观念引导下，发展成为一种更方便、更实用的算法，这就是珠算。具体地说，明代商业的发展可被认为是为珠算的普及提供了必要的社会条件。正如李迪先生所指出的，"明代珠算的大普及是明代商业贸易发展的结果。那时商业上的计算不需要高深的理论，而重复的四则运算则是被大量使用的，珠算正适合于这种需要。因此珠算的普及具有时代的特征。"

这样，作为一种表示形式和运演的工具，中国筹算的竹棍就逐渐经历了颜色形式及布筹方式等方面的变化，包括用盘子摆放，进而用圆珠代替竹棍等，直至最终发展成为方便实用的珠算。这一发展是中国古代数学符号形式和运演方式的巨大变化。如果与今日的计算机相类比，我们可以说，即如软件程序的发展，硬件的创新是计算机技术的巨大进步；同样地，与数学理论进步一样，由筹算到珠算恰如硬件的创新也是中国古代数学的一个重要进步。

综上可见，数学作为一种文化，是在特定的文化条件下所创造出来的一种特定模式，浓缩着整个民族的价值观念，表现了民族文化对数学概念、方法、构造的运用，揭示了其理性观念中数学的地位与层次。

*2.3　中西数学文化的比较与思考

在2.3节与2.4节中，我们主要介绍郑毓信先生有关中西数学文化比较研究的一些主要观点，更详细的研究可阅读郑毓信等的著作《数学文化学》⊖。

关于中西数学文化的比较研究，我们应当注意以下三个层面的问题：第一，如何正确地揭示数学价值观的差异对数学的形成发展，以及由此演化而成的数学构造体系的重要影响？第二，如何从上述角度去认识《九章算术》与《几何原本》的差异并做出评价？第三，除两者的差异之外，什么又是两者，乃至整个古代人类数学的共同特征？

首先，《几何原本》与《九章算术》是在不同的数学价值观指导下，并在文化系统的不同层面上得到发展和建构的。具体地说，《几何原本》是在"数学作为表现世界、构造世界的基本形式"这一价值观念下，展开它的理性意义上建构的。这就使得《几何原本》建立在一种理性论证的基础上，以适应当时文化理性思辨的具体要求，也就应当是几何的、三段

⊖ 郑毓信、王宪昌、蔡仲：《数学文化学》，四川教育出版社，2000，第247-271页。

论式的，并表现为完全脱离具体问题的一种逻辑演绎建构。与此相对照，《九章算术》是在中国文化实用技艺的价值观念下展开构成的，因此，作为实用的技艺，对现存的经济、技术问题给出具体的、可应用的方法就是《九章算术》的唯一追求。事实上，就中国古代数学而言，具体几何问题的解决往往是运用经验、直观、类比和计算获得的。一般地，对实用的技艺来说，追求逻辑过程的确定性、演绎性，并创造出一些公设、公理、数论命题等异类概念和证明，无疑会被看成是一种无实用意义的游戏。由此可见，以非逻辑为主并且运用直观、类比、归纳等思维方式，表现具体问题并以实用的方法进行分类，数学的概念与运演方法——"术"紧密地联系在一起，这些就是《九章算术》的主要特征。综上可见，正是中西文化不同的数学价值观最终造成了中西古代数学在概念、方法、构造方面的巨大差异。

其次，如果承认不同的民族文化会对古代的数学创造和发展造成重要影响的话，那么一个必然的结论就是：我们同时也应承认不同的民族文化在古代数学创造中形成的各种不同的数学形式、方法和构造等都有其内在的合理性。显然，从这样的角度去分析，我们就不应（自觉或不自觉地）把某种特定文化中的数学模式人为地界定为人类古代数学的唯一模式或标准模式，而应明确承认不同文化对古代数学的贡献，并依据这样的立场去进行比较和评价。

事实上，从文化的角度看，承认不同文化对古代数学的贡献，而不是以一种文化的价值观去否定另一种文化的价值观，不是以一种文化价值观下发展起来的数学模式去抹杀另一种文化在数学发展史上的贡献和创造性，即对不同文化在演化流变中存在意义的确认。一般地说，人类文化是由各个不同的民族文化形成的，人类的古代数学也是由各种不同民族文化中的数学汇集而成的。这种汇集在世界文化不同阶段的交流与碰撞中都发生过积极的意义。相反地，如果把不符合欧几里得《几何原本》这一模式的数学都排斥掉，不承认它们在人类数学史上的地位和贡献，那么人类古代的数学就不会具有多样性，人类的数学史也就只是西方数学史，而这当然是一种错误的做法。

由上面的立场出发，吴文俊先生的下述观点显然是十分恰当的："我国的传统数学有它自己的体系和形式，有着它自身的发展途径和独到的思想体系，不能以西方数学的模式生搬硬套……从问题而不是从公理出发，以解决问题而不是以推理为宗旨，这与西方以欧几里得几何为代表的演绎体系旨趣迥异，途径亦殊……在数学发展的历史长河中，数学机械化算法体系与数学公理化演绎体系曾多次反复互为消长，交替成为数学发展的主流。"

具体地说，作为《九章算术》与《几何原本》的比较，可以发现以下几个方面的差异：

（1）《几何原本》从公理、公设及概念出发展开理性论证；《九章算术》从实践应用问题出发展开其实际应用的讨论。

（2）《几何原本》的运演过程明确地表现为逻辑三段论式的形式；《九章算术》的筹算运演则表现为确定的手工操作程序。

（3）《几何原本》以概念、公设、公理为基础，通过逻辑论证获得数学结果——命题；《九章算术》以具体问题为基础，以"术"——筹算规律获得问题的解决。

（4）《几何原本》的命题运演过程明确表现在文字符号的书写过程之中；《九章算术》的筹算运演只保留结果，相应的运演过程在手工操作后都不复存在。

（5）欧几里得按当时的理性要求分类规划了《几何原本》的结构，并以5种正多面体的论证作为全书的结尾；《九章算术》按解决具体问题的要求分类划分，尽管刘徽努力为先前存在的筹算规则"术"提供令人信服的论证，但其目标仍为实用的可靠性，而不是要在理性或抽象数学（指脱离实际目的）的意义上进行逻辑形式的建构。

最后，作为《九章算术》与《几何原本》的比较，除上述的差异之外，我们也应注意两者的共同点。特别是，笔者认为，如果我们能以这些共同特征作为评判和比较中西古代数学的尺度，就可消除或避免仅以《几何原本》为模式来评判中国古代数学的种种弊病。我们认为，两者共同的特征表现如下：

（1）概念方面。数学应当形成脱离具体事物属性，也即具有一定抽象意义的概念，后者并应具有一般意义的指称（如"率""衰分""盈不足"等）。一般地说，数学概念即表明了对数学的理解和抽象程度。

（2）运演规则方面。数学应当有明晰的可用于解决问题（无论是理性层面还是应用层面的问题）的运演规则，并足以满足当时社会对数学的要求。运演规则的深化和发展是数学发展的重要表现形式之一。

（3）对数学概念和运演方式的思辨方面。数学的概念和运演方式在相应的文化系统中应当具有令人信服的论述或论证，后者构成了人们运用概念和方法的依据。这种对数学概念、运演方式的论述与思辨正是数学走向理性的台阶。

（4）方法论的规范性层面。数学应当具有自己的方法论，也即在方法的层面上具有一定的规范性。数学由个别特例的解决方法上升为规范的数学方法的过程是数学发展进步的重要方面。

（5）体系建构方面。数学的体系应当具有确定的意向或目的明确的分类性（无论是理性层面还是实用层面）。这种分类的细化、改变也是数学的一个重要方面。

*2.4　关于数学文化史

最后，我们再从更一般的角度对数学文化史研究的特征与意义做一分析。

对于数学史的研究可分为内史与外史。一般地说，研究数学自身的历史发展属于内史，用大系统的观点把数学的发展与整个社会发展联系起来进行研究属于外史。数学文化史的研究就属于外史，但在一定程度上超出了一般意义上数学外史的研究范围。首先，数学文化史的研究与传统数学史研究的区别在于，数学文化史的研究把数学看成一种文化现象，并是在文化传统这种看不见但又确实存在的系统内研究数学的发展。例如，它从文化传统的意义上说明古希腊为什么要把数看成点与线段；同样地，为什么中国筹算把有关几何图形的运算转换成筹算的运算而不是相反。其次，与一般外史研究相比，数学文化史更加注重实际从事数学研究的群体（数学共同体）所具有的文化传统观念及其对数学发展的影响。特别是，数学文化史的研究具体指明了各种文化系统中的数学价值观念，而这事实上就从一个侧面揭示了数学家群体的文化价值追求，从而使人们对数学的发展有更为深入的文化意义上的理解。最后，数学文化史力图通过不同文化中数学发展过程的具体考察和比较，揭示数学的价值观念、理论状况与数学发展方向等在不同文化中的共同规律和特征，从而为不同数学传统的比较评价建立一个客观、公允的准则，并为人们更为深入地认识数学的本质提供一种新的视野。

显然，以上的分析就更为清楚地表明了数学文化史研究的意义。对此，我们可做进一步地分析。

第一，数学文化史的研究清楚地表明了我们的确应把数学看成整个人类文化的一个有机组成部分。具体地说，对于人类文化，现在一般都把它划分为这样三个层面：技术层面、社会层面、思想意识层面。其中，技术层面处于最底层，由人类所运用的各种手段、技能构成；社会层面是在技术层面之上形成的人际关系，包括亲缘、经济、伦理、职业等内容；思想意识层面处于最上层，即是建立在技术层面和社会层面上的神话、传说、哲学、宗教等。显然，按照这样的分析，数学作为一种文化成分在中西古代文化系统中就处于不同的层面。以古希腊为代表的西方数学一直处于文化系统的最上层，从而影响着整个民族文化的发展；与此相反，中国古代数学作为技艺则一直处于最下层的技术层面，从而也就不可能发挥出文化系统上层的影响力。

第二，从文化的角度分析，可以使我们更好地理解中西古代数学不同表现方法、构造体系的合理性和当然性。这就是指，就数学作为文化的社会性意义而言，当整个文化系统的成员都认为数学是一种表现宇宙万物的方式，是一种理性的时候，数学必然按照表现宇宙的方式，表现理性的形式"修饰"、发展和构造自己，这显然就是古希腊数学所采取的途径；与此相对照，当中国文化及其社会成员都认为数学是一种技艺，是一种可以计量使用的实用技能时，数学的发展就必然地会使相应的计算更加方便、快捷，并运用当时社会所承认和规定的直观、类比、联想、逻辑、灵感等方法作为自己的依据以获得社会的承认和应用。

更为一般地，我们应明确承认人类数学的多样性，并以此作为比较评价各种数学形式的最终依据。这就是说，作为一种文化，数学必然地会在自己所处的文化层面中不断塑造自己以期与整体性文化系统的发展相协调。由于这种协调表现为数学的概念、方法、构造的演变，以及特定的价值取向发展，因此，人类文化的多样性就直接决定了其数学形式的多元性。

第三，数学文化史的研究为一般文化史的研究提供了有益的启示。①由于数学在文化系统中层次地位的差异决定了数学的思维方式能否对整个文化的思想意识发生重要影响，因此，数学文化史的研究事实上就为我们深入研究中西文化的思维方法、思维类型提供了一条新的途径。例如，古希腊数学处于古希腊文化的上层，这就使得数学中使用的逻辑思维方式得到极大发展，并对整个古希腊文化产生了影响。数学的逻辑思维方式事实上就成了西方文化中的重要思维方式，特别是，对定量研究的推崇、对思维的确定性和逻辑性的刻意追求显然就可被看成西方思维的重要模式。与此相反，中国古代思维的抽象性特征是由原始思维的表象思维自然而然地发展起来的。表象思维强调不同事物表象之间的相互影响、相互作用，中国古代把这种相互影响的思维方式加以抽象化发展，从而形成了相互联系、有机、辩证的思维方式。例如，老子哲学中的天地与人相连等就是这种思维方式的具体表现，这显然也表明在中国古代非逻辑思维始终占主导的地位。②数学文化史的研究为我们理解中西文化中不同学科的构造方法提供了重要线索。具体地说，西方的各个学科几乎都是按《几何原本》的模式进行整理和理论建构的；与此相反，中国文化中的各个学科却缺乏这样一种建构理论的统一模式。这主要是由于数学在文化系统中所处的地位与层次。例如，西方天文学的进步并不仅仅在于它的观察与计算，更为重要的是它利用数学构造了天文学的理论体系。例如，尽管"日心说"在创立之初并没有超过"地心说"的观察证据，但它简洁的数学构造使其在与"地心说"的比较中占了上风，并使许多人在缺乏观察证据的情况下对此坚信不疑。

③数学文化史的研究也为我们研究民族的理性精神提供了重要的启示。具体地说，构成中国文化理性精神的整体相关性思维方式，在我们走向现代化的进程中必然会不断地以各种形式表现出来，从而影响民族文化对现代科学思想和理性精神的吸收。与此相对照，以确定性、逻辑过程性、形式构造性为代表的西方理性精神应当说表现了近代科学思想的主要特征。然而，中国文化在接受西方的科学技术时没有特别注意到它所代表的西方文化的理性精神；恰恰相反，中国传统文化所固有的特定理性精神往往阻碍了人们对现代科学思想的深入理解与吸收。由此可知，中西文化对数学的理解，以及对数学思维、数学理性精神的应用事实上就是造成中西文化理性差异的一个重要因素。从而，对中国走向世界、走向现代化而言，我们就应高度重视现代理性精神的培养。这种培养工作的一个重要方面，就是我们不应把数学仅仅看成是一种知识、一种应用的方法，而应把它当作一种理性思维的方式、一种理性精神。也正是在这样的意义上，数学文化史的研究为我们深入理解民族文化中的理性精神与数学教育的文化意义提供了重要的启示。

 思考题

1. 简述《九章算术》的主要内容与特征。
2. 简述中国古代数学的特征。
3. 中西古代数学比较中应注意什么问题？

第3章　数的历史

数统治着宇宙。

——毕达哥拉斯

哪里有数，哪里就有美。

——普罗克鲁斯

正是由于有了计数，我们赢得了用数来表达我们的宇宙的惊人成就。

——T·丹齐克

数是数学的基础。本章我们简要地介绍一些有关数的发展史，说明它们在数学发展中的意义，并讨论数的本质。

3.1　数的初始发展阶段

数的初始发展可以分成四个主要阶段，它们依次是：①仅由正整数组成的数系；②整数集合，包括正、负整数及零；③有理数集合，包括分数与整数；④实数集合，包括无理数在内。

正整数是人类最早接触到的数。每个人从牙牙学语的时候起，就开始学习数数。我们现在通常所用的是所谓的阿拉伯数字（其实应该是印度人发明的）：十个基本数码 0，1，2，3，4，5，6，7，8，9 及十进位制。但在古代，各个不同的国家与地区有不同的记数方法。例如，罗马人把它们写成 I，II，III，IV，…；希腊人把它们写成 α，β，γ，δ，…；并且也有不同的位值制。

大约在距今几万年以前，原始人最初产生的"数"的概念是"有"和"无"，这是人类最原始的数的概念。考古学家们已发现人类历史上最早的数码字是距今 3700～3800 年前埃及人的 1，2，3，4，5，…，8，9，10 和大约在距今 3400 年前我国殷朝遗留下来的甲骨文中的 13 个数码（相当于 1，2，…，10，100，1000，10000）。在这之后，在距今 2000～3000 年前的古希腊时代的人们已掌握了正整数（即不包含数字"0"的自然数）。为了讨论方便，我们记正整数集为 $\mathbf{N}^* = \{1, 2, 3, \cdots\}$。人们很早就掌握了它们之间最简单的运算：加法、减法、乘法与除法。

1971 年 5 月 15 日，尼加拉瓜发行了 10 张一套题为"改变世界面貌的十个数学公式"邮票，由一些著名数学家选出 10 个对世界发展极有影响的公式来表彰。这 10 个公式不但造福人类，而且具有典型的数学美：简明性、和谐性、奇异性。第一个公式就是手指计数基本法则：1+1=2（见图 3-1）。这是人类对数量认识的最基础公式。人类祖先计数从这一公式开始，从手指计数基本法则开始，因为人有十个手指，计算时以手指辅助。正是这一事实自然地孕育形成了现在我们熟悉的十进制系统。记数法与十进制的诞生是文明史上的一次飞跃。

由于生活实践的需要，比如说，几个人分一些食物，往往并不是每次分东西都能"分得尽"，用数学的运算来说就是不能整除的问题常常出现。这就迫使人们去寻求数的发展，于是出现了分数——形如 $\left\{\dfrac{m}{n}\;\middle|\;m,\,n\in\mathbf{N},\,n\neq0\right\}$ 的新理想数。分数的出现使得乘法的逆运算——除法能通行无阻地进行。

图　3-1

在数学史上，分数的出现被认为是数的第一次扩张。在许多民族的古代文献中都有关于分数的记载和各种不同的分数制度。早在公元前 2100 多年，古巴比伦人就使用了分母是 60 的分数。公元前 1850 年左右的古埃及算学文献中，也开始使用分数。我国春秋时期（公元前 770～公元前 476）的《左传》中，规定了诸侯的都城大小：最大不可超过周文王国都的三分之一，中等的不可超过五分之一，小的不可超过九分之一。秦始皇时代的历法规定：一年为三百六十五又四分之一天。这些都说明我国很早就出现了分数，并且用于社会生产和生活。公元前 550 年左右，古希腊毕达哥拉斯学派就认为"万物皆数"，即"宇宙间的一切现象都归结为整数或整数之比"。

前面已经谈到数字"0"的历史，这里就不再赘述。

负数的出现比分数要晚很多年。由于人们在生活中经常会遇到各种相反意义的量，如生意的盈亏、余钱与欠债等。为了方便，人们就考虑了用相反意义的数来表示，于是就引入了正负数的概念：把余钱记为正，把亏钱、欠债记为负。从有关的史料上看，不论先后，各个国家与地区的负数概念都首先产生于生产、生活实践。

中国是世界上最早应用负数的国家。在目前所知最早的一部我国数学著作《算数书》中就出现了负数概念及其加、减法运算。比较详细且准确地记载负数运算的应是在《九章算术》中。263 年刘徽注《九章算术》中明确给出了正、负数的概念与正、负数的加减法则。

刘徽首先给出了正负数的定义。他说："今两算得失相反，要令正负以名之。"意思是说，在计算过程中遇到具有相反意义的量，要用正数和负数来区分它们。刘徽给出了区分正、负数的方法。他说："正算赤，负算黑；否则以邪正为异。"意思是说，用红色的小棍摆出的数表示正数，用黑色的小棍摆出的数表示负数；也可以用斜摆的小棍表示负数，用正摆的小棍表示正数。刘徽提出了正、负数加、减法的法则："正负数曰：同名相除，异名相益，正无入负之，负无入正之；其异名相除，同名相益，正无入正之，负无入负之。"这里的"名"就是"号"，"除"就是"减"，"相益""相除"就是两数的绝对值"相加""相减"，"无"就是"零"。

印度人对负数的应用最早见于婆罗摩笈多的著作《婆罗摩历算书》（628 年）中。他不仅给出了正、负数的加减法则，还建立了正、负数的乘除法则。而在阿拉伯世界，10 世纪阿拉伯著名数学家、天文学家艾布·瓦发（940—约 998 年）的一份未发表的算术手稿中应用了负数。

与中国及东方古代数学家不同，在西方，对负数的认识和接受显得极为缓慢，而且西方数学家更多的是追问负数存在的合理性。16、17 世纪欧洲大多数数学家不承认负数是数。

帕斯卡认为从 0 减去 4 是纯粹的胡说。帕斯卡的朋友阿润德提出一个有趣的说法来反对负数，他说 $(-1):1=1:(-1)$，较小的数与较大的数的比怎么能等于较大的数与较小的数比呢？直到 1712 年，连莱布尼茨也承认这种说法合理。历史上曾有一个关于负数的笑话，即"负数比无穷还要大"，这是大名鼎鼎的英国数学家、英国皇家学会创始人之一沃利斯（Wallis，1616—1703）提出来的。沃利斯在《无穷大的算术》一书中，对此做出了如下的推导：比如一个分式 $10/x$，当分母 x 取值 10，1，0.1，0.01，0.001，…时，分式的值分别是 1，10，100，…，规律是分母越小，分式的值越大。当分母接近 0 的时候，分式的值变成"无穷大"。这时如果分母的值再进一步变小，即变到小于 0 的时候，那么分式的值就变得比"无穷大"还要大。而我们知道，分母比 0 小的时候分式 $10/x$ 的值是一个负数。因此，负数应该是一个比无穷大还要大的数。

英国著名代数学家德·摩根在 1831 年仍认为负数是虚构的。他用以下的例子说明这一点："父亲 56 岁，其子 29 岁。何时父亲年龄将是儿子的二倍？"他列方程 $56+x=2(29+x)$，并解得 $x=-2$。他称此解是荒唐的。到了 18 世纪，欧洲排斥负数的人已经不多了。随着 19 世纪整数理论基础的建立，负数在逻辑上的合理性才得到建立。由此可见，对负数的理解是多么困难。

在现今的中小学教材中，负数的引入通常是通过算术运算的方法引入的：只需以一个较小的数减去一个较大的数，便可以得到一个负数。例如，$2-3=-1$。这种引入方法可以在某种特殊的问题情景中给出负数的直观理解。

人类对负数的认识和应用是数系扩充的重大步骤，负数的产生和应用不仅推广了算术的范围，而且为代数学的发展拓宽了道路。

有了负数与分数，我们就有了有理数的概念：所有的整数与分数统称为有理数，即

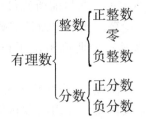

对自然数而言，有理数系是较完美的数集了。首先，它对加、减、乘、除（除数不为 0）四种运算封闭。所谓运算的封闭性，是指这种运算的结果还在这个集合中。例如，两个正整数相加还是正整数，我们就说正整数集合对数的加法运算是封闭的，而 $2-3=-1$，-1 不属于正整数，因此，正整数集合对减法运算不封闭。一个非空的数集，若对于加、减、乘、除（除数不为 0）四则运算封闭，则称其为一个数域。因此，有理数集合是一个数域。其次，有理数有简单的几何表示：我们通过建立数轴的方法使每一个有理数都能对应数轴上的一个点。再次，由于任何两个有理数之间都还有有理数，若设 a 和 b 是任意两个有理数，则 $\dfrac{a+b}{2}$ 就是位于这两个数之间的一个有理数。因此，有理数是稠密的，它们"紧密"地排列在数轴上。

数轴上还有其他数吗？或说数轴上还有"空隙"吗？若还有其他数，则它们是什么数呢？

大家知道，我们该讨论无理数了。无理数的历史更长。距今 2500 多年前，古希腊有一

位伟大的数学家——毕达哥拉斯。他创立了古希腊数学的毕达哥拉斯学派，在数学发展史上留下了光辉的一页。在数学史上，毕达哥拉斯最伟大的贡献就是发现了勾股定理。因此，直到现在，西方人仍然称勾股定理为"毕达哥拉斯定理"。据说，当勾股定理被发现之后，毕达哥拉斯学派的成员们曾经杀了99头牛来大摆筵席，以示庆贺。尼加拉瓜发行的10张邮票的第二张即为勾股定理，如图3-2所示。

历史上首先发现无理数的是毕达哥拉斯的一位学生、数学家希帕索斯。希帕索斯通过勾股定理，发现边长为1的正方形的对角线长度为$\sqrt{2}$，并不是有理数。这下可惹祸了。因为毕达哥拉斯学派有一个信条："万物皆数。"他们所说的"数"，仅仅是整数与整数之比，也就是有理数。也就是说，他们认为除有理数之外，不可能存在另类的数。当希帕索斯提出他的发现之后，毕达哥拉斯大吃一惊，原来世界上还有"另类数"存在。并且，由于毕达哥拉斯学派把数就看成是"长度"，这实际上等于说正方形的对角线没有数学长度！这就引起了毕达哥拉斯学派的极大恐慌。数学史上把这称为是数学的第一次危机。

我们可以通过如下作图的方法在数轴上作出$\sqrt{2}$等许多"无理数"。如图3-3所示，首先以原点为一顶点作一个边长为1的正方形，其对角线的长度是$\sqrt{2}$。以正方形的一个顶点为圆心、$\sqrt{2}$为半径画圆弧，就能在数轴上作出代表$\sqrt{2}$的点。

图　3-2

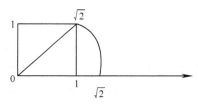

图　3-3

经过几个世纪数学的发展和成熟，我们今天对无理数已经不陌生了。无理数实际上是无限不循环小数。我们现在把有理数与无理数统称为实数。而且，我们知道，实数"布满"了整个数轴。也就是说，有理数并没有"布满"数轴，它们之间还有空隙，而这些空隙恰好由无理数填上。实数系也是一个数域。无理数的发现与实数集是数的第二次扩张。我们记实数集为 **R**。

为了表示无理数，我们可以在某位小数后面放上省略号——三个圆点来表示它，如$\sqrt{2} = 1.41421\cdots$。今天的计算机已能把任一个无理数十进制小数算到几千位甚至十几万亿位。可以写成如下形式的数是"实"数：在十进小数点左边是一位或几位整数，而在小数点右边则是整数的无限序列。我们用这个办法表示正整数（如$17 = 17.0000\cdots$）、负整数（如$-3 = -3.0000\cdots$）或有理数（如$1/7 = 0.142857142857\cdots$）。$1/7$是"有理的"，因为它在十进小数点右边是这样的一段整数142857无限反复循环。而被称为"无理的"数则是那些在十进小数中是一个无限不反复循环的序列的数，如$\sqrt{2} = 1.4142135623\cdots$。但是，对于无理数的最彻底的理解，要到19世纪末，戴德金用有理数"分割"的方法建立了实数理论。这里我们不再讨论它了。

3.2 复数及其文化意义

3.2.1 复数的历史

历史上第一个遇到虚数的人是印度数学家婆什迦罗（Bhaskara Acharya，约 1114—1185），他在解方程时认为方程 $x^2=-1$ 是没有意义的，原因是任何一个实数的平方都不会是负数。

过了 300 多年，1484 年法国数学家许凯（约 1450—1500）在《算术三篇》一书中，解方程 $x^2-3x+4=0$ 时得到的根是 $x=1.5\pm\sqrt{2.25-4}$。由于根号里的数是一个负数，因此，他被这个"怪物"弄得不知所措，于是他发表声明称这个根是不可能的。

可以说，婆什迦罗与许凯都"发现"了虚数，但是他们没有认识到这将导致一种新的数的诞生，从而放弃了这个重大的机会。

时间又过了 60 多年，1545 年意大利数学家卡尔达诺（1501—1576）在他的著作《大术》中记载了如下的乘法运算：$(5+\sqrt{-15})(5-\sqrt{-15})=40$。当时，他用的符号是 $RM:15.$ 其中的 R 表示根号，M 表示负数符号，它宣告了虚数的诞生。卡尔达诺明白一个负数开平方是不允许的，所以无法解释负数的平方根是不是"数"。于是他在书中写到："不管我的良心会受到多么大的责备，事实上 $5+\sqrt{-15}$ 乘 $5-\sqrt{-15}$ 刚好是 40！"他称 $\sqrt{-15}$ 这个数为"诡辩量"或"虚构的量"。他认为一个正数的根是真实的根，而一个负数的根是不真实的、虚构的，或者是虚伪的数、虚构的数，也是神秘的数。这就如他在书中所写的："算术就是这样神秘地进行，它的目的正像人们说的又精密又不中用。"这里，不管卡尔达诺对虚数的认识是如何的肤浅，但他毕竟是世界上第一个记述了虚数的人，也可以说是他"发明"了虚数。

到了 16 世纪末，法国数学家韦达和他的学生哈里奥特可以说是首先"承认"复数的数学家。虽然他们也认为应该把虚数排斥在数系以外，但在碰到解方程一类问题时，可以"开通一点"，把它当作数来对待。

几乎是在同时，意大利数学家邦别利登上了虚数的舞台。1572 年，邦别利在解三次方程 $x^3=7x+6$ 时也碰到了虚数的问题，但与前人不同的是，他认为，为了使方程存在的这种根得到统一，必须承认这样的数也为该方程的根，而且类似的数都应该得到承认，让它们进入数的大家庭，他还创造了符号 $R[Om\ 9]$ 以表示虚数 $\sqrt{-9}$。

虚数就这样在承认与不承认之间一直被拖着，时间很快就进入了 17 世纪，1629 年，荷兰数学家吉拉尔（1595—1632）在他的《代数新发明》一书中引入了 $\sqrt{-1}$ 表示虚数（虚单位），而且认为引入虚数不仅对解方程是有用的，而且能满足一般运算法则。

第一个正确认识虚数存在性的数学家当属法国著名哲学家、数学家笛卡儿。虽然他在开始时也认为负数开平方是不可思议的事情，但后来他认识到了虚数的意义与作用，开始公开

○ 薛有才：《复数及其文化意义》，《数学文化》，2011（2），第 57-60 页。
○ M 克莱因：《古今数学思想（第一册）》，上海科学技术出版社，1979，第 294 页。

为虚数辩护，并第一次把方程"虚构的根"之名称改为"虚数"，以与"实数"相对应。他也称类似于 $a+bi$ 这样的数为"复数"，这两个名称一直使用到今天。特别是，他用法文 imaginaires 的第一个字母 i 表示虚数 $\sqrt{-1}$。于是虚单位诞生了。

到了 18 世纪，虽然对复数是不是数还存在很大的争议，但它已经进入了数学的运算之中。微积分发明人之一的德国数学家莱布尼茨就应用复数进行有理函数的积分运算，尽管他并没有明确承认复数。特别是在这一阶段发现了许多漂亮的复数公式，使得人们对它充满了好奇，吸引人们更多地去研究它。如下就是一些著名的公式。

1722 年，法国数学家棣莫弗发现了著名的棣莫弗公式：

$$(\cos x+i\sin x)^n=\cos nx+i\sin nx$$

1743 年，瑞士数学家欧拉发现了著名的欧拉公式：

$$e^{ix}=\cos x+i\sin x$$

由欧拉公式，我们立即可得

$$e^{i\pi}=\cos \pi+i\sin \pi=-1 \text{ 或 } e^{i\pi}+1=0$$

这一公式真是太神奇了！它把自然常数 e、圆周率 π、虚单位 i、实单位 1 及数 0 联系在一起。这是自然界的奇妙，还是数学的奇妙，我们无从而知。但这一公式确是妙不可言。

1777 年 5 月 5 日，欧拉在递交给彼得堡科学院的论文《微分公式》中，公开支持 1637 年笛卡儿用字母 i 表示虚数 $\sqrt{-1}$ 的思想。可惜的是，这一思想同样没有引起人们的注意。

与此同时，许多数学家希望找到虚数的几何表示，特别是像实数那样在数轴上找到点与之对应。第一个做出这种努力的数学家是牛津大学的沃利斯（1616—1703）。虽然他并没有解决这一问题，但他确实在这方面付出了努力。

真正解决了虚数几何表示的数学家应是丹麦业余数学家、测绘员韦塞尔。他在 1797 年向丹麦科学院递交了标题为《关于方向的分析表示：一个尝试》的论文，在坐标平面上引进了实轴与虚轴，从而建立了复数的几何表示。韦塞尔发现，所有复数 $a+bi$ 都可以用平面上的点来表示，而且复数 $a+bi$ 与平面上的点一一对应（见图3-4）。这样一来，复数就找到了一个立足之地而且开始在地图测绘学上找到了它应用的价值。但同样地，他的思想也没有引起注意。

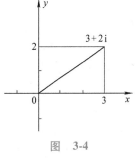

图 3-4

与此同时，爱尔兰数学家哈密顿（1805—1865）发展了一个复数的代数解释，每个复数都用一对通常的数来表示：(a,b)，其中 a，b 为实数。哈密顿所关心的是复数的算术逻辑，而并不满足于几何直观。他指出，复数 $a+bi$ 不是像 1+2 那样意义上的一个加法或求和，加号在这里仅仅是一个记号，不表示运算，bi 不是加到数 a 上去的。复数 $a+bi$ 只不过是实数的有序数对 (a,b)，并给出了有序数对的四则运算：

$$(a,b)+(c,d)=(a+c,b+d)$$
$$(a,b)\cdot(c,d)=(ac-bd,ad+bc)$$

而且这些运算满足结合律、交换律和分配律。

由此，复数被逻辑地建立在实数的基础上，而且事实上已经是实数系的推广。

1831 年，"数学王子"高斯（1777—1855）又一次清楚地表示出复数的几何形式，并且指出："目前为止，人们对虚数的考虑依然在很大的程度上把虚数归结为一个有毛病的概念，以致给虚数蒙上一层朦胧而神奇的色彩。"他支持笛卡儿、欧拉等人用 i 表示虚单位的意见。由于高斯在数学界的地位与影响，也由于复数长时间的发展，数学家们从此开始逐渐承认了复数。但是，并没有真正从思想深处解决虚数的地位问题，对它仍然存有疑虑，仅仅把它看成是一个"符号"。

复数在几何上找到了它的位置以后，数学家们对它的研究就多了起来。18 世纪末，以欧拉为首的一些数学家开始发展一门新的数学分支——复变函数论。19 世纪以后，由于法国数学家柯西，德国数学家黎曼、魏尔斯特拉斯等人的巨大贡献，复变函数论取得了飞速的发展，并且广泛地运用到了空气动力学、流体力学、电学、热学、理论物理学等方面。

真正把复数应用到工程部门并取得重大成就的是俄罗斯的"航空之父"尼古拉·儒可夫斯基（1847—1921），1890 年，他在俄国自然科学家会议上做了《关于飞行的理论》的演说。之后他研究了围绕和流过障碍物的流体运动，并于 1906 年发表了论文《论连接涡流》，创立了以空气动力学为基础的机翼升降原理，找到了计算飞机翼型的方法。这一切都依赖于复数与复变函数论。

从此，复数有了用武之地，也就正式获得了承认。

▶ 3.2.2　复数的思想文化意义

复数的诞生在人类历史文化进程中具有重要意义，特别对人类关于数学的认识具有重要的影响。

我们先来看在使用复数以前人们对数及数学的认识。在复数及非欧几何诞生以前，人们总把数学与物理、天文等自然学科一样看待，认为数学也是自然科学的一部分，它的定理就对应着真实的自然规律。但是，复数的诞生，这个虚无缥缈的"i"明明是人们为了解决负数开方问题而引入或说创造的"数"，现在却找到了巨大的用途。由此也就引起了人们对数学更深层次上的思考。再加上 19 世纪非欧几何的诞生等一系列重大数学成果的产生，促使人们对数学的本质问题进行深入探讨。

要考察复数的意义，我们就必须考察数学与数的本质。恩格斯曾经说过："数学是研究现实世界中数量关系和空间形式的，最简单地说，是研究数与形的科学。"由此，数学应该是与实践、经验密切相关的，也就是说数学是反映客观实在的。那么数学是如何反映客观实在的呢？

首先，数学在初始阶段虽然也是以现实世界的空间的形式与数量关系为研究对象，但随着数学的进步，在古希腊时就已经把这些材料对象"表现于非常抽象的形式之中"，其目的就是为了"能够在其纯粹状态中去研究这些形式和关系，那么就必须完全使它们脱离其内容，把内容放置一边作为不相干的东西，这样我们就得到没有面积的点，没有厚度和宽度的线，各种的 a 和 b，x 和 y，常数和变数"⊖。因此，数学虽然也是以现实材料作为研究对象，但由于它的研究方法——抽象性，因此，在考察对象时已经完全舍弃了其具体内容与质的特点。由此可知，数学是不同于其他自然科学的。

其次，数学抽象方法的特殊性还表现在它具有的特殊意义，"尽管一些基本的数学概念

⊖　恩格斯：《反杜林论》，人民出版社，1956，第 37 页。

是建立在对真实事物或现象的直接抽象之上"。"数学中还有一些概念与真实世界的距离是如此之遥远，以致常常被说成'思维的自由创造'。由于这些远离自然界、从人的脑子中源源不断地涌现出来的概念渐渐取代了直接观念化的对象，数学有时又被称之为创造性的艺术"。[⊖]如此，如虚单位"i"等人为的数学对象就是在这样的"间接"抽象之上——为了运算的顺利——而被创造出来的，并且随着数学研究的深入，越来越多类似于虚单位"i"这样的人类创造物逐渐成为数学的主要研究对象，由此也就确定了数学的文化性质。

复数、非欧几何等一系列事件接连冲击着人们从古希腊就形成的"数学是与客观规律及真理等价的"观念，从而为人们深入思考数学的本质带来了机会。而这一探讨的结果就是颠覆了人们2000多年来对数学固有的认识，促使人们认识到数学与物理空间有着本质的区别：数学是人们的创造物，数学是人们创造出的一种用于描述自然现象的语言，或者说数学是文化。数学可以是来自经验启示的一种创造，但并不等于客观世界的规律。由此，数学就失去了其天然的真理性，而只留下其文化的本质。

首先，数学天然真理性的丧失，带来的是人们思想上的革命、认识上的革命。过去，由于认为数学是以客观经验作为基础的，因此，数学定理就与客观规律、客观真理完全等同起来。其次，也正因为这种认识，使得人们的思维与数学创造性被严格局限于直观与经验之中。现在，由于数学的文化性质，人们就无须再顾忌数学的经验性，而可以展开思维的翅膀，进行更为自由、广泛、更为理想化的创造性研究。再次，数学丧失了天然真理性，也就不能再与物理、化学、天文学等自然科学等同了，就必须从自然科学中分离出来。

数学从自然科学中独立出来，既不意味着它割裂了其与自然科学2000年来形成的血肉联系，也不意味着数学会因此迷失方向而陷于停顿状态，而是有了其特有的文化精神。此时，数学的研究，一方面继续受到来自于自然科学与社会实践提出来的问题的驱动；另一方面，受到数学自身发展的驱动；数学的研究范围、研究对象更为广阔，动力更加充分。数学不再是科学的化身，而是要为科学提供语言、方法和工具，提供各种各样的模式供科学，包括自然科学、社会科学与人文科学选择。进一步地，它要为人们提供数学的理解方式和思想观念。

由上可知，复数、非欧几何与哥白尼的日心说、牛顿的万有引力定律、达尔文的进化论一样，对人类认识论、思想的进步产生了巨大的影响。

3.3 数的现代发展

在19世纪，数学家们发明了许多新的数的系统。这些现代数的系统中有两个特别值得注意：四元数与超限数。

我们首先来说明四元数。也可能是受复数的影响，爱尔兰数学家哈密尔顿在1843年发明了四元数。他花了好几年深思这样一个事实：复数的乘法可简单地解释为平面的一个旋转，这个概念能否推广？能否发明一类新的数，并定义一类新的乘法使得三维空间中的一个旋转可以简单地表为乘法？哈密尔顿称以下形式的数为四元数：$a+bi+cj+dk$（其中 a，b，c，d 为实数）。正如 $\sqrt{-1}$ 的平方是 -1 一样，他规定：$i^2 = j^2 = k^2 = ijk = -1$，其乘法运算表如图3-5

⊖ 郑毓信：《数学教育哲学》，四川教育出版社，2001，第55页。

所示。四元数乘法的关键是交换律不成立。在通常数的情形 $ab=ba$，但当两个四元数相乘而交换因子次序时其积可能变化，如 $ij=k$，而 $ji=-k$。

从 1843 年哈密顿发现四元数至今，四元数和四元数矩阵方法在刚体动力学、陀螺使用理论、惯性导航、机器人技术、人造卫星姿态控制等领域应用非常广泛。由于应用的需要，后来还有人把四元数推广到八元数。

×	l	i	j	k
l	l	i	j	k
i	i	-1	k	j
j	j	-k	-1	i
k	k	-j	-i	-1

图 3-5

第二个现代数的概念是超限数。它的发明主要是对"无穷"的认识，显示了一个全然不同的观念。

自然数有多少呢？这似乎是一个没有意义的问题，但就是这个没有意义的问题，引起了康托等数学家的深刻思考，并创造了作为今天数学基础的集合理论。

数学史上，第一个认真考虑"无穷"概念的当属大名鼎鼎的物理学家伽利略。他思考了两个无穷数集合：正整数集合 $\{1, 2, 3, \cdots, n, \cdots\}$ 与完全平方数集合 $\{1, 4, 9, \cdots, n^2, \cdots\}$，是正整数多呢？还是完全平方数多呢？

表面上看，完全平方数比全体正整数要少得多。但若从另一个角度看，有一个正整数，就有一个完全平方数与之对应：$1\leftrightarrow1^2$，$2\leftrightarrow2^2$，$\cdots$，$n\leftrightarrow n^2$，$\cdots$。这样似乎它们又是一样的多。伽利略感到很困惑。他没有解决这个问题，而是把它留给了后人思考。德国数学家康托（1845—1918）解决了这个问题。

要比较两个无穷集合的元素之间的多少，一个基本的问题就是如何定义"多少"与"相等"的问题，伽利略恰恰忽略了这个"基本问题"。我们首先来看古代人在还不会计数的时候，他们是如何来计算猎物的数目与比较猎物的多少。两个猎手可以把他们的猎物一一拿出来进行比较：你拿一只猎物，我也拿一只，如果两个人同时拿完，那他们的猎物应当是一般多的；若一个人拿完了，而另一个人还没拿完，则这时还有剩余猎物的就一定是多的了（这里，我们暂且不管他们的猎物是什么，只论多少）。这就是一一对应的方法。

设有两个非空集合 A，B，不管它们是有穷集合还是无穷集合，如果能在这两个集合的元素之间建立一种一一对应关系，就可以认为这两个集合的元素是一样多的，这就是康托的想法。有了这样的认识，伽利略的困惑立刻迎刃而解。因为事实上伽利略已经在正整数集合与完全平方数集合的元素之间建立了一个一一对应的关系。可惜的是，伽利略忽略了人们经验之中已有的比较两个集合之间元素多少的方法。

康托的思想确实出乎人们的意料，而且不符合人们的习惯。因为在有限集合之间，一个集合的真子集的元素是不可能与它自身的元素一样多的，也就是部分不会与整体相同。"整体大于部分"是欧几里得 5 条公理中的一条。但是，到了无穷世界，情形却发生了变化，部分可以与整体的元素一样多。这也就是康托的理论为什么在开始时受到激烈反对的原因。特别地，由于当时德国数学界的权威克朗南格的反对，康托没能成为柏林大学的教授。

伟大的德国数学家希尔伯特积极地支持康托的思想。为了宣传康托的观点，他提出一个非常有趣的设想，通常称之为"希尔伯特的旅馆"来解释康托的观点：

一位旅客来到希尔伯特的旅馆想租一个房间。经理说："客满了，不过这不是不可解决的问题，我们能够为你腾出地方来。"他把新客人安排在 1 号房，将 1 号房的人搬到 2 号房，2 号房的人搬到 3 号房，$\cdots$，N 号房的人搬到 $(N+1)$ 号房$\cdots$这个旅馆有无限多间房，它是一个无穷旅馆。

正整数集与完全平方数集的比较问题解决了，同样的方法能用在比较正整数集与有理数集吗？因为有理数集合除整数之外，还有很多很多的分数。每两个正整数之间都还有无穷多个分数，如在 1 与 2 之间就还有 1.1，1.2，1.3，…，1.9；1.11，1.12，…，1.19；1.21，1.22，…，1.29；…；1.911，1.912，…，1.919；…在 1.911 与 1.912 之间还有无穷多个不是正整数的有理数。也就是说，正整数集在数轴上相应的点是稀疏的，而有理数集则是密密麻麻的。因此，最初人们猜测，有理数集的元素比正整数集的元素的个数多得多。

为了解决这个问题，我们思考一下正整数集的性质。正整数集有一个特性，就是它的元素可按照从小到大的顺序一个一个地排出来、数出来，这叫作正整数集的可列性或可数性。其他任何一个可排列的集合都肯定与正整数集之间能建立一一对应关系：排在第一位的与 1 对应，排在第二位的与 2 对应……因此，可列集或可数集与正整数集的元素个数相等。有理数集可排列吗？

有一个办法：对每个（正）既约有理数 q/p，称 $q+p$ 为它的高。高为 2 的有理数只有 1，即 1/1（对每个正整数 n，其高为 $n+1$）；高为 3 的有理数只有两个：1/2，2/1；高为 4 的有理数是 1/3，3/1；高为 5 的有理数有 4 个：1/4，2/3，3/2，4/1。以此类推，任何高度的有理数都只有有限个，这就保证了我们可以按高度从小到大把所有有理数无遗漏、无重复地全部排列出来

$$\frac{1}{1};\ \frac{1}{2},\ \frac{2}{1};\ \frac{1}{3},\ \frac{3}{1};\ \frac{1}{4},\ \frac{2}{3},\ \frac{3}{2},\ \frac{4}{1};\ \frac{1}{5},\ \frac{5}{1};\ \frac{1}{6},\ \frac{2}{5},\ \frac{3}{4},\ \frac{4}{3},\ \frac{5}{2},\ \frac{6}{1};\ \cdots$$

这样，可以发现一个令人惊讶的未曾预料到的事实：密密麻麻的有理数集的元素的个数与稀稀疏疏的正整数集的元素的个数一样多，因为这两个集合之间的元素可以一一对应起来。

所有有理数与所有正整数"一样多"，是不是我们就可以猜测所有的实数与所有的正整数也"一样多"呢？进一步说，是否所有的无穷集的元素都与正整数集的元素"一样多"呢？康托当初就有类似的想法，他猜测，整个实数集的元素的个数也与正整数集的元素的个数"一样多"。

如果要证实上述猜测是对的，就要把实数排出顺序来，说明它是可排的。注意到下面的式子：

$$y = \frac{x}{1-x}$$

我们可以明白，它建立了区间（0，1）与（0，$+\infty$）的一个一一对应关系。因此，我们只要能把 0 与 1 之间的所有实数排出顺序就够了。由于区间（0，1）的任一数都可表示为无穷小数（包括无理数），如 0.1，0.2，0.27，其表示如下：

$$0.1 = 0.099999\cdots$$
$$0.2 = 0.199999\cdots$$
$$0.27 = 0.269999\cdots$$

假定区间（0，1）之间的全体实数可排，如排成 a_1，a_2，…，a_n，…，它们又都由无穷小数形式表达，那我们就可以把它们写成：

$$a_1 = 0.a_{11}a_{12}\cdots a_{1n}\cdots$$

$$a_2 = 0.\ a_{21}a_{22}\cdots a_{2n}\cdots$$
$$\vdots$$
$$a_n = 0.\ a_{n1}a_{n2}\cdots a_{nn}\cdots$$
$$\vdots$$

现在的问题是，上面的排列是否真的把区间（0，1）中的所有实数都已排出来了？下面，我们来构造一个数：当 a_{11} 大于 2 时，取 $a'_{11} = a_{11} - 1$；当 a_{11} 不大于 2 时，取 $a'_{11} = a_{11} + 1$；对 a_{22} 也这样做，得到 a'_{22}，同理，可得 a'_{33}，…，a'_{nn}，…。这时，再取：

$$a' = 0.\ a'_{11}a'_{22}\cdots a'_{nn}\cdots$$

容易看出，a' 与 a_1，a_2，…，a_n，…中任何数都不相等，同时 a' 又在区间（0，1）中。于是，我们对实数的"排列"计划失败了。也就是说区间（0，1）中全体实数不可数，从而全体实数也不可数。

实数集不可排列，实数集的元素的个数比正整数集中的元素的个数多。康托本来是要证明实数集的元素的个数与正整数集的元素的个数一样多，却意外地发现实数集的元素的个数比正整数集的元素的个数多！这表明，无限集世界并不是"铁板一块"。这一发现对集合论的发展具有关键的作用。后来，康托又进一步发现，立体空间中的点与一条线段上的点一样多。

那么，还有没有比实数集的元素的个数更多的集合呢？又经过几年的努力，康托找到了比实数集更大的集合。实际上，康托是用集合的子集作为元素构成新的集合。

任一集合，以其一切子集为元素构成的集类称为幂集。该幂集的元素的个数大于原集合的元素的个数，这一结论对有限集是对的：首先，对空集来说，因为由空集构成的幂集的元素仅一个，即单元素集 $\{\varnothing\}$，显然它比空集的元素的个数 0 大；其次，由单元素集 $\{1\}$ 构成的幂集是 $\{\varnothing, \{1\}\}$，其元素的个数为 2；由两个元素集构成的幂集的元素的个数是 4……一般来说，由 n 个元素集的一切子集构成的幂集，其元素的个数为 2^n，显然，$2^n > n$（$n = 1$，2，3，…）。对于无限集，可以证明这一结论也是对的。

因此，在无限集世界里，我们不仅看到了元素的个数更大的集合，而且看到了无元素个数最大的集合。这已经能使我们感觉到一个灿烂的无限世界。这是人类认识史上的一次重大的跨越。[⊖]

康托把集合的元素的数量称为集合的"势"或"基数"。有穷集的基数是正整数，无穷集的基数叫作"超限数"。有穷基数——正整数的全体构成了最小的无穷集，它是唯一"可数"的无穷集合，康托把它记作 $\aleph_0$；实数集的基数叫作"连续统"的无穷，康托记它为 $\aleph_1$，如此等等。而且，$\aleph_1 > \aleph_0$。

另外，矩阵概念也可以说是数的概念的一个重大的发展。一个矩阵可以看成是由若干个数排成的一个矩形列阵。例如，$\begin{pmatrix} 2 & 3 & -1 \\ 3 & 0 & 6 \end{pmatrix}$ 是一个 2×3 矩阵。整个列阵应被视为一个实体。在这样的情况下，实体之间可定义加法、减法和乘法。结果是得到一系列事物，它们的行为酷似通常的数，并在纯粹和应用数学的许多分支都有应用。矩阵已经成为现代科学技术中不可或缺的工具。类似地，向量的概念也可以看成是数的发展结果。限于篇

幅，我们就不再详细讨论它们了。

3.4 数的本质的哲学探讨

前面我们花了大量的篇幅讨论数的历程。但还有一个更为基本的问题：数的本质是什么？

在原始时代，由于数与它代表的事物往往具有某种一致性，正如法国著名人类学家列维-布留尔所指出的，人类在原始思维阶段，还不能清楚地把数与数所表示的事物完全区别开来，数就被想象成实体或客体的一种特殊的总和。因此，原始思维中的数不仅是一个数量单位，而且还是一种神秘的实在。[一]

古希腊时代，毕达哥拉斯学派对数学的观念带有浓厚的原始文化的神秘色彩。亚里士多德曾说，毕达哥拉斯学派把数看成是真实物质对象的终极组成部分，"万物皆数"的观点构成了他们的核心观念。具体地说，尽管毕达哥拉斯学派的数学研究在今日看来有些荒诞，但是把世界看成是由点也就是数构成的，把数看成是既是点又是物质的微粒，认为数是宇宙万物的实质和形式，认为数是一切现象的本原。这种"万物皆数"的观点无疑把人们对世界的认识从神秘主义和随意性的混乱中解脱出来，也使人们看到了一种隐藏在各种表面看来毫不相干的事物间的和谐关系。[二]

古希腊的著名哲学家柏拉图（公元前427—公元前347）也提出了一个很有影响的观点。他认为，数学研究的对象尽管是抽象的，但是客观存在的；世界有"现实世界"与"理念世界"之分；数学概念，如1，2，3是人生前灵魂中固有的东西，得自于理念世界。在生活中，由于经验的启发或通过学习，唤醒了沉睡的记忆，回忆起了理念世界的知识。[三]

虽然毕达哥拉斯学派与柏拉图的观点在今天看来是不正确的，但在历史上起到了激励他的同时代人与后人积极从事数学研究的作用。

产生于11世纪的唯名论学派认为客观存在的事物只有具体的个别的东西，而抽象的东西只不过是个记号或名称而已。于是，他们认为，数不存在于客观世界之中，只存在于纸上、黑板上，或思考它的人的头脑之中。[四]

德国古典哲学的创始人康德（1724—1804）认为，人的先天的直观感觉形式有两种：时间和空间，人们用先天的时间观念整理关于事物的多与少的经验，便创造了数的概念，用先天的空间概念整理关于事物的形状的经验，便创造出了几何公理。一句话，按康德的观点，数是人总结经验创造出来的。[五]

关于数的研究，还有许多观点，如"约定论"的观点等。我们不再一一说明。

在当代数学的研究中，大多数数学家倾向于用公理术语来回答这个问题，而不再用认识论和哲学的术语。这个方法就是从原始的有意义的元素出发，然后看是否能一步一步构造出一些元素，得到对应于实数系统的那个事物。在19世纪末，意大利的佩亚诺用五条公理给

[一] 列维-布留尔：《原始思维》，商务印书馆，1985，第201-202页。
[二] 郑毓信：《数学教育哲学》，四川教育出版社，2001，第125-126页。
[三] 张景中：《数学与哲学》，中国少年儿童出版社，2003，第72页。
[四] 张景中：《数学与哲学》，中国少年儿童出版社，2003，第75页。
[五] Kapur J. N：《数学家谈数学本质》，王庆人译，北京大学出版社，1989，第209页。

出正整数一个本原的描述：

（1）1是一个正整数；

（2）每个正整数有一个唯一的正整数为其后继者；

（3）没有任何正整数以1为后继者；

（4）不同的正整数有不同的后继者；

（5）设一个命题对1成立，再假设：若它对无论哪个正整数成立，也对该整数之后继者成立，则此命题对所有正整数都成立。（最后这条公理是著名的"数学归纳法原理"。）

公理！又是公理！利用佩亚诺系统，我们可以构造正整数。或者说满足这五条要求的对象系统，本质上等价于正整数集。从佩亚诺的五条法则出发，可以导出正整数的所有熟知性质。

一旦我们有了正整数，我们就可以构造出所有的有理数，继而按照戴德金"分割"的方法，我们又可以构造出所有实数。如果我们使用实数对 (a, b)，那么数对中的第一个数表示一个复数的实部而第二个数表示其虚部便可以产生复数：$(a, b) = a+bi$。两个数对相等仅当它们含有相同的实部和虚部。加法与实数的情形类似：$(a, b)+(c, d) = (a+c, b+d)$，复数的乘法公式也对应于这种数的通常乘法：

$$(a, b) \cdot (c, d) = (ac-bd, ad+bc)$$

即
$$(a+bi)(c+di) = (ac-bd)+(ad+bc)i$$

按这些法则操作的实数对就可以复制出有关复数的全部我们熟知的性质。

由上，我们可以说，"数"是人类创造出来关于"量"的一种表示模式，或说是有关"量"的一种语言。它处于永远不断地创造与发展之中。

总的来说，数的每次扩张，都可以看成是不断添加"理想数"的过程。而且在这每一次的扩张中，人们不断地加深了对数的本质的了解。今天，我们可以把数的全体及运算合起来看成是一种数学结构，并且从这一角度出发，我们不妨把向量、矩阵、张量、变换等和某种代数系统，如群、环、域、代数等中的元视为某种广义数。

 思考题

1. 你能理解数系的发展吗？
2. 谈谈你对无穷集合与一一对应思想的认识。
3. 谈谈你对数的本质的认识。

第4章　现、当代中国数学文化史

数学是科学大门的钥匙，忽视数学必将伤害所有的知识，因为忽视数学的人是无法了解任何其他学科乃至世界上任何其他事物的。更为严重的是，忽视数学的人不能理解他自己的这一疏忽，最终导致无法寻求任何补救的措施。

——培根

读史使人明智，读诗使人灵秀，数学使人周密，科学使人深刻，伦理学使人庄重，逻辑修辞学使人善辩。凡有所学，皆成性格。

——培根

中国古代数学以其"实用化""模式化""程序化"形成了独特的"算法数学体系"，但是在经历了长期封建社会闭关锁国的政策之后，中国的科技落后了，数学落后了。到了近现代，特别是中华人民共和国成立之后，觉醒的中国人奋起直追，使得中国的数学有了长足的进步。用著名华人数学家陈省身先生的话说，中国现在已经是一个"数学大国"，但我们还不是数学强国。以下让我们来寻觅现、当代中国数学发展的足迹。

4.1　清朝时期中国数学发展概况⊖

自利马窦（1552—1610）于1583年来到中国后，西方传教士接踵而来。他们在宣传教义的同时，为了打开中国大门，也传播了一些西方科学技术知识。这在客观上开阔了中国人的眼界，冲击了中国传统科学技术的保守性。清朝时期，中国的统治者康熙皇帝、雍正皇帝、乾隆皇帝等，都是中国历史上较有作为的皇帝。康熙皇帝比较开明，重视中国的传统科学技术，同时也颇热心于学习和运用西方的科学技术。他经常召集一些西方传教士，如徐日升（葡萄牙人）、张诚（法国人）、白晋（法国人）、安多（比利时人）等到皇宫里轮流讲解一些自然科学知识，包括数学、天文学、人体解剖学、物理学、机械学、地理测绘学及制炮术等⊖。《几何原本》还有一部满文版，是康熙皇帝使用的教材。在故宫博物院中，至今仍然收藏着《几何原本》汉文抄本和满文抄本。在内蒙古图书馆收藏有一套满文《几何原本》，上面有康熙用红笔做的批注。1689年，白晋和张诚为康熙讲授数学和天文历法知识，他们先学了一段时间满语，然后用满语为康熙讲授欧几里得几何原理，并将《几何原本》的部分内容和阿基米德《圆的度量》、《圆柱圆球书》等书中有关内容翻译成满文，汇总成

⊖　薛有才等：《中国现代数学研究史稿》，浙江大学出版社，2021，第40-48页。

⊖　保存在法国国家图书馆的白晋日记手稿，杜赫德撰写的《中华帝国全志》中收录的《张诚日记》，以及白晋所著的《康熙帝传》，都记录了这一时期康熙向西方人学习科学知识的情况。

今天所见的满文抄本。根据张诚日记记载，康熙虽然国事繁忙，学习却很有热情："皇帝在彻底了解之后，把我们所讲的亲自动笔写了一遍。""晚上，皇帝和我一同研究了十多个三角学问题。"

与此同时，西方传教士也经常为康熙皇帝做些实验和一定规模的实地演习。康熙皇帝也颇注意科学技术的应用，自己也常常做一些实验。他所推行的提倡科学技术的政策，为发展当时的科技创造了较为良好的条件。他重视培育科技人才，曾多次下令，挑选汉人及八旗优秀子弟，将其送到国子监学习，同时也送一些到钦天监去学习算学和天文学等自然科学知识，这就为汉族、及满、蒙等少数民族青少年提供了学习科学技术的机会和条件。1713 年，设算学馆于畅春园之蒙养斋，简大臣官员精于数学者司其事，特命皇子、亲王董之，选八旗世家子弟学习算法。蒙养斋算学馆开馆之前先是广纳人才，从全国各地召集了上百人，进行考试推荐后，录取了 72 人。蒙养斋算学馆实际负责人是康熙的第三子胤祉。在其领导下，算学馆聚集了一批中国年轻的算学家和学者，进行了很多天文学的观测。他们主要是通过日影观测来测量黄赤交角，以定出经纬度，还编撰了三部重要著作：关于数学的《数理精蕴》（1722）、关于天文学的《钦若历书》（1722，1725 年改名为《历象考成》）及关于音乐的《律吕正义》（1713）。这三部书后来合为一部《律历渊源》，共有 100 卷，包括历法、数学和音律三大部分，花了近 10 年时间，于 1721 年完成。《律历渊源》为康熙时代最大的科学工程，对整个清代的科学产生了重要影响 ⊖。

在清朝 200 多年时间里，中国主要数学家有方中通、梅文鼎、陈厚耀、明安图、汪莱、罗士琳、董祐诚、项名达、戴煦、李善兰、徐有壬、张文虎、汪曰桢、顾观光、邹伯奇、夏鸾翔等人。下面我们介绍其中一些重要数学家的贡献。

梅文鼎（1633—1721），字定九，号勿庵，汉族，宣州（今安徽省宣城市）人，清初天文学家、数学家。他毕生致力于复兴中国传统的天文学和算学知识，专心致力于天文方面的数学研究，并虚心学习西洋算法与历法，综合研究中西历算，在传播和发展来自西方的数学知识方面发挥了重要作用，对后世颇有影响。

梅文鼎博览群书，著书 80 余种，绝大部分是天文、历算和数学著作。他的天文、历算和数学著作大致可分为五类：一是对古代历算的考证和补订；二是将西方新法结合中国历法融合在一起的阐述；三是解答他人的疑问和授课的讲稿；四是对天文仪器的考察和说明；五是对古代方志中天文知识的研究，总计达 66 种，其中数学著作达 26 种，总名曰《中西算学通》。

梅文鼎精通中西天文学，著有天文学著作 40 多种，并纠正了许多前人的错误。他的研究从元代郭守敬《授时历》开始，上溯到历代 70 余家历法，同时参阅、考究西洋各家历法。他著有《古今历法通考》58 卷，后屡次增补衍化到 70 余卷；又著其他历算书 50 多种，其中《历学疑问》3 卷、《历学疑问补》2 卷、《交食管见》1 卷、《交蚀蒙求》3 卷、《平立定三差解》1 卷等 15 种，被乾隆钦定《四库全书》收录。他非常注重天象观测，创造了不少兼具中西方特色的天文仪器，如璇玑尺、揆日器、侧望仪、仰观仪、月道仪等。他在这些方面的贡献，对当时和后世融会贯通中西方天文学具有很大作用。

历法的制定和修改离不开测算，历理更需要用数学原理来阐明。梅文鼎为研究天文历法

⊖ 韩琦：《康熙时代，中国科学为什么没有走向近代化》，《解放日报》，2020 年 03 月 27 日。

的需要而深入研究了数学，取得重大成就。他的著作《笔算》《筹算》和《度算释例》分别介绍西方的写、算方法，如纳皮尔算筹和伽利略比例规等。他研究了正多面体和球体的互容关系，订正了《测量全义》中个别资料的错误；引进了等径小球问题，并指出其解法与正多面体和半正多面体构造的关系；在《方圆幂积》中讨论了球体与圆柱、球台及球扇形等立体的关系。在三角学方面，他著有《平三角举要》和《弧三角举要》，介绍三角学的基本性质、定理和公式，并且撰写著作《堑堵测量》和《环中黍尺》，以多面体模型和投影法来阐述相关算法。他著有《勾股举隅》1 卷，研究中国传统勾股算术，对勾股定理证明和对勾股算法进行推广。

明安图（1692—1765），字静庵，正镶白旗（今内蒙古锡林郭勒盟）人，清代蒙古族杰出的数学家、天文学家。1710 年，他被选入钦天监学习天文、历象和数学；1712 年，因才华出众，跟从康熙在皇宫听西方传教士讲授测量、天文、数学，初任钦天监时宪科五官正；1760 年后，升任钦天监监正，执掌钦天监工作；1756 年、1759 年，两次参加对西北地区的地理测量工作，获得大量科学资料，为绘制《乾隆内府舆图》和《皇舆西域图志》提供了重要依据。他在钦天监任时宪科五官正时，每年将汉文版的《时宪书》译成蒙文，呈清廷颁行，供蒙古使用。

在数学方面，他结合中国传统数学与西方数学成果，写成《割圆密率捷法》一书，在清代数学界被誉为"明氏新法"，在我国数学史上占有重要地位。他首先自己独立论证了杜德美（1668—1720）秘而不宣的"圆径求周"（圆周率的一种级数表达式）、"弧背求正弦"（正弦的展开式）、"弧背求正矢"（正矢⊖的展开式）3 个公式的"立法之原"。他在钻研这 3 个公式的同时，自己又发现和创立了超越当时世界科学水平的 6 个新公式，即弧背求通弦、弧背求矢、通弦求弧背、正弦求弧背（反正弦展开式）、正矢求弧背（反正矢平方展开式）、矢求弧背。这些公式都是弧、弦和正弦之间相互关系的问题。在证明上述 9 个公式的过程中，他采取了三角变换的方法，由此又创出 4 个公式，即余弧求正弦正矢、余弦余矢求本弧、借弧背求正弦余弦、借正弦余弦求弧背，总称"割圆十三术"。

明安图的割圆术是采用连比例的归纳方法来证明的。所谓割圆连比例方法，就是使用若干相连的等腰相似三角形对应边成比例的关系，连续采用比例三角形进行推算。他这种无穷求和的思想，与西方微积分有着同等意义。他所发现的无穷级数和收敛级数的数学思想，是世界数学史上该方面一次较早的记录。明安图的这些数学成就几乎和瑞士数学家欧拉（1707—1783）同时出现。他所得的这些结果完全是由自己独立发现的。他所具有的收敛级数思想，在当时是非常先进的，即使在科学发达的欧洲也才刚刚出现。令人遗憾的是，如此巨大的研究成果，由于年龄原因，明安图生前只写出了《割圆密律捷法》的草稿，未及将书定稿就逝世了。在临终的时候，他将手稿交予他的弟子陈际新并嘱托他"续而成之"。陈际新与明安图之子明新，以及明安图的另一弟子张良亭等共同将此书续写完成。

明安图在数学领域的另一贡献是独立发现了卡特兰数。所谓卡特兰数，是指在组合数学中一个有关各种计数问题的数列：1，1，2，5，14，42，132，…，其一般计算公式为

⊖ 正矢函数与余矢函数是已经不太使用的三角函数。正矢函数 versin θ 为 versin $\theta = 1-\cos\theta$；余矢函数 covers θ 为 covers $\theta = 1-\sin\theta$。

$$C_{n+1}=\frac{1}{n+1}C_{2n}^{n}=\frac{(2n)!}{(n+1)!n!}$$

实际上，明安图才是卡特兰数最早的创立者，这在《割圆密率捷法》中有着十分详尽的记载。明安图在研究组合算数的过程中，逐渐发现太多的数字已经难以通过计数的方式来表达了，于是创造性地发明了以三角函数为特征的卡特兰数。虽然明安图的研究并不是十分深入，仅仅是停留在卡特兰数研究的表层，集中研究卡特兰数的几何意义，但并不影响这项成果的世界首创性。

项名达（1789—1850），浙江钱塘（今杭州）人，1826年中进士。董佑诚与项名达都受到明安图的影响，在幂级数研究方面取得了丰硕的成果。项名达的主要数学著作有《勾股六术》1卷（1825年）、《三角和较术》1卷（1843年）、《开诸乘方捷术》1卷（1845年）、《象数一原》6卷（1849年）等（《勾股六术》《三角和较术》《开诸乘方捷术》三种合刻为《下学庵算术》印行）。其中，《象数一原》的主要内容是论述三角函数幂级数展开问题。由于他撰写此书时已年老体弱，其6卷书稿中的卷四和卷六未能完稿，由其友人戴煦遵从他的嘱托于1857年补写完成。他在数学方面的主要成就如下：

① "椭圆求周术"。

这个结果与用微积分求平面曲线弧长的方法基本一致，是中国在二次曲线研究方面最早的重要成果：

设 p 为椭圆周长，e 为椭圆离心率，a 与 b 为椭圆长半轴与短半轴，则有

$$p=2a\pi\left(1-\frac{1}{2^2}e^2-\frac{1^2\times3}{2^2\times4^2}e^4-\frac{1^2\times3^2\times5}{2^2\times4^2\times6^2}e^6-\cdots\right)$$

由此，可得圆周率的倒数

$$\frac{1}{\pi}=\frac{1}{2}\left(1-\frac{1}{2^2}-\frac{1^2\times3}{2^2\times4^2}-\frac{1^2\times3^2\times5}{2^2\times4^2\times6^2}-\cdots\right)$$

② 他与戴煦共同发现了指数为有理数的二项定理

$$(1-x^2)^{\frac{1}{2}}=1-\frac{1}{2}x^2-\frac{1}{2\times4}x^4-\frac{1\times3}{2\times4\times6}x^6-\frac{1\times3\times5}{2\times4\times6\times8}x^8-\cdots$$

$$(1+x)^{\frac{n}{m}}=1+\frac{n}{m}x+\frac{n(n-m)}{2!m^2}x^2+\frac{n(n-m)(n-2m)}{3!m^3}x^3+\cdots$$

需要指出的是，项名达虽然已经列出展开式系数表，十分接近有理指数幂的二项式定理，可是他还没有充分意识到该表与二项式和开高次方的内在联系。因此，他并未能在这里完成上述最后的关键一步[一]。

③ 他在推广明安图得出的正弦、正矢的幂级数展开式等的计算中，推广了明安图和董佑诚的结果，把他们得到的4个幂级数公式进一步归纳为下列两个有关三角函数幂级数展开公式：

设 c_n 和 c_m 分别为圆内某弧 c 的 n 倍和 m 倍弧长，v_n 和 v_m 分别为相应的中矢，r 为圆的半径，则有

[一] 何绍庚：《项名达对二项展开式研究的贡献》，《自然科学史研究》，1982，1（2），第104-114页。

$$c_n = \frac{n}{m}c_m + \frac{n(m^2-n^2)}{4\times3!\,m^3r^2}c_m^3 + \frac{n(m^2-n^2)(9m^2-n^2)}{4^2\times5!\,m^5r^4}c_m^5 + \cdots$$

$$v_n = \frac{n^2}{m^2}v_m + \frac{n^2(m^2-n^2)}{4!\,m^4r}(2v_m)^2 + \frac{n^2(m^2-n^2)(4m^2-n^2)}{6!\,m^4r^2}(2v_m)^3 + \cdots$$

由这两个公式可推导出明安图的 9 个公式和董祐诚的 4 个公式，其中包括正弦和反正弦的幂级数展开式、正矢和反正矢的幂级数展开式，以及圆周率 π 的无穷级数表达式等。

李善兰是靠自学研究数学的。他的主要著作是 1867 年刊行的《则古昔斋算学》（共 24 卷），其主要数学成就有尖锥术、垛积术、素数论等 ⊖。李善兰独自用尖锥术发现了幂函数的积分公式、二次平方根的幂级数展开式，以及三角函数、反三角函数的幂级数展开式。所谓"垛积术"，其内容属于现在的"组合数学"。他创造了三角自乘垛和乘方垛两类新的垛积，得出了现在称为李善兰恒等式的组合公式。

$$(\mathrm{C}_{n+p}^p)^2 = \sum_{q=0}^{p} \mathrm{C}_p^q \mathrm{C}_{n+2p-q}^{2p}$$

这是晚清中国数学成果中具有一定世界意义的成果。素数论方面，他证明了许多结果，其中包括法国数学家费马在 1640 年得出的一条素数定理：

定理：若 a^d-1 能被素数 P 整除，则 $P-1$ 能被 d 整除。

除此之外，如上所述，他翻译出版了许多西方数学著作，为近代数学传播做出了重要贡献。

清末，我国已经有一些介绍西方现代数学的文章，如周美权的《奈端级数》（《科学世界》，1903（8）。其中，奈端即牛顿）、吴在渊的《四维术》（《震旦学报》，1907（1），第 1-19 页）等。同时，西方一些现代数学教科书也被翻译出版，主要有

①《最新微积学教科书》（［美］E. 罗密士著，*Elements of Differential and Integral Calculus*），1874 年纽约哈普兄弟出版公司印刷发行，潘慎文口译，谢洪赉笔述，商务印书馆，1904 年初版，1906 年四次再版。

该教科书说理浅显，叙述直观、易接受，尤其对极限概念的解释更胜一等。该书最大的特点在于强调概念的解释，注重结合例子加以说明，是一部浅显易懂的微积分入门教科书。它出版于中国高等教育严重缺乏教科书的特殊时代，为当时中国高等教育开展微积分教学起到了一定的推动作用 ⊖。

②《查理斯密大代数学》，查理斯密著，陈文、何崇礼译. 科学会编译部，1908 年初版。

③《温特渥斯解析几何学》，［美］温特渥斯著，郑家斌译，商务印书馆，1908 年 5 月初版。

④《微分积分学纲要》，［日］译田吾一著，赵缭译，上海群益书社，1908 年第一版。

⑤《大代数学讲义》，［日］上野清著，王家莰、张廷华译，商务印书馆，1909 年初版。（日本原著取自英国斯密斯、霍尔、乃托三氏之大代数学，经译述解证而成）

⑥《解析几何教科书》，［英］查理斯密著，仇毅译，上海群益书社，1910 年初版。

⊖ 张奠宙：《中国近现代数学的发展》，河北科学技术出版社，2010，第 5 页。
⊖ 刘盛利、代钦：《清末罗密士的〈最新微积学教科书〉》，《数学教育学报》，2012，21（2），第 11-13 页。

⑦《奥斯宾微分学》，郑家彬译，上海科学社，1911年初版。

⑧《葛蓝蔚尔球面三角法》，〔美〕葛兰威尔著，史青译，科学会编译部，1911年3月初版。

⑨《高等数学平面三角法》，〔英〕郝博森著，龚文凯译，上海科学会，1911年初版。

4.2 民国时期中国数学发展概况

1912年1月，民国政府成立；1949年10月，中华人民共和国成立。这短短不到40年间，虽然战乱不断，但中国近代科学，包括数学，中国近代教育，包括数学教育，特别是高等数学教育，从无到有，从小到大，逐步发展起来，为其后的中国现代科学与现代教育的发展奠定了基础。

4.2.1 民国时期我国现代数学研究

1. 研究概况

数学研究论文是学者学术研究成果最直接的展现。1911年，王季同（1875—1948）在《爱尔兰皇家科学院会刊》（*Proceedings of the Royal Irish Academy*）发表数学论文《四元函数的微分法》（*The Differentiation of Quaternion Functions*）。据目前所知，这是我国发表的第一篇现代数学论文。据不完全统计[一]，中国学者民国时期在国外发表数学论文754篇（不包括博士论文），基本涉及现代数学各个方向。据初步分析，论文内容大致如下：分析学（包括傅里叶分析、实变函数与复变函数、泛函分析、微分积分方程等）199篇，几何学（包括高等几何与近世几何、微分几何、拓扑学）310篇，代数与数论126篇，概率论与数理统计62篇，数理逻辑学11篇，应用数学36篇，高等数学10篇。这里，应用数学指纯粹的数学在生活及科学研究中的应用。由于民国时期国内战乱不断、经费物资缺乏等多种原因，国内数学期刊办刊比较艰难，许多期刊仅仅坚持1~2年就停刊，甚至有仅仅创刊1期就停刊的情况。编者共查阅了民国时期国内与数学有关的期刊61种（基本不包括主要发表中小学数学与教育类期刊，但也有部分与初等数学有关的文章），共整理出相关数学论文1236篇，其中包括1932年中国数理学会第三次年会宣读论文6篇、1935年中国数学会第一次年会宣读论文4篇、1936年中国数学会第二次年会宣读论文14篇。

博士学位是学者从事科学研究的一个重要衡量指标。据目前资料，从1917年胡明复在哈佛大学获得我国第一个数学博士学位以后，民国时期我国共在国外获得数学博士学位89人（其中未包含周培源、钱伟长、钱学森等以应用数学为主进行研究获得博士学位的物理学家）。这些博士基本上获得学位后都回国工作，为我国数学现代化的发展做出了杰出贡献。

数学著作的出版从另一角度反映国家的数学水平。民国时期，我国数学著作出版在抗战等艰难困境下，仍然取得了一些成就，为现代数学在中国的传播与发展起到巨大推动作用。据统计[二]，民国时期我国共出版数学著作748种，其中包括了陈建功在日本岩波书

〇 薛有才等：《中国现代数学研究史稿》，浙江大学出版社，2022。

〇 这里主要依据北京图书馆编写的《民国时期总书目》（自然科学卷），并参考了其他一些资料。

店出版的《三角级数论》（1930）、华罗庚在苏联出版的《堆垒素数论》（1947）、樊畿与弗雷歇在法国 Vuibert 出版社出版的《组合拓扑学引论》（1946）三部专著及各种大学数学教材。在这些著作，包括译著共计 230 种。进一步研究表明，这些著作以科学普及内容为主。

从研究队伍看，我国从 1911 年至 1950 年在国外发表学术论文（含未发表的博士论文）的学者共 148 人（包括独立第二作者 2 人），在国内发文作者 506 人（包括第二作者），另有佚名文章 16 篇。其中，国内外作者群重复的 86 人。由此，从 1911 年至 1950 年，我国学者发表过数学或数学教育及数学普及文章的作者约 420 人。其中。民国时期在国外发表数学学术论文超过 20 篇（含）的作者有苏步青（85 篇）、华罗庚（72 篇）、王福春（41 篇）、黄炳铨（36 篇）、陈省身（30 篇）、樊畿（28 篇）、陈建功（26 篇）、熊全治（26 篇）、胡世桢（24 篇）、许宝騄（22 篇）、李华宗（21 篇）、钟开莱（20 篇）。

民国时期，从 1941 年至 1947 年，国民政府教育部举办了六届国家学术奖励，其中数学与应用数学类获得的国家学术奖励如下[一]：

第一届（1941 年度）

一等奖：华罗庚，《堆垒素数论》（著作，自然科学类）。

二等奖：许宝騄，《数理统计论文》（论文，自然科学类）。

奖　助．陈应霖，陈氏算盘（应用科学类）；

　　　　李春和，计算尺（工艺制造类）；

　　　　何以余，曲线规（工艺制造类）；

　　　　萧光炯、汤荣，计算尺（工艺制造类）；

　　　　李酉山，圆线规（工艺制造类）。

第二届（1942 年度）

一等奖：苏步青，《射影曲线概论》（著作，自然科学类）。

二等奖：周鸿经，《傅氏级数论文》（论文，自然科学类）；

　　　　钟开莱，《对于概率论与数论之贡献》（论文，自然科学类）。

第三届（1943 年度）

一等奖：陈建功，《傅氏级数之蔡查罗绝对可和性论》（论文，自然科学类）；

　　　　吴定良，《人类学论文类》（论文，自然科学类）。

二等奖：李华宗，《方阵论》（论文，自然科学类）。

三等奖：王福春，《傅氏级数之平均收敛》（论文，自然科学类）；

　　　　卢庆骏，《傅氏级数之求和论》（论文，自然科学类）；

　　　　熊全治，《曲线及曲面之射影微分几何》（论文，自然科学类）；

　　　　胡世华，《方阵概念之分析》（论文，哲学类）。

第四届（1944 年度）

一等奖：林致平，《多孔长条之应力分析》（著作，应用科学类）。

三等奖：张素诚，《曲线与曲面射影微分理论之新基础》（论文，自然科学类）；

　　　　吴祖基，《曲面之附属二次曲面系统》（论文，自然科学类）；

○ 薛有才、董杰：《民国国家学术奖励数学学科获奖概况与分析》，《自然辩证法研究》，2017，第 81-87 页。

柴金涛，《展开一般行列式》（论文，自然科学类）。

第五届（1945年度）

二等奖：郭祖超，《医学与生物统计方法（上、下）》（著作，应用科学类）。

三等奖：吴大榕，《同步电机常数的理论分析》（著作，应用科学类）；

　　　　唐余佐、郭成焯等，土地测量论文四篇（论文，应用科学类）；

　　　　刘述文，《兰索氏投影之方向及距离改正》，（著作，应用科学类）。

奖　助：陆德慧，"新式珠算除法"。

第六届（1946—1947年度）

一等奖：王福春，《三角级数之收敛理论》（论文，自然科学类类）。

二等奖：柴方荫，《用求面积法计算变梁之弯曲恒数》（论文，应用科学类）；

　　　　王仁权，《土木工程实用联立方程式之新解法》（论文，应用科学类）。

2. 主要学术成就

我国现代数学研究首先是在傅里叶分析方面取得突破。所谓傅里叶级数，是指任何周期函数都可以用正弦函数和余弦函数构成的无穷级数来表示。1928年，陈建功在日本《帝国科学院院报》（*Proc. Imp. acad. Tokyo*）发表论文《关于有绝对收敛傅里叶级数的函数类》，给出了一个三角级数绝对收敛的充要条件。几乎同时，哈代与李特尔伍德也获得这一重要结果。这一结果国际上称为哈代-李特尔伍德定理，是由于当时的日本数学期刊并未引起国际学者的充分关注。因此，这一结果应当称为陈-哈代-李特尔伍德定理。这是中国数学家取得的第一个具有世界一流水平的现代数学成果。陈建功1929年获得博士学位，并于当年系统地总结了当时世界三角级数研究的最新进展，融入自己的研究成果，写成了专著《三角级数论》，成为当时世界上少有的三角级数专著之一，也是我国学者的第一部高水平数学专著。陈建功的学生王富春、卢庆骏、程民德等人在傅里叶分析上也做出了许多贡献。陈建功及其学生组成的分析学团队与苏步青及其学生组成的微分几何团队被国际上称为"浙江大学数学学派"。这是中国第一个具有国际影响的学术团体。

熊庆来（1893—1969）是我国函数论领域的开创者之一。1933年，在博士论文中，他引入了型函数，建立了后来以他的名字命名的"熊氏无穷级"等，将波莱尔有穷级整函数论推广为无穷级情形，从而建立了无穷级整函数与亚纯函数的一般理论。同期，他的学生庄圻泰在亚纯函数值分布理论等方面也做出一些很有意义的工作。

李国平（1910—1996），中国科学院院士。民国时期，李国平主要从事亚纯函数的值分布理论、准解析函数论等，特别是创立了亚纯函数聚值线的统一理论。1936—1938年，李国平在Nevanlinna等人工作的基础上，认真研究了Blumenthal的函数型理论，把Blumenthal型函数处理为较为简便的情形，提出了包括有限级与无限级的亚纯函数的Borel方向与填充圆的统一理论。定理包括了他在1935年用与熊庆来不同的方法同时建立的无穷级亚纯函数理论，包含了Biernacki的结果以及推广的Valiron定理，还推广了Rauch定理，并且在函数族的定义上减少了一些不必要的限制。1938年后，李国平研究了亚纯函数的幅角分布理论等，其结果全面推进了Mandelbrojt、Lalagüe、Favard等人的工作。他的工作，受到著名函数论专家Valiron的注意，逐篇在德国《数学文摘》上进行评价，熊庆来先生也对李国平的工作推崇至极。

曾远荣（1903—1994）是我国泛函分析领域的先驱。1932年，他在攻读博士期间引进了维数不加限制的复数域或四元数体上的酉空间，建立了该空间上的抽象傅里叶分析概要，引进了超完备性、弱超完备性、弱完备性等概念，以及其上线性算子的谱分解理论，给出了最佳逼近表示等，受到学界普遍关注。他的另一个杰出工作是在希尔伯特空间中引进线性算子广义逆，推广了 Moore 的广义逆概念。他的成果后来被多次引用，成为广义逆的基础理论之一。

研究整数性质的学科分支就是数论，三角和估计是数论研究的中心问题之一。1938 年，华罗庚得到关于三角和的积分平均估计，是处理低次华林问题的重要工具，国际上称为"华氏不等式"。1940 年，华罗庚把高斯关于二次多项式完整三角和问题进行推广，解决了系数为整数的任意多项式的一般完整三角和估计问题，其结果被称为"华氏定理"。1938—1941 年，他将自己关于堆垒素数的研究成果系统化，并结合国际上的相关研究成果，撰写出世界名著《堆垒素数论》。这是民国时期我国第二部高水平数学专著。

抽象代数学是在 20 世纪 20 年代以后发展起来的一个具有重要影响的数学分支。1933 年，曾炯之的论文《论函数域上可除代数》发表在《哥廷根文摘》上，给出了一个后来被日本数学会编辑的《岩波数学辞典》称为"曾（炯之）定理"的重要定理；1934 年，他的博士论文《函数域上的代数》发表在《哥廷根大学学报》上；1936 年，曾炯之在第一期《中国数学会学报》上发表论文《论交换域的拟代数闭性的层次理论》，推广了 E. Artin 引进的"拟代数封闭域"概念，引进了 C_i 域概念——后来被称为"曾层次"（sheaf），给出了被《岩波数学辞典》称道的"另一个曾定理"。曾炯之的工作是抽象代数的奠基性工作，已为世界上许多著名代数学专著所引用。

1937 年，周炜良（1911—1995）在德国《数学年刊》上发表了两篇论文，继承了 Cayley 与 Plücker 的工作，给出了现在被称为"van der Waerden-周"配型与"周炜良坐标"等代数几何学研究的基本工具[一]。

20 世纪二三十年代，整体微分几何在 E. Cartan、霍普夫等人的带领下刚刚起步。1942—1943 年，陈省身完成了高维"Gauss-Bonnet"公式的内蕴证明工作。这一工作的重要意义不仅是证明了几何学中一个极其重要定理，而且开创了研究整体微分几何的新方法。1983 年，陈省身获得美国数学会 Steels 奖。颁奖词说："陈省身是半个世纪以来微分几何的领袖。他的工作既深刻又优美，典型例子是他关于 Gauss-Bonnet 公式的内蕴证明。"1945 年 9 月，陈省身在美国数学会夏季大会上作《大范围微分几何若干新观点》的报告，系统地阐述了研究整体微分几何的新思想与新方法。曾任国际数学联盟主席的世界著名数学家霍普夫对此评论说："此篇演讲表明，大范围微分几何的新时代开始了。"1945 年，陈省身完成了他的另一著名工作——关于纤维丛不变量的研究。文中给出的"示性类"现在统称为"陈类"（Chen Class），是代数流形的基本不变量，已经成为现代数学的一个重要基本概念，在微分几何、拓扑学、代数几何等数学领域有十分广泛的应用。从此开始，陈省身成为国际数学界的著名数学领袖。

在仿射微分几何、射影微分几何等经典微分几何领域，苏步青带领他的学生做出了许多开创性工作。苏步青在 20 世纪三四十年代引入仿射铸曲面与仿射旋转曲面概念，给出了所

［一］ 钱伟长、王元：《20 世纪中国知名科学家学术成就概览·数学卷》（第一分册），科学出版社，2011，第 240-242 页。

有仿射铸曲面及其性质。他发现极有意义的四次三阶代数锥面（即"苏锥面"）及"苏二次曲面"等。在射影曲线方向，他发现平面曲线在其奇点的一些协变性质，并给出曲线在正常点的相应射影标架（随曲线而变动的基本多面体），为射影曲线论奠定了基础。他研究了射影极小曲面，得到有关射影极小曲面的戈尔多序列的"交扭定理"。他研究了一类周期为 4 的拉普拉斯（Laplace）序列，后被 G. 博尔命名为苏链[⊖]。他的学生张素诚、白正国等也在这一方向上给出了许多杰出的成果。

在概率论与数理统计方面，1938 年，许宝騄（1910—1970）讨论了所谓 Behrens-Fisher 问题，利用自己娴熟的数学分析计算技巧精确分析了此问题。他所给出的检验方法后人称为"许方法"，至今仍是解决此类问题最实用的方法。著名统计学家 H. Scheffe（1970）称这一工作为"数学严格的典范"。同年，许宝騄研究了关于线性模型方差的二次估计问题，给出两个关于方差最优二次无偏估计的充要条件。他的成果成为"后来关于方差和方差分量的最优二次估计大量研究的开山之作"[⊜]。1941 年，他研究了一元线性假设似然比优良性问题，证明了似然比检验在所有功效函数中仅依赖于一个非中心参数的检验类中是一致最强的。这一结论"是关于 F 检验的优良性的第一个定理，被称为许宝騄定理"[⊜]。极限定理是研究随机变量序列的某种收敛性，对随机变量收敛性的不同规定导致不同的结果。1943 年，许宝騄在"依分布收敛""以概率收敛"等的基础上，提出"完全收敛性"的全新概念，开辟了概率论极限理论研究的又一全新方向。

▶▶ 4.2.2　民国时期我国的数学教育概况

鸦片战争失败后，在内忧外患中产生的洋务派首先认识到：自强之道，以育人才为本；求才之道，尤宜以设学堂为先。于是，他们开始学习西方办学经验，在全国创办新式学堂。1862 年，他们在北京创办了京师同文馆，其初期是一所外语学校，1866 年增设"天文算学馆"等，遂成为综合性学堂。1868 年，清末我国著名数学家李善兰成为"天文算学馆"总教习。1901 年，清政府宣布实行新政，其在教育领域内的体现，是相继颁布了一系列教育立法，最为重要的就是 1902 年颁布的《钦定学堂章程》（俗称《壬寅学制》），首次较全面地规划与完整了我国的现代体系。接着，1904 年清政府又颁布了《奏定学堂章程》（俗称《癸卯学制》）。该学制除进一步完善我国的教育体制之外，还制定了学校管理法、教授法及学校设置办法等，施行至辛亥革命为止。它包括《学务纲要》《大学堂章程》（附《通儒院章程》）《优级师范学堂章程》《初级师范学堂章程》《实业教育讲习所章程》，以及《各学堂管理通则》《任用教员章程》《各学堂奖励章程》等。《癸卯学制》规定教育年限：小学为 9 年（规划为强迫教育阶段），高等小学堂 4 年，中学堂 5 年，儿童到达 7 岁年龄后，理应一律入学。1912 年 9 月，刚成立的民国政府就颁布了《壬子学制》，随后至 1913 年 8 月，又陆续颁布了一系列教育法令，合称《壬子癸丑学制》。这一系列法规的颁布及随后所实行的一系列措施，奠定了中国现代教育的基础，当

⊖　钱伟长、王元：《20 世纪中国知名科学家学术成就概览·数学卷》（第一分册），科学出版社，2011，第 109-119 页。

⊜　同上，第 212 页。

⊜　同上，第 209 页。

然也包括现代数学教育的基础。

一般来说，中国现代数学始于清末民初。大批知识分子怀着"科技救国"的抱负，远涉重洋，赴欧美和日本等地留学，其中包含一批数学爱好者。他们中的多数回国后纷纷在全国各地创办起大学数学系，并成为著名的数学教育家。1913年，留日归来的冯祖荀先生在北京大学建立了我国第一个大学数学系；1914年，国立武昌高等师范学校成立数学系；1915年，国立北京高等师范学校成立数学系；1920年从美国哈佛大学留学归来的数学博士姜立夫先生在私立南开大学创建数学系；同年，留法归来的何鲁先生创办了国立南京高等师范学校数学系，陈在新创立了私立燕京大学数学系；等等。至1932年，全国已有30多所大学设立了数学系或数理系。据民国第一次教育年鉴统计⊖，从1907年，创办了京师大学堂、北洋大学堂、山西大学堂3所大学开始，至1931年，已有国立、省立与私立大学41所，独立学院34所，教师8319人，学生38805人；各种专科学校（如师范、农业、工业、商业、军事等）60所，教师1686人，学生10530人；合计我国已有各类高等学校135所，各类高等学校教师10005人，各类学生49335人，其中，有42所学校设有理学院（或文理学院）。

1930年，熊庆来在清华大学首创数学研究生部，开始招收研究生，陈省身与吴大任成为我国首批数学研究生。1934年，陈省身获得数学硕士学位，是我国培养的第一个数学硕士。其后，北京大学、浙江大学都开始招收数学研究生。虽然民国时期我国培养的数学研究生很少，据不完全统计，民国时期我国培养的数学研究生约20人，其中授予硕士学位的9人，清华大学5人，分别是陈省身（1934）、施祥林（1935）、庄圻泰（1936）、钟开莱（1942）、彭慧云（1944）；浙江大学4人，分别是程民德（1943）、吴祖基（1943）、魏德馨（1945）、项黼宸（1946）。我国培养的这些数学硕士生都具有很高的水平，甚至可以说已经达到博士水平。这一点从这些研究生出国后一到两年就能拿到博士学位可知，如陈省身即是如此。另外，浙江大学、抗战时期的西南联合大学、抗战后陈省身所在的中央研究院数学所开办的一些数学讨论班，实际上也是一种高水平的数学教育方式，其成就不亚于一般的研究生教育。例如，浙江大学的方德植、白正国等就是在这样的讨论班环境中成长为出色的数学家。再如，吴文俊，1946年8月进入中央研究院，随陈省身学习，1947年就取得重要研究成果，1948年出国留学，1949年就拿到博士学位。这些都是我国高水平数学教育的体现。

▶ 4.2.3 数学家团体与数学期刊的发展

我国早期的数学家团体，首先应当提到的是1900年由周达（1879—1949）在扬州成立的"知新算社"，其宗旨是"研究学理，联络声气，切磋讨论，以辅斯学之进化"。1911年，胡敦复等人在北京成立"立达学社"（后南迁上海）。1912年，孙敬民、崔朝庆在南通成立"数学杂志社"，以出版数学杂志为宗旨。

我国较早期的数学期刊，首先提到的是1897年6月30日，黄庆澄（1863—1904）在浙江温州前街创办《算学报》月刊。《算学报》每期30~40页，1万字左右，每月出1期，该刊共出12期，于清1898年4月停刊。《算学报》第1，2期内容分别为四则与比例，包括总论比例、正比例、转比例、连比例、合比例、加减比例；第3期为开方提要；第4~10期为

⊖ 周邦道：《第一次中国教育年鉴》，开明书店，1934，第1-19页。

代数论；第 11 和 12 期为几何释义。1898 年，中国开始兴办新式的小学、义学和社学等。至 1905 年废除科举之后，才正式出现了现代形式的学校。黄庆澄主撰的《算学报》所介绍的算术、代数和几何方面的内容，在尚未有针对国人数学学习的期刊的基础上，开辟了人们学习近代科学知识的先河；同时，也推动了这些新式学校的数学教学。因此，该刊的创办被认为是"我国近代教育史上的一件大事"[一]。接着，1899 年 8 月，广东番禺人朱宪章、朱成章兄弟与桐乡严杏林、严槐林兄弟 4 人合编了一份《算学报》，共出版 3 期，载文 38 篇，全部稿件均系 4 人"平时读书所得"。这些文章一类为论算，另一类为演算，内容涉及初等代数、几何，主要是题解内容。它的创办为我们了解清末知识界继承和发扬中国传统数学、同时传播西方数学的意愿提供了有价值的史料。第三种《算学报》系四川简阳人傅崇矩（1875—1917）于 1900 年 12 月 6 日创办，仅出两期就停刊了，其办刊的目的在于给老百姓普及西式算学知识。

1912 年 5 月，京师优级师范学堂奉民国教育部的命令改为北京高等师范学校，1915 年设立数理部，1916 年由数理部主任刘资厚发起组织"北京高等师范学校数理学会"，宗旨为"研究数学物理、增进学识、联络感情"。学会于 1918 年 4 月 27 日创办《数理杂志》。该杂志共出版 4 卷 15 期，于 1925 年 12 月停刊，共载文 198 篇，有关数学内容的文章有 161 篇。该杂志是这一时期延续时间较长、影响较大的数学刊物。

1914 年，国立武昌高等师范学校设立数理部，其第一届学员曾昭安、陈兆庆、刘勋、王义国等于同年 4 月 8 日发起成立了"数学研究会"，同年 9 月 24 日更名为"理学会"，1916 年 9 月更名为"数理学会"，会长为数理部主任黄际遇先生，宗旨为"研究数理，补助教科"。该会于 1918 年 5 月出版《数理学会杂志》。1919 年 1 月，数理学会的宗旨修改为"研究数理，增加学识，辅助教育，联络感情"。1922 年 3 月，数理学会扩充为"数理化学会"，《数理学会杂志》亦更名为《数理化杂志》。该杂志从 1918 年 5 月至 1923 年 5 月，共出版 11 期（未分卷），共载文 93 篇，其中数学文章有 53 篇[二]。

1915 年 9 月，南京高等师范学校设立数理化部，其学生组织有"理化研究会"与"数学研究会"。1919 年 3 月，两会合并为"南京高师数理化研究会"。1919 年 9 月，研究会主办的《数理化杂志》创刊。1920 年，根据国务会议通知，在南京高等师范学校内组建东南大学。1923 年，南京高等师范学校完全合并于东南大学，研究会更名为"东南大学数理化研究会"，杂志更名为《数理化》。1924 年 6 月杂志出版第 3 卷第 1 期后停刊。该杂志共出版 3 卷 5 期，载文 82 篇，其中数学文章有 28 篇。

1918 年 10 月，"北京大学数理学会"成立，以研究数学、物理为宗旨。1919 年 1 月，学会杂志《北京大学数理杂志》创刊。杂志共出版 3 卷 5 期，于 1921 年 3 月停刊。该杂志载文 41 篇，其中数学文章有 19 篇。

以上 4 个数理学会与他们创办的 4 种数理期刊，为现代数学在中国的传播做出了一定的贡献，特别是为当时的大学生研究数理、发表习作提供了重要阵地，培养了学生的研究兴趣，为他们以后成长为数学家、物理学家提供了有力的保障。其中，如严济慈、傅种孙、

〇 亢小玉、宋轶文、姚远：《晚清三种〈算学报〉与数学专业期刊诞生》，《西北大学学报（自然科学版）》，2017，41（1），第 146-151 页。

〇 张友余：《二十世纪中国数学史料研究》，哈尔滨工业大学出版社，2016 年，第 48 页。

杨克纯、汤璪真等，就是这些学生中的佼佼者。

此后，北京等地纷纷成立了地区或区域性的数学会或数理研究会。虽然规模都不大，存在时间较短，但在促进地区的数学传播与发展中起到了积极作用。从 1934 年开始，各地数学会、社的负责人经过联系与商讨，开始着手筹备建立"中国数学会"。1935 年 7 月 25 日，中国数学会在上海交通大学宣告成立，会议通过了《中国数学会章程》，选举了第一届董事会、理事会和评议会，并决定出版全国性的数学刊物。1936 年，中国第一份专业性的数学期刊《中国数学会学报》与全国性的数学普及刊物《数学杂志》创刊。由于抗战的原因，《中国数学会学报》仅出版 2 卷 4 期，共发表 34 篇文章。其发表的论文，坚持高标准、高要求，且全部用外文发表，在国际上产生了影响，期刊第 2 卷第 2 期的文章全部被美国《数学评论》摘引。其中，著名的"曾层次""华氏定理""苏链"，以及江泽涵的"不动点"理论等都出自该学报。在中国数学会的筹备与发展过程中，胡敦复、熊庆来、何鲁、顾澄、范会国、陈建功、苏步青、朱公瑾等起到了重要作用。《中国数学会学报》与《数学杂志》在中华人民共和国成立后分别更名为《数学学报》与《数学通报》。

民国时期，最有影响力的普及性数学刊物当属刘正经于 1933 年 1 月创办的《中等算学月刊》。该刊从创办至 1937 年抗战全面爆发共出版 5 卷 45 期，发表 445 篇文章。该刊站在现代数学的高度，介绍中学数学的理论，内容丰富，形式多样，并专门设有"问题栏""读者信箱"。刘正经也因此而在 1947 年中央研究院首届院士选举中被提名，提名人的贡献一栏中写道："主编《中等算学月刊》5 年，主持武汉大学实用数学讲座 5 年以上。"⊖

4.3 20 世纪后半叶中国现代数学的主要成就⊖

1949 年 10 月中华人民共和国成立以后，中国现代数学的发展进入了一个新的阶段。早在 1949 年 7 月中华全国自然科学工作者代表会议上，成立了"中华全国自然科学专门学会联合会"（简称"全国科联"）。7 月 10 日，在京数学工作者召开了座谈会，决议中国数学会开始恢复活动。1950 年 6 月，中科院建院伊始，设立了以苏步青为主任的数学研究所筹备处；7 月，《武汉数学通讯》创刊（1952 年更名为《数学通讯》）。1951 年 3 月，中国数学会会刊以《中国数学学报》重新发刊（1952 更名为《数学学报》）；8 月，中国数学会全国代表大会在北京召开，数学会正式复会；11 月，《中国数学杂志》正式复刊（1953 年更名为《数学通报》）。1952 年 7 月，数学研究所正式成立，华罗庚任所长。1955 年 5 月，《数学进展》创刊。

1956 年，国家公布了《1956—1967 年科学技术发展远景规划纲要》（简称《规划》）。按照《规划》指明的原则与方向，从 1956 年起，我国数学界在保障数学各重要方向协调发展的同时，重点发展了微分方程、概率统计等与国民经济和国防建设密切相关的数学分支，同时调配人员大力发展计算数学研究。

同年，我国颁发首届国家自然科学奖。华罗庚的"典型域上的多元复变函数理论"和

⊖ 张友余：《二十世纪中国数学史料研究》，哈尔滨工业大学出版社，2016，第 291 页。
⊖ 李文林：《20 世纪的中国数学》，《20 世纪中国知名科学家学术成就概览（数学卷）》（第一分册），第 6-13 页。

吴文俊的"示性类与示嵌类的研究"获得一等奖（一等奖共 3 项，另一项为钱学森的"工程控制论"），苏步青的"K 展空间微分几何"获得二等奖。

华罗庚的该项成果已总结在《多复变函数论中的典型域的调和分析》（华罗庚著，1958年，科学出版社）一书中。多复变函数论创立于 19 世纪末至 20 世纪初，是数学中研究多个复变量的全纯函数性质和结构的分支学科。1935 年，法国数学家嘉当（1869—1951）发表论文，证明了多复变函数论中有界齐性域的对称域在解析等价意义下只有 6 种。1943 年，德国数学家西格尔（1896—1981）发表论文《辛几何》（*Symplectic Geometry*），对其中一种在其他数学分支应用最重要的既约对称域，用矩阵方法进行了研究。华罗庚通过陈省身、德国数学家外尔（1885—1955）得到嘉当和西格尔的上述论文后开始了他的研究历程。1944年，华罗庚发表了第一篇多复变函数论论文《一个矩阵变量的自守函数论 I——几何基础》（*On the Theory of Automorphic Functions of a Matrix Variable* I *—Geometrical Basis*）[一]；1946 年，他又发表论文《多变数富克斯函数论》（*On the Theory of Fuchsian Functions of Several Variables*[二]）。论文涉及这 4 种既约对称域，并给出了西格尔研究的这类既约对称域之外的其他 3 种运动群的矩阵表示。1949—1955 年，华罗庚对多复变函数论中典型域上的解析函数论与调和函数论进行了研究。在研究中，他主要运用群表示理论，并运用矩阵计算等技巧，具体而富有独创性地得出了典型域上多复变函数论的一些深刻的结果。这使他在建立典型域上多复变函数论基本理论方面取得突破。华罗庚主要是用群表示论的工具，把典型域的绝对值平方可积的全纯函数的一组正交规范函数系具体构造出来，从而得出这些域的伯格曼核，进而把典型域的特征值流形上的一组正交系用群表示论具体构造出来，从而得出 Cauchy-Szgoe 核。把群表示论与多复变函数论结合起来，这在方法上是具有开创性的，影响是深远的。20 世纪 60 年代后，华罗庚和他的学生继续在典型域的调和分析函数论、特征流形上的调和分析等领域做了许多系统性的工作，被国外称为"中国学派"。至今我国研究多复变函数的学者，多是华罗庚的学生，或其学生的学生。丘成桐教授（菲尔兹奖、瑞典科学院卡拉夫奖、美国国家科学奖获得者）说："华罗庚这方面的研究成果领先世界 10 年"[三]。

示性类是拓扑学研究中的一个基本问题。20 世纪 50 年代前后，示性类研究还处在起步阶段。吴文俊将示性类概念由繁化简，由难变易，引入新的方法和手段，形成了系统的理论。他引入了一类示性类，被称为吴示性类。他还给出了刻画各种示性类之间关系的吴第一、第二公式。在他的工作之前，示性类的计算有极大的困难。吴文俊的工作给出了示性类之间的关系与计算方法。由此拓扑学和数学的其他分支结合得更加紧密，许多新的研究领域应运而生。这最终使斯蒂费尔-惠特尼示性类理论成为拓扑学中最完美的一章。数学大师陈省身先生称赞吴文俊："对纤维丛示性类的研究做出了划时代的贡献。"拓扑学中的另一基本问题是嵌入问题。在吴文俊的工作之前，嵌入理论只有零散的结果。吴文俊提出了吴示

⊖ Loo-Keng Hua, "On the Theory of Automorphic Functions of a Matrix Variable I —Geometrical Basis," *American Journal of Mathematics* 66, no. 3 (1944)：470-488.

⊖ Loo-Keng Hua, "On the Theory of Fuchsian Functions of Several Variables," *Annals of Mathematics* 1947 (2)：167-191.

⊖ 陆启铿：《华罗庚关于典型域上多元复变数函数论的研究》，http://www.cas.cn/spzb1/JNHLGSS25ZN/HLG25HY/201006/t20100610_2879349.html

嵌类、吴示痕类等一系列拓扑不变量，研究了嵌入理论的核心问题，并由此发展了统一的嵌入理论。在拓扑学研究中，吴文俊起到了承前启后的作用。在他的工作的影响下，研究拓扑学的"武器库"得以形成，这极大地推进了拓扑学的发展。许多著名数学家从吴文俊的工作中受到启发或直接以吴文俊的成果为起点之一，获得了一系列重大成果。例如，吴文俊的工作被 5 位国际数学最高奖——菲尔兹奖——得主引用，他们分别是法国数学家托姆，美国数学家米耳诺、斯麦耳、威腾，英国数学家阿蒂亚，其中 3 位还在他们的获奖工作中使用了吴文俊的结果。

中华人民共和国成立后，国内一些重点大学开始招收数学研究生，开启了我国高水平数学人才的培育。例如，1950 年浙江大学招收的两位研究生胡和生与夏道行。胡和生生于 1928 年，1945—1948 年在交通大学数学系学习，1950 年年初毕业于大夏大学（今华东师范大学）数理系，考入浙江大学，师从苏步青先生，攻读研究生，1952 年毕业后进入复旦大学工作。胡和生长期从事微分几何与微积分方程研究。她早期研究超曲面的变形理论、常曲率空间的特征等问题，发展和改进了几位著名数学家的工作。在黎曼空间运动群方面，她给出确定黎曼空间运动群空隙性的一般方法，解决了持续 60 多年的重要问题。她在关于规范场强场能否决定规范势的研究中取得深入成果，在对具质量规范场的解的研究中，第一个得到经典场论中不连续的显式事例。在研究规范场团块现象和球对称规范势的决定等问题中，她都取得了难度大、水平高的重要成果。在线汇理论、Toda 方程和调和映照的研究中，她发展了孤立子的几何理论。1991 年，胡和生当选为中国科学院数学物理学部委员（院士）；2002 年当选为第三世界科学院院士。夏道行生于 1930 年，1950 年毕业于山东大学数学系，随后考入浙江大学，师从陈建功，攻读研究生，1952 年毕业后进入复旦大学工作。他在函数论方面证实了戈鲁辛的两个猜测，建立了"拟共形映照的参数表示法"，得到一些有用的不等式和一些被称为"夏道行函数"的性质，在单叶函数论的面积原理与偏差定理等方面做出了系统的、有较深影响的成果。他在泛函分析方面建立了带对合的赋半范环论和局部有界拓扑代数理论，建立非正常算子的奇异积分算子模型，对条件正定广义函数和在无限维系统的实现理论研究中取得重要成果；在现代数学物理方面，对带不定尺度的散射问题等取得开创性成果。1980 年，夏道行当选为中国科学院院士。再如，1962 年考入中国科学院的张广厚与杨乐，师从熊庆来先生，攻读研究生，1966 年毕业后在中国科学院工作。1974 年，两人合作首次发现函数值分布论中的"亏值"和"奇异方向"这两个基本概念之间存在着明确、紧密的联系，并对这种联系给出了定量的表述，被称为"张杨定理"。1978 年 2 月，张广厚成功地找到了整函数或亚纯函数的亏值、渐近值和茹利亚方向（一种奇异方向）三者之间的有机联系，给这种联系做出了具体的数学论证，找到了这个被著名数学家奈旺林纳研究却否定过的难题合理的解决方法。1980 年，杨乐当选为中国科学院院士。可惜的是，由于积劳成疾，张广厚于 1987 年英年早逝。

1961 年 7 月，中共中央通过了《关于自然科学研究机构当前工作的十四条意见（草案）》（简称《十四条》），随后，数学研究回到基础理论与实际应用协调发展的轨道上，纯粹数学研究出现了新的活跃局面，微分方程、概率统计、计算数学，以及新发展起来的运筹学、控制理论等应用数学学科得到进一步发展，部分数学家还参与了我国人造卫星、火箭发射、核技术等领域中的数学问题的研究。

一般地，偏微分方程与其对应的边界条件可等价于能量积分极值问题（变分问题），即从变分原理出发,在所有满足边界条件的解中,找到一个具有某种最小能量的解,这就是物理上的真正解,也就是所谓的有限元方法(finite element method)。20世纪50年代末,冯康(1920—1993)在解决大型水坝计算问题的集体研究实践的基础上,独立于西方研究创造了一套解微分方程问题的系统化、现代化的计算方法,当时命名其为基于变分原理的差分方法,也就是现在通称的有限元方法。该系统理论总结在《基于变分原理的差分格式》一文中⊖,是中国独立于西方研究,系统地创立了有限元方法的标志。该文提出了对二阶椭圆形方程各类边值问题的系统性离散化方法,以变分原理与分片插值为基础,在各个单元上分片假设近似函数,克服了在整个研究区域求解近似函数的困难,并在极其广泛的条件下证明了方法的收敛性与稳定性。冯康是目前国际公认的有限元方法思想先驱之一。

从1949年到1966年,中国数学取得了长足的进步。这一时期,约有450位数学工作者在国内外发表了1800余篇研究论文。自1952年起,《数学学报》的论文被美国《数学评论》等美欧数学检索系统收录,美国数学会还组织力量将《数学学报》的文章逐篇翻译并在美国出版(当时《数学学报》均以中文出版)⊖。

1976年10月,随着"文化大革命"的结束,特别是1978年全国科学大会的召开,我国又一次迎来了科学的春天。1979年全国恢复了研究生制度。1981年5月,《中华人民共和国学位条例暂行实施办法》开始执行。1981年11月与1984年1月,经国务院批准,先后两批公布了"博士和硕士学位授予单位及其学科、专业和指导教师名单"。1983年5月27日,我国首批18名博士学位获得者在人民大会堂接受博士学位证书,其中有12人属于数学学科。他们是谢惠民、白志东、赵林城、李尚志、单墫、苏淳、洪家兴、李绍宽、张荫南、童裕孙、王建磐、于秀源。至此,我国博士高级学术人才靠外国培养的历史结束了。

我国的数学科研体制在改革开放中获得快速发展,1977年成立了中国科学院计算中心(1995年改建为"计算数学与科学工程计算研究所"),1979年又相继成立中国科学院应用数学研究所、系统科学研究所,以及武汉数学物理所等研究机构。一些重点大学,如南开大学、北京大学、浙江大学、复旦大学等高校相继成立了数学研究所。特别是1983年9月成立的南开大学数学研究所,聘任陈省身为所长。陈省身认为,南开大学数学研究所要办成开放的数学研究所,第一,应迅速与世界先进水平接轨,追赶世界一流;第二,要使南开大学数学活动服务全国。他们每年选择一个主题,举办学术年活动,聘请国内外一流专家、学者,在南开大学举办为期3~6个月的学习班。全国的青年教师、研究人员、硕士生、博士生都可以参加。这样的学习班在11年内举办了12个。连续11年的学术年活动充分发挥了陈省身的数学领袖才华,为国家培养了大批青年人才,迅速缩短了我国与世界数学的差距。诺贝尔物理学奖获得者李政道先生称南开大学数学研究所为"陈省身模式";中国科学院院士姜伯驹认为,陈省身成立的南开大学数学研究所是国内第一个以世界一流的数学研究所为目标的学术机构。"他的创意海阔天空,他解决困难灵活求实,他将中国数学与国际数学的距离缩短了至少10年。他处处为数学事业着想。他是泰斗、几何大师,又是与我们走在一

⊖ 冯康:《基于变分原理的差分格式》,《应用数学与计算数学》,1965,2(4),第121-127页。
⊖ 史永超:《快速发展的〈数学学报〉——献给建国60周年》,《中国科技期刊研究》,2009,20(6),第988页。

起的领路人。"[一]另外,清华大学、上海交通大学等著名大学重建了数学系或成立了数学研究所。由此,我国形成了学科门类相对齐全、多元竞争互补的数学教学与科研体系,出现了拥有一批学术带头人的数学研究队伍与优秀教师队伍。

从改革开放始,我国涌现了一批高水平的数学科研成果。1982 年,我国恢复国家自然科学奖,还设立了国家技术发明奖与国家科学技术进步奖。其中,国家自然科学奖旨在奖励那些在基础研究和应用基础研究领域阐明自然现象、特征和规律,做出重大科学贡献的公民。国家技术发明奖授予运用科学技术知识做出产品、工艺、材料及其系统等重大技术发明的我国公民。产品包括各种仪器、设备、器械、工具、零部件以及生物新品种等;工艺包括工业、农业、医疗卫生和国家安全等领域的各种技术方法;材料包括用各种技术方法获得的新物质等;系统是指产品、工艺和材料的技术综合。国家科学技术进步奖授予在应用推广先进科学技术成果,促进高新技术产业化,以及完成重大科学技术工程、计划等过程中做出创造性贡献的中国公民和组织。1982—2020 年,数学学科获得国家自然科学奖一等奖 4 项与国家科学技术进步特等奖 1 项,它们分别如下:

哥德巴赫猜想研究(陈景润、王元、潘承洞,1982)。 现今所说的哥德巴赫猜想的主要内容是:任一个充分大的偶数都可以表示成两个奇素数之和。它的主要研究方法是解析数论中的"筛法",并通过逐步逼近来进行研究。具体而言,就是要证明任一个充分大的偶数都可以表示成两个正整数之和,其中一个的素因子的个数不超过 a,另一个的素因子的个数不超过 b,简记为 $a+b$。当 $a+b$ 逐步缩小至(1+1)时,也就基本解决了哥德巴赫猜想。1956年与 1957 年,王元分别证明了(3,4)、$(1,4)_R$ 与(2,3)、$(1,3)_R$(所谓 $(1,x)_R$ 是在广义黎曼猜想下的结果);1961 年与 1962 年潘承洞分别证明了(1,5)与(1,4)。1966 年,陈景润证明了命题(1+2)(1973 年发表全部证明),被国际数学界公认为筛法理论最卓越的应用。

微分动力系统稳定性研究(廖山涛,1987)。 微分动力系统主要研究随时间演变的动力系统的整体性质及其在扰动中的变化,如当系统有某种扰动时,有哪些不变性质,以及有哪些突变性质,,其不变性质即各种所谓的"稳定性"。微分动力系统研究始于 20 世纪 60 年代初,大致可分为常微系统与离散系统两大类。西方学派多从离散系统入手,取得突破,再向常微系统推广。廖山涛采取的是对常微系统直接接触的方式,相继提出了两个基本概念,即典范方程组和阻碍集,探讨了微分动力系统的稳定性及相关问题,形成了独特的研究体系。典范方程组的方法是把流形上常微系统的相图的一部分性质以适当途径化成欧氏空间中通常的常微分方程组来讨论。这一方法在计算和定量估计方面有独特的便捷性。他运用阻碍集的概念引出极小歧变集,深入研究了极小歧变集的构造。运用这些方法,他对动力系统稳定推测这一微分动力系统中心问题的研究做出了重大贡献:1980 年给出了二维离散系统与三维无奇点常微系统稳定推测定理,1984 年证明了三维离散系统与四维无奇点常微系统的稳定推测,这些均为国际首创。他的方法还导出了一些用其他方法难以获得的成果,如他给出了与热门的混沌问题密切相关的三维无奇点常微系统稳定的特征性质等。

关于不相交斯坦纳三元系大集的研究(陆家羲,1987)。 早在 1853 年,瑞士数学家斯

[一] 张奠宙、王善平:《陈省身传》,南开大学出版社,2011,第 322 页。

坦纳（Steiner）在研究四次曲线的二重切线时遇到了一种（v，3，1）区组设计，这就是所谓斯坦纳三元系。区组设计研究对数字通信理论、快速变换、有限几何等领域显示出重要的作用，而斯坦纳三元系在区组设计理论中具有重要意义。直至 20 世纪 80 年代，国际上关于这一重要问题的研究只有一些零星结果。内蒙古包头第九中学物理老师陆家羲经过 20 多年的钻研，于 1981—1983 年获得突破。他证明的大集定理巧妙地设计了一系列的递归构造，严谨地证明了互不相交的 v 阶斯坦纳三元系的大集，除六个值之外，对所有 $v \equiv 1$ 或 $3(\bmod 6)$，$v>7$ 都存在，从而宣告了这一问题的整体解决（另有例外值，他已有解决途径，但在写作过程中便不幸逝世了，仅留下一份提纲和部分结果）。加拿大著名数学家、多伦多大学教授门德尔逊说："这是 20 多年来组合设计中的重大成就之一。"

哈密顿系统的辛几何算法（冯康等，1997）。科学计算的主要问题是数学物理方程的数值求解，而数学物理方程有牛顿、拉格朗日、哈密顿三大体系。由于一切守恒的真实物理过程都可以表示为哈密顿体系，因此，发展哈密顿体系的计算方法就有特别重大的意义。1984年，冯康在微分几何和微分方程国际会议上发表的论文《差分格式与辛几何》，首次系统地提出哈密顿方程和哈密顿算法（即辛几何算法或辛几何格式），提出从辛几何内部系统构成算法并研究其性质的途径，开创了哈密顿算法这一新领域。这一算法保持体系结构在空间结构、对称性与守恒性方面均优于传统算法，特别在稳定性与长期跟踪能力上具有独特的优越性。理论分析与数值实验表明此算法解决了长期悬而未决的预测计算问题。这一工作开创了科学计算新的前沿研究领域，带动了国际上一系列相关研究。美国相关科学家称："此方法对长时计算远优于标准方法。"

另外，还有尖兵一号返回型卫星及东方红一号卫星（轨道测定与轨道选择部分，关肇直等，1985）。为完成东方红一号卫星发射任务，中国科学院于 1965 年 5 月成立了立体、地面、生物与轨道 4 个工作组，关肇直任轨道组组长。轨道测量与轨道选择是人造卫星要解决的主要任务与关键问题之一。轨道组圆满完成了这两大任务，为我国卫星的轨道工作奠定了良好基础。

2000 年，中华人民共和国国务院设立国家最高科学技术奖，授予在当代科学技术前沿取得重大突破或者在科学技术发展中有卓越建树，在科学技术创新、科学技术成果转化和高技术产业化中创造巨大经济效益或者社会效益的科学技术工作者。2000 年，吴文俊院士获得首届国家最高科学技术奖；2009 年，谷超豪获国家最高科学技术奖。他们的主要贡献如下。

吴文俊的主要成就表现在拓扑和数学机械化两个领域。他为拓扑学做了奠基性的工作，他的示性类和示嵌类研究至今仍被国际同行广泛引用。在数学机械化领域，吴文俊在机器证明方面提出用计算机证明几何定理的方法（国际上称为"吴方法"）。他遵循中国传统数学中几何代数化的思想，与通常基于逻辑的方法根本不同，首次实现了高效的几何定理自动证明，此方法显现了无比的优越性。他的工作被称为"自动推理领域的先驱性工作"，并于 1997 年获得"Herbrand 自动推理杰出成就奖"，颁奖词赞誉吴文俊"将几何定理证明从一个不太成功的领域变为最成功的领域之一"。他建立的"吴消元法"是求解代数方程组最完整的方法之一，是数学机械化研究的核心。20 世纪 80 年代末，他将这一方法推广到偏微分代数方程组。他不断开拓新的应用领域，如控制论、曲面拼接问题、机构设计、化学平衡问题、平面天体运行的中心构形等，还建立了解决全局优化问题的新方法。吴文俊在中国数学史研究方面也做出了杰出贡献。

谷超豪主要从事偏微分方程、微分几何、数学物理方程等方面的研究和教学工作，主要成就表现在三个方面。第一，解决杨-米尔斯方程的柯西问题。1960—1965 年，谷超豪选定了以空气动力学中的数学问题为切入点，把微分几何的研究运用于工程中的几何外形设计，开展了偏微分方程的研究。1974 年，谷超豪和杨振宁合作，解决了杨-米尔斯方程的柯西问题（这比西方同类结果早了 10 年），成功地建立了规范场的闭环路位相因子方法和决定时空对称性的基本方法，引起了国际数学物理界的注目。第二，开创波映照的研究。20 世纪 80 年代，谷超豪又深入到若干整体微分几何问题中，开创了波映照的研究，为探索建立基本粒子的运动数学模型奠定了基础。第三，解决闵可夫斯基空间中极值曲面的构造问题。他的每一个成果都触及国际基础数学的最核心理论，每一个成果都引发了国际数学界相关研究的浪潮。微分几何、偏微分方程、数学物理方程三个领域构成了谷超豪生命中的"金三角"。

2002 年 8 月，中国成功举办了 2002 年国际数学家大会（ICM），这是 20 世纪几代数学家共同奋斗的结果，标志着中国现代数学水平与国际地位的提升，同时也吹响了新世纪中国数学赶超世界先进水平的进军号角。

 思考题

1. 简述民国时期我国数学研究的主要成果。
2. 简述 20 世纪 50 年代以后中国数学研究的主要成就。
3. 谈谈学习中国现代数学发展历程的体会。

第5章　解析几何的思想、方法与意义

没有任何东西比几何图形更容易映入脑海了，因此，用这种方式来表达事物是非常有益的。

（解析几何）是一种包含代数和几何两门学科的好处，而没有它们的缺点的方法。

——笛卡儿

（解析几何）远远超出了笛卡儿的任何形而上学的推测，它使笛卡儿的名字不朽，它构成了人类在精神科学的进步史上所曾迈出的最伟大的一步。

——约翰·斯图尔特·米尔

17世纪前半叶，在数学中产生了一个全新的分支——解析几何。它的创始人是法国数学家费马（1601—1665）与笛卡儿（1596—1650）。

虽然欧氏几何提供了一种理性的思维方式，给出了一种数学模式，但它也有一定的局限性：过于抽象，过多地依赖于图形；同样，当时的代数过多地受法则与公式的约束，比较抽象，不利于思维的发展。笛卡儿与费马都认识到，如果把代数与几何学结合起来，几何学就可以为代数提供直观的图形，而代数又能用来对抽象的未知量进行推理，互相取长补短。由此，一门新的学科——解析几何诞生了。

5.1　解析几何产生的背景

16世纪以后，文艺复兴后的欧洲进入了一个生产迅速发展、思想普遍活跃的时代。机械的广泛使用，促使人们开始对机械性能进行研究，而这需要运动学知识和相应的数学理论；建筑的兴盛、河道和堤坝的修建又提出了有关固体力学和流体力学的问题，而这些问题的解决需要正确的数学计算；航海事业的发展，向天文学实际上也是向数学提出了如何精确测定经、纬度，计算各种不同形状物体的面积、体积及确定重心的问题；望远镜与显微镜的发明，提出了研究凹凸镜的曲面形状问题。德国天文学家开普勒发现行星是绕着太阳沿着椭圆轨道运行的，太阳处在这个椭圆的一个焦点上；意大利科学家伽利略发现投掷的物体是做抛物线运动的。要研究这些比较复杂的曲线，解决在天文、力学、建筑、河道、航海等方面的数学问题，显然已有的初等几何和初等代数这种常数范围内的数学是无能为力、难以解决的。于是人们试图创设变量数学，这就导致了解析几何的产生。

另外，从数学本身来说，解析几何的创始人笛卡儿和费马都认为欧几里得的《几何原本》虽然建立起了几何学的完整体系，但这样的几何过于依赖图形。而另一位古希腊数学家阿波罗尼奥斯所写的另一著作《圆锥曲线论》，虽然将圆锥曲线的性质几乎网罗殆尽，但阿波罗尼奥斯的几何是一种静态的几何，既不把曲线看成是一种动点的轨迹，更没有给它以一般处理方法。17世纪的生产和科技的发展，都向几何学提出了用运动的观点来认识和处理圆锥曲线及其他几何曲线的课题，即必须创立一种建立在运动观点上的几何学。虽然当时的代数过于受法则和公式的约束，缺乏直观性，但代数符号化的建立恰好为解析几何的诞生创造了条件。代数学是一门潜在的方法科学，因此，把几何学和代数学结合起来取长补短，就创造出一门新的学科——解析几何！

5.2 解析几何的建立

▶ 5.2.1 费马的工作

费马和笛卡儿都是解析几何的创立者。费马出身于商人家庭，是一位律师。作为业余爱好者，他对数学做出了巨大的贡献。

费马关于曲线的研究是从研究阿波罗尼奥斯的《圆锥曲线论》开始的。大约在1629年，他写了一本《平面和立体的轨迹引论》，书中说他找到了一个研究曲线问题的普遍方法。

费马建立了一种坐标系。借助于坐标系，他的坐标能把阿波罗尼奥斯的结果直接翻译成代数形式。他所建立的坐标相当于现在的斜坐标系。费马把他的一般原理叙述如下：只要在最后的结果里出现两个未知量，我们就可得到一个轨迹，用这两个量可描绘出一条直线或曲线。并且由给出的方程便可知道其所代表的是直线还是曲线。例如，他给出的方程（用我们现在的写法）：

$ax = by$，代表一条直线；

$c(a-x) = by$，也代表一条直线；

$p^2 - x^2 = y^2$，代表一个圆；

$x^2 = ay$，代表一条抛物线。

费马还领悟到坐标轴可以平移和旋转，因而可以把一个复杂的二次方程简化为简单的形式，并且还知道了一次方程表示直线、二次方程代表圆锥曲线等。

▶ 5.2.2 笛卡儿的工作

笛卡儿（见图5-1）是一名哲学家、自然科学家、数学家。作为哲学家，他把数学方法看成在一切领域建立真理的方法来研究的。作为自然科学家，他在力学、水利学、光学和生物学等多个领域都有杰出的贡献；作为数学家，他意识到必须要去寻找数学的用途。

笛卡儿在进行数学研究时，对当时的几何、代数感到不甚满意，他意识到代数具有成为普遍科学方法的潜力。他凭借对方法的普遍兴趣和对代数这门知识的掌握，形成了用代数方法来研究几何的思想，并进行了探讨，完成了他的《几何学》。《几何学》是附在他的一本文学和哲学著作——《方法论》之后的作品之一。

图5-1　笛卡儿
（1596—1650）

《几何学》具有了用方程表示曲线的思想。笛卡儿将逻辑、代数和几何方法结合到一起，他说："当我们想要解决任何一个问题时，作图要用到线段，并用最自然的方法表示这些线段之间的关系，直到能找出两种方式来表示同一个量，这将构成一个方程。"这勾画出了一个初期的解析几何方法。

《几何学》共分三卷。在第一卷中，笛卡儿对代数式的几何意义做了解释，并且比希腊人前进了一步。希腊人将一个变量 x 表示成某个线段的长度，则 x^2 表示一个矩形的面积，x^3 表示某个长方体的体积，而面对 3 个以上变量 x 的积，希腊人就没法处理了。笛卡儿认为，与其把 x^2 看成面积，不如把它看成比例式：$1:x=x:x^2$ 中的一项。这样，只要给出一个单位线段，我们就能用给出线段的长度来表示一个变量的任何次幂或多个变量的积，在这一部分中，笛卡儿把几何算术化了。如果在一个给定的直线上标出 x，在与该直线成固定角 α 的另一直线标出 y，就能作出其 x 值和 y 值满足一定关系的点（这实际上就是坐标系，见图 5-2）。

在第二卷中，笛卡儿根据代数方程的次数对几何曲线分了类：含 x 和 y 的一次和二次曲线是第一类；三次和四次方程对应的曲线是第二类；五次和六次方程对应的曲线是第三类等。

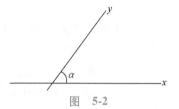

图 5-2

第三卷又回到了作图问题上，并且涉及了次数高于 2 的方程的解法。笛卡儿的 x，y 只取正值，即图形在第一象限内。有了曲线方程的观点后，笛卡儿进一步发展了他的思想：

（1）曲线的次数与坐标轴无关。

（2）同一坐标系中，两个曲线方程联立，可解出交点。

（3）曲线概念的推广。古希腊人只认为平面曲线是由直尺、圆规作出的曲线，而笛卡儿则认为那些可以用一个唯一的含 x 和 y 的有限次代数方程表示出的曲线，都是几何曲线。笛卡儿对曲线概念的推广，不但接纳了以前被排斥的曲线，而且开辟了整个曲线的领域。

尽管在《几何学》一书中，笛卡儿表达了方程与曲线相结合这一显著思想，但他只是把它作为解决作图问题的一个手段。由于笛卡儿对几何作图的过分强调，反而掩盖了曲线和方程的主要思想。不过瑕不掩瑜，笛卡儿的《几何学》一书仍被后世人认为是一部解析几何的经典之作。

5.3 解析几何的基本思想

笛卡儿的理论以两个概念为基础：坐标概念与利用坐标方法把两个未知数的任意代数方程看成平面上的一条曲线的概念。因此，解析几何就是在采用坐标方法的同时，运用代数方法研究几何对象。

▶ 5.3.1 解析几何要解决的问题 ⊖

解析几何为解决几何问题和代数问题提供了一种新的方法。它可以把一个几何问题转化为一个代数问题，求解之后再还原成一个几何问题；也可以将一个代数问题转化为一个几何问题，求解之后再转化成一个代数问题。其要解决的主要问题如下：

（1）通过计算来解决作图问题，如分线段成已知比例。

⊖ 易南轩、王芝平：《多元视角下的数学文化》，科学出版社，2007，第147-151页。

（2）求具有某种几何性质的曲线的方程，如抛物线的方程。

（3）用代数方法证明新的几何定理，如证明三角形的 3 条高线相交于一点。

（4）用几何方法解代数方程，如用抛物线与圆的交点解三次和四次方程。

▶▶ 5.3.2 解析几何的思想、方法举例

在解析几何中，首先是建立坐标系。如图 5-3 所示，取两条相互垂直，且具有一定方向和度量单位的直线，为平面直角坐标系。利用平面直角坐标系可以把平面内的任一点 P 和一对有序实数 (a, b) 建立起一一对应的关系 $P \leftrightarrow (a, b)$，(a, b) 称为点 P 的坐标。除平面直角坐标系之外，还有斜坐标系、极坐标系、空间直角坐标系等。坐标系建立了几何对象和数、几何关系和方程

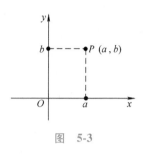

图 5-3

之间的密切联系：把含有两个未知数的任意代数方程看成是平面上的一条曲线（或直线），即把方程 $F(x, y) = 0$ 看成是一条平面曲线（或直线），这样就可以把对平面图形的研究归结为比较成熟，且容易驾驭的数量关系的研究。

为了确定空间中一点的位置，我们可以引进空间直角坐标系。过空间一定点 O 作三条互相垂直的数轴，它们以点 O 为原点，且一般具有相同的长度单位，这三条轴分别为 x 轴、y 轴、z 轴，统称为坐标轴（见图5-4）。通常把 x 轴、y 轴配置在水平面上，而 z 轴则是铅垂线，它们的正方向要符合右手规则：右手握住 z 轴，当右手的 4 根指头从 x 轴的正向以 90° 角度转向 y 轴正向时，大拇指的指向就是 z 轴正向。

注：为使空间直角坐标系富有立体感，通常把 x 轴与 y 轴间的夹角画成135°左右。当然，它们的实际夹角还是90°。

三条坐标轴中的任意两条可以确定一个平面，这样定出的三个平面统称为坐标面。由 x 轴与 y 轴所决定的坐标面称为 xOy 面，另外还有 xOz 面与 yOz 面。3 个坐标面把空间分成了 8 个卦限（见图5-5）。

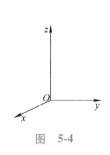

图 5-4

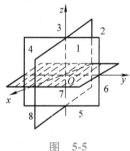

图 5-5

取定空间直角坐标系之后，我们就可以建立起空间点与有序数组之间的对应关系。

设点 M 为空间的一已知点（见图5-6），过点 M 分别作垂直于 x 轴、y 轴、z 轴的三个平面，它们与 x 轴、y 轴、z 轴的交点依次为 P，Q，R 三点，这三点在 x 轴、y 轴、z 轴的坐标依次为 x，y，z，于是空间点 M 就唯一地确定了一个有序数组 (x, y, z)，这组数叫

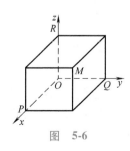

图 5-6

作点 M 的坐标。依次称 x，y，z 为点 M 的横坐标、纵坐标和竖坐标，记为 $M(x, y, z)$。反过来，若已知一有序数组 (x, y, z)，则我们可以在 x 轴上取坐标为 x 的点 P，在 y 轴上取坐标为 y 的点 Q，在 z 轴上取坐标为 z 的点 R，然后过 P，Q，R 三点分别作 x 轴、y 轴、z 轴的垂直平面，这三个平面的交点 M 就是以有序数组 (x, y, z) 为坐标的空间点。这样，通过空间直角坐标系，我们建立了空间点 M 和有序数组 (x, y, z) 之间的一一对应关系，或说空间点 M 与一个三元有序数对建立了一个一一对应关系：$M \leftrightarrow (x, y, z)$。我们把上面有序数组 (x, y, z) 叫作点 M 在此坐标系下的坐标，记为 $M(x, y, z)$。

有了几何中的点与代数中的数组的对应，也即有了坐标概念之后，代数方法也就有可能进入几何了。坐标的引入是几何代数化的第一步，也是关键的一步。下面我们结合平面方程的建立来说明解析几何的另一种思想：方程与曲面、曲线（直线）的对应。

例1 平面的点法式方程

若一非零向量垂直于一平面，则称此向量是该平面的法向量。显然，平面上的任一向量均与平面的法向量垂直。由于过空间一点可以作而且只能作一个平面垂直于一已知直线。因此，当平面 π 上一点 $M_0(x_0, y_0, z_0)$ 和它的一个法向量 n 给定之后，平面的位置就确定下来了。下面，我们来建立这种平面方程。

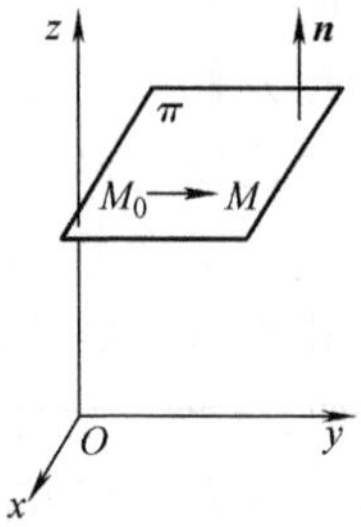

图 5-7

设 $M(x, y, z)$ 是平面 π 上的任一点（见图5-7），那么 $\overrightarrow{M_0M} \perp n$，即 $\overrightarrow{M_0M} \cdot n = 0$。而 $\overrightarrow{M_0M} = (x-x_0, y-y_0, z-z_0)$，若设 $n = (A, B, C)$，则

$$A(x-x_0) + B(y-y_0) + C(z-z_0) = 0 \qquad (5\text{-}1)$$

这表明，平面 π 上任一点 $M(x, y, z)$ 的坐标满足方程（5-1）；反过来，若点 $M(x, y, z)$ 不在平面 π 上，则向量 $\overrightarrow{M_0M}$ 就不垂直于 n。从而 $\overrightarrow{M_0M} \cdot n \neq 0$，即

$$A(x-x_0) + B(y-y_0) + C(z-z_0) \neq 0$$

所以不在平面 π 上的点 $M(x, y, z)$ 的坐标不适合方程（5-1）。故方程（5-1）就是平面 π 的方程，而平面 π 便是方程（5-1）的图形。

因为方程（5-1）是由平面 π 上一点 $M_0(x_0, y_0, z_0)$ 及它的一个法向量 $n = (A, B, C)$ 唯一确定的，所以方程（5-1）也称为平面的点法式方程。

注意，方程（5-1）是关于 x，y，z 的一次方程，我们可断言：任一平面都可以用三元一次方程来表示。这是因为任一平面都可以由它的法向量与它上面的一点唯一确定，而平面的点法式方程本身就是三元一次方程。

反过来，若有三元一次方程：

$$Ax + By + Cz + D = 0 \qquad (5\text{-}2)$$

任取满足该方程的一组数 x_0，y_0，z_0，即

$$Ax_0 + By_0 + Cz_0 + D = 0$$

两式相减，得

$$A(x-x_0) + B(y-y_0) + C(z-z_0) = 0 \qquad (5\text{-}3)$$

显然，方程（5-3）是过点 $M_0(x_0, y_0, z_0)$ 且以 $n = (A, B, C)$ 为法向量的平面方程，而方程（5-2）与方程（5-3）是同解的，由此可知，三元一次方程（5-2）所代表的图形是平面。

方程（5-2）称为平面的一般方程，该平面的法向量是由 x，y，z 的系数所组成的向量 $\boldsymbol{n}=(A，B，C)$。

下面，我们仍然通过几个例子来说明解析几何思想方法的应用。

例 2 求证：四面体对边中点的连线交于一点，且互相平分。

证 设四面体 $ABCD$ 的一组对边 AB，CD 的中点 E，F 的连线为 EF，它的中点为点 P_1（见图 5-8），其余两组对边中点的连线的中点分别为 P_2，P_3 两点，下面只要证明 P_1，P_2，P_3 三点重合就可以了。取不共面的三向量 $\overrightarrow{AB}=\boldsymbol{e}_1$，$\overrightarrow{AC}=\boldsymbol{e}_2$，$\overrightarrow{AD}=\boldsymbol{e}_3$，先求 $\overrightarrow{AP_1}$ 用 $\boldsymbol{e}_1$，$\boldsymbol{e}_2$，$\boldsymbol{e}_3$ 线性表示的关系式。

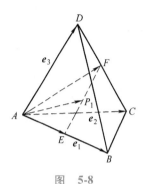

图 **5-8**

连接 AF，因为 $\overrightarrow{AP_1}$ 是 $\triangle AEF$ 的中线，所以有

$$\overrightarrow{AP_1}=\frac{1}{2}(\overrightarrow{AE}+\overrightarrow{AF})$$

因为 AF 是 $\triangle ACD$ 的中线，所以有

$$\overrightarrow{AF}=\frac{1}{2}(\overrightarrow{AC}+\overrightarrow{AD})=\frac{1}{2}(\boldsymbol{e}_2+\boldsymbol{e}_3)$$

而 $\overrightarrow{AE}=\frac{1}{2}\overrightarrow{AB}=\frac{1}{2}\boldsymbol{e}_1$，从而得

$$\overrightarrow{AP_1}=\frac{1}{2}\left[\frac{1}{2}\boldsymbol{e}_1+\frac{1}{2}(\boldsymbol{e}_2+\boldsymbol{e}_3)\right]=\frac{1}{4}(\boldsymbol{e}_1+\boldsymbol{e}_2+\boldsymbol{e}_3)$$

同理可得

$$\overrightarrow{AP_2}=\overrightarrow{AP_3}=\frac{1}{4}(\boldsymbol{e}_1+\boldsymbol{e}_2+\boldsymbol{e}_3)$$

所以 $\overrightarrow{AP_1}=\overrightarrow{AP_2}=\overrightarrow{AP_3}$，即 P_1，P_2，P_3 三点重合。

这种方法多么简明、巧妙。

例 3 开普勒定律的证明 $^{\ominus}$

开普勒（1571—1630）是一位杰出的天文学家。他一生遭到许多不幸的折磨。他的第一个妻子和几个孩子都死了。作为一个新教徒，他受到天主教的种种迫害，并经常在经济上处于绝望之中，他的母亲被指控为巫婆，而开普勒不得不为她辩护。虽然他始终遭受不幸，但他仍以非凡的恒心与努力从事他的科学研究工作。他最有名、最重要的成果今天以开普勒三定律而著称。这三条关于行星运动的定律是天文史和数学史上的里程碑，牛顿就是在证明这三条定律的过程中创造了天体力学。

其中，开普勒第二定律如下：

连接行星与太阳的向径，在相同的时间扫过相等的面积。（参看图 6-1）

开普勒在其 1619 年出版的《世界的和谐》的序言中，做了如下议论："这本书是我给我的同时代人，或者给我的后代人写的，也许我的书要等 100 多年才能等到一位读者，上帝不是等了 6000 年才等到一位观察者吗？"

$\ominus$　张顺燕：《数学的思想、方法和应用》，北京大学出版社，1997，第 107-108 页。

开普勒还是微积分的先驱者之一。为了计算第二定律中涉及的面积，他不得不采用粗糙形式的积分学。他的著作《测量酒桶体积的科学》是微积分的前导之一。下面介绍牛顿给出的开普勒第二定律的证明。

牛顿关于开普勒定律的研究是从第二定律开始的，他得到如下的结果：

定理 1（牛顿的命题 1）设点 S 是一个固定点，点 P 是一个运动的质点，质点在任何时刻所受的力总是从点 P 指向点 S，那么点 P 所走过的路径位于同一平面上，并且从点 P 到点 S 的连线在相等的时间里扫过相等的面积。

值得注意的是，这个定理所包含的内容大大超过了开普勒第二定律所包含的内容，任何类型的力，不管它的变动有多大，只要它是径向的，那么从点 P 到点 S 的向径在相同的时间里都扫过相同的面积。

证 我们先看一种最简单情况：质点 P 不受力。这时定理是成立的，根据牛顿第一定律，质点 P 沿直线 l 运动，且保持速度不变。我们假定点 S 不在直线 l 上，否则扫过的面积总是零，质点 P 总是在由点 S 与直线 l 所决定的平面上。我们指定一段时间间隔，并在直线 l 上任取 A，B 两点，使得质点 P 在这段时间间隔内正好从点 A 运动到点 B（见图 5-9）。

当质点 P 从点 A 运动到点 B 时，向径 $\overrightarrow{AS}$ 所扫过的面积是 $\triangle SAB$ 的面积。设点 S 到直线 l 的垂线的长度为 h，t 则 $\triangle SAB$ 的面积为 $\frac{1}{2}|AB|$。这个结果说明，扫过的面积与起点 A 的选取无关。

现在我们假定，当质点到达点 B 时受到一个沿直线 SB 方向的瞬时力的作用。根据牛顿第二定律，在这个力的作用下质点得到一个新速度，其方向平行于直线 SB，我们用 $\overrightarrow{BV}$ 来表示（见图 5-10）。注意点 V 不一定落在点 B 与点 S 之间，也可能落在直线 l 的下方，但无论哪种情况，证明都是一样的。

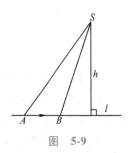

图 5-9

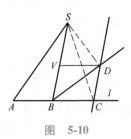

图 5-10

设点 C 在直线 l 上，且使 $|AB| = |BC|$，向量 $\overrightarrow{BV}$ 表示瞬时力出现之前点 B 处质点原有的速度，根据平行四边形法则，$\overrightarrow{BD}$ 为它们的合成速度。因为点 D 位于点 S 与直线 l 所确定的平面上，所以质点仍停留在同一平面上。

在第二次指定的时间间隔内向径扫过的面积是 $\triangle SBD$ 的面积，因为过 C，D 两点的直线平行于 SB，所以 $\triangle SBD$ 的面积等于 $\triangle SBC$ 的面积，进而等于 $\triangle SAB$ 的面积。这样一来，我们又证明了等时间扫出了等面积。定理证毕。

现在假定向径所扫过的 $\triangle SBD$ 的面积等于 $\triangle SAB$ 的面积，自然也等于 $\triangle SBC$ 的面积，则通过点 C 与点 D 的直线平行于 BS，因此，作用在点 B 的瞬时力一定是沿 BS 方向的，即径向的，这样我们就证明了下面的定理：

定理 2（牛顿的命题 2）设点 S 是一个固定点，点 P 是一个运动的质点，位于包含点 S 的一个固定平面上，并且向径 $\overrightarrow{PS}$ 在相等的时间扫过相等的面积，则作用在点 P 上的力是径向的。

大家知道，根据电影票上的排号数就能找到确切的座位。同样，我们要去一个新地方，说清向东走几千米，再向北走几千米，就会明白落脚点的方位。类似的事件处处可见，时时触及，但我们司空见惯，熟视无睹，哲学家笛卡儿却能知微见著，由平凡的简单事例升华到理性思维，悟出用数表示点的方法——建立坐标系。这种用一个数（或一组有顺序的数）来确定直线上（或平面上，或空间中）各点间相对位置的方法称为坐标法，是解析几何的基本方法。

5.3.3 解析几何的思想、方法与基本观念○

解析几何的基本思想是用代数的方法研究几何问题。

要用代数方法研究几何问题，必须沟通代数与几何之间的联系，而代数与几何各自压缩到最基本的概念，分别是数与点。于是，这种联系的首要问题是建立点与数之间的关系。坐标系就是实现这一联系的桥梁。

有了坐标系这种特定的数学结构，就可以把点和数结合、统一起来，实现了数和点的一一对应。这种以坐标法为基础，把数看成点，反之也能把点看成是数的观念是解析几何的第一个基本观念。

在笛卡儿之前，一个二元方程 $F(x,y)=0$ 是抽象的，因此，被看成是不确定、形式上的。然而，笛卡儿把方程中的 x，y 看成横、纵坐标，每一组解 (x,y) 都对应曲面上的一个点。于是，方程 $F(x,y)=0$ 的解集就对应于坐标平面上的点集，这一点集就是曲线（或直线），这表明二元方程对应于曲线（或直线）。

在 16 世纪以前，平面曲线被看成纯粹静止的几何图形。随着科学的发展，曲线被看成动点的轨迹，如行星绕日轨迹，就是动点轨迹的实例。于是，笛卡儿把曲线上的任一点看成动点，动点成线要受某种几何条件的约束，于是动点的流动坐标 x，y 之间的关系就转化为二元代数方程 $F(x,y)=0$。这表明曲线对应于二元方程。这种以坐标法为基础，把方程与曲线结合、统一起来，把方程看成曲线，反之，把曲线看成是方程的观念是解析几何的第二个基本观念。

解析几何的第二个基本观念把曲线与方程互为转化，从而实现了用代数方法研究几何图形的性质和形状，实现了几何的"算术化"与"数字化"。这在数学史上是一场革命。同时，根据这两个观念，又能使数与方程得到直观的几何解释，促进了代数的发展。

根据解析几何的第二个基本观念，曲线上的点变动时，其坐标也在变动，从而方程 $F(x,y)=0$ 的解 x，y 成了变量。数学从此进入了一个崭新的时代——变量数学时代，这是近代数学的开端。

根据解析几何的第二个基本观念，代数方程与几何图形相对应。例如，我们从思考方程

○ 易南轩、王芝平：《多元视角下的数学文化》，科学出版社，2007，第 147-151 页。

$x^2+y^2=4$ 认识到了圆，进而思考 $x^2+y^2+z^2=4$ 认识到了球面，那么思考 $x_1^2+x_2^2+\cdots+x_n^2=4$ （$n>3$）又如何呢？这就帮助我们从几何空间进入了高维空间，从现实世界走向了虚拟世界。

▶▶ 5.3.4　解析几何的意义⊖

1. 方法的革新

古代数学以几何为主，而且代数方法与几何方法互不影响。但是，解析几何使代数几何化与几何代数化、代数方法与几何方法互相促进、互相影响，促进了数学的发展。

2. 变量数学的诞生

由于方法的进步，解析几何实现了点与数（数对）、方程与曲线的互相转化；轨迹概念的引入标志着变量数学的产生，也促进了函数概念萌芽的诞生，为微积分等现代数学的诞生奠定了基础，而且极大地拓展了数学的应用范围。

3. 促进了思想解放

古代以几何为主导的常量数学转变为以代数与分析为主导的现代数学，并使代数与几何融为一体，实现了几何图形的数字化，这实际上是数字化时代的先声；向量概念的引入，使人们摆脱了现实的束缚，进而帮助人们从三维空间进入到更高维的空间，从现实空间进入虚拟空间，极大地促进了人们思想的解放。

恩格斯曾对解析几何进行过这样的评价："数学中的转折点是笛卡儿的变数。有了变数，运动进入了数学；有了变数，辩证法进入了数学；有了变数，微分和积分也就立刻成为必要的了。"

4. 广泛的应用性

解析几何为许多实际应用提供了数学工具，如行星运动的轨迹与炮弹运行轨迹等的研究，都离不开解析几何。

▶▶ 5.3.5　笛卡儿的方法论及其意义⊖

笛卡儿是近代科学思想方法的开山祖师。他在著名的《方法论》的开头两章说明了他的思想历程和应用的方法。当时，正是近代科学革命的开始，是一个涉及方法的伟大时期。在这个时代，人们认为，发展知识的原理和程序比智慧和洞察力更重要。方法容易使人掌握，而且一旦掌握了方法，任何人都可以作出发现或找到新的真理。这样，真理的发现不再属于那些具有特殊才能或超常智慧的人们。笛卡儿一直在思索，一个人如何才能获得真理。他给自己提出的任务是找出确定真理的方法。他说，在一次梦中他得到了答案："几何学家惯于在最困难的证明中，利用一长串简单而容易的推理来得出最后的结论。"这使他坚信："所有人们能够了解和知道的东西，也同样是互相联系着的……"然后，他断定，一个坚实的哲学体系只有利用几何学家的方法才能推导出来，因为只有他们使用清晰、无可怀疑的推理，才能得出无可怀疑的真理。他认为："数学是一种知识工具，比任何其他的工具更有威力。"他希望从中发展出一些基本原理，使之能为所有领域得到精确知识提供方法，或者，如笛卡儿说的成为一种"万能数学"。也就是，他打算普及和推

⊖ 张顺燕：《数学的思想、方法和应用》，北京大学出版社，1997，第102-103页。

⊖ 易南轩、王芝平：《多元视角下的数学文化》，科学出版社，2007，第147-151页。

广数学家们使用的方法，以便使这些方法应用于所有的研究领域之中。这种方法将对所有的思想建立一个合理、演绎的结构。经过精心构思，他在《方法论》中列出四条研究方法或原则：

（1）只承认完全明晰清楚、不容怀疑的事物为真实。

（2）分析困难对象到足够求解的小单位。

（3）从最简单、最易懂的对象开始，依照先后次序，一步一步地达到更为复杂的对象。

（4）列举一切可能，一个都不放过。

笛卡儿确信，仿效数学发现中的成功方法，将会引出其他领域的成功发现。

马克思在《资本论》的第一卷第二版的《跋》中写了他写《资本论》的指导思想：①排除不可靠的说法。②将资本分解到最简单的单位——商品，再剖析其中的价值和劳动。③从此开始一步步引向最复杂的资本主义的社会结构及其运转。④任何一点也不漏过。可见，其思想多么相似。整体可以分解为部分之和，这就是分析法。

通过分析法研究某一事物的概念在 17、18 世纪的思想界极为流行。亚当·斯密在 1776 年写出《国富论》，其中借助劳动分工概念分析了经济系统竞争的结果。笛卡儿的分析法还用于社会分工中。例如，法国大革命时期，法国数学家兼工程师普隆尼接受了政府的一项任务：计算对数表和三角函数表。据他自己讲，他是使用亚当·斯密关于社会分工的思想来做这项工作的。他将工作分为三个层次：少数数学家决定计算什么函数，工程师们将有关函数转化为加减运算，最后，大多数低水平的人用计算器做加减运算。这一思想到 19 世纪被计算机的先驱巴贝奇用来设计计算机。巴贝奇的思想脉络可以在他的书《机械系统》中的《论脑力劳动分工》一章中找到。他把普隆尼的方法融入计算机的设计中。笛卡儿的"分割—求解"的方法引出了计算机的设计及以后的程序设计，这是始料不及的。

由此，大家可以看到数学方法所具有的普遍意义。因此，我们常说数学具有非常深刻的教育意义，意即在此。同时，我们还常说数学是科学的方法论，意也在此。

 思考题

1. 简述解析几何的基本思想与基本方法。

2. 简述解析几何的两个基本观念。

3. 简述解析几何的意义。

4. 简述笛卡儿的《方法论》的基本思想。

第6章　微积分的思想、方法与意义

微积分，或者数学分析，是人类思维的伟大成果之一。它处于自然科学与人文科学之间的地位，使它成为高等教育的一种特别有效的工具。遗憾的是，微积分的教育方法有时过于呆板，不能体现出这门科学乃是一种撼人心灵的智力奋斗的结晶；这种奋斗已经历了2500多年之久，深深扎根于人类活动的许多领域，并且，只要人类认识自己和认识自然的努力一日不止，这种奋斗就将继续不已。

——R. 库兰特

初等数学，即常数的数学，至少就总的说来，是在形式逻辑的范围内活动的，而变数的数学——其中最重要的部分是微积分，按其本质来说也不是别的，而是辩证法在数学方面的应用。

——恩格斯

微积分的发展是数学史上最壮丽的篇章，被誉为数学史上划时代的里程碑。它凝聚了几千年来中外众多科学家的心血，成为众多数学分支的理论基础。微积分的发展经过了萌芽、酝酿、创立、完善与发展五个阶段。

（1）早在古希腊时期，欧多克斯提出了穷竭法，这是极限理论的先驱。而真正使穷竭法成为微积分萌芽的当推阿基米德，他使用穷竭法来求弓形的面积。遗憾的是后来罗马帝国灭亡了古希腊，阿基米德也在破城之际被士兵杀害，西方数学的发展从此几乎停止。这时，中国的刘徽提出了割圆术，这是极限思想的成功运用。

（2）从17世纪中叶开始，微积分正式进入了酝酿阶段。开普勒发展了阿基米德求面积的方法，并将其运用到天文学中，给出了著名的开普勒三大定律；卡瓦列里出版了影响巨大的《不可分量几何学》；到17世纪上半叶，微积分的奠基工作已在紧锣密鼓地进行了。

（3）牛顿和莱布尼茨在前人的基础上博采众长，分别在两个不同的领域——物理学和几何学，各自独立地创立了微积分。他们将前人的结论加以总结和发展，给出了"流数术"和"微分三角形"等系统理论。

（4）微积分的完善时期。在微积分的创立过程中，人们由于忽视了其理论的严密性，因此，留下了一些致命的缺陷。这个缺陷被英国的贝克莱大主教发现，对"无穷小"概念提出了质疑，称它是一个"幽灵"——当需要的时候它可以为零，不需要的时候它可以非零，这种似零非零完全打乱了微积分理论的严谨性。这时，欧拉、柯西和魏尔斯特拉斯等数学家通过他们的工作，创立了严格的极限理论，并将微积分建立在极限理论的基础之上，从而解决了上述问题。自此微积分才完善起来。

（5）微积分的发展时期。微积分并没有因为其极限理论的建立而停止前进的步伐，而是在20世纪继续大踏步地前进，其标志性的成果是勒贝格积分与非标准分析的发展。

6.1 微积分产生的背景

微积分的酝酿是在 17 世纪中期到 17 世纪末这半个世纪。让我们先回顾一下当时自然科学、天文学和力学领域所发生的重大事件。

1608 年伽利略的第一架望远镜的制成，不仅引起了人们对天文学研究的热情，而且还推动了光学的研究。

开普勒通过观测归纳出三条行星运动定律：

（1）行星运动的轨道是椭圆，太阳位于该椭圆的一个焦点。

（2）由太阳到行星的焦半径在相等的时间内扫过的面积相等（见图 6-1）。

（3）行星绕太阳公转周期的平方，与其椭圆轨道的半长轴的立方成正比。

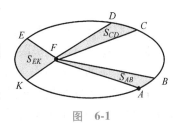

图 6-1

最后一条定律是 1619 年公布的，而从数学上推证开普勒的经验定律，成为当时自然科学的中心课题之一。1638 年伽利略《关于两门新科学的对话》出版，为动力学奠定了基础，促使人们开始对动力学概念与定律做出精确的数学描述。望远镜的光程设计需要确定透镜曲面上任一点的法线和求曲线的切线，而炮弹的最大射程和求行星的轨道的近日点、远日点等涉及求函数的最大值、最小值等问题；而求曲线所围成的面积、曲线长、重心和引力计算也激发了人们的兴趣。

几乎所有的科学大师都致力于为解决这些难题而寻求一种新的数学工具。正是为解决这些疑难问题，一门新的学科——微积分应运而生了。

微积分的创立，归结为处理以下几类问题：

（1）已知物体运动的路程与时间的关系，求物体在任意时刻的速度和加速度；反之，已知物体运动的加速度与速度，求物体任意时刻的速度与路程。

（2）求曲线的切线，这是一个纯几何问题，但对科学应用具有重大意义，如透镜的设计、运动物体在它运动轨迹上任一点处的运动方向（就是过该点切线的方向）等。

（3）求函数的最大值与最小值，前面提到的弹道射程问题，行星轨道的近日点、远日点等问题都属于这一类问题。

（4）求积问题，包括求曲线长、曲线所围面积、曲面所围体积等。

这些问题的解决，原有的研究常量、静止的数学工具与方法已经无能为力了，只有在变量引入数学，能描述运动过程的新数学工具——微积分创立后，上面的这些难题才得以解决。其中最重要的是速度和距离，以及曲线的切线和曲线下的面积这两类问题。正是为了解决这两类问题，才导致了牛顿和莱布尼茨两人各自独立创立了微积分。

6.2 微积分的早期发展史

微积分是人类思想的伟大成果之一。微积分思想从酝酿到诞生，是 2000 多年来无数数学家心血凝结的成果，深深扎根于人类活动的许多领域。了解、学习微积分思想概念的发展史，将会使我们获益良多。从历史来看，积分学的思想萌芽要比微分学的思想萌芽早得多。下面首先介绍一些在积分学早期阶段做出贡献的先贤们的工作。

6.2.1 古代中国的朴素积分思想

魏晋时期刘徽的"割圆术"是用圆内接正六边形、正十二边形、正二十四边形的面积去代替圆的面积；南北朝时期，祖冲之之子祖暅所创立的"祖暅原理"等，都隐含着一种极限的概念，是积分学的一种朴素思想。

6.2.2 欧多克斯的穷竭法及阿基米德对穷竭思想的重大贡献

古希腊的智者认为圆的面积可以取作边数不断增加时它的内接和外切正多边形的面积的平均值。这是西方应用极限思想计算圆的面积的最早设想，对这一思想做出重大发展的是欧多克斯，相应的方法叫作"穷竭法"。欧多克斯是古希腊柏拉图时代伟大的数学家和天文学家。这一方法被欧几里得记述在《几何原本》第12卷中。继欧多克斯和欧几里得之后，阿基米德对穷竭法做出了重要的贡献。这位"数学之神"将穷竭法巧妙地用于求弓形的面积和球的体积。

阿基米德于约公元前287年出生于西西里岛的叙拉古。公元前212年，罗马人攻陷叙拉古城时，阿基米德正在潜心研究画在沙盘里的几何图形。一个刚攻进城的罗马士兵向他跑来，身影落在沙盘里的图形上，他挥手让士兵离开，以免弄乱了他的图形，恼怒的罗马士兵用长矛将他刺死。这是许多人都知道的一个故事。阿基米德之死象征着一个时代的结束，代之而起的是罗马文明。

阿基米德有10部著作流传至今，在《论球和柱体》一书中首先推出了球和球冠的表面积及球和球缺的体积。他的证明是基于由线组成平面图形，由平面组成立体图形，并利用杠杆平衡理论推出球的体积公式，然后用穷竭法给予严格证明。这表现出阿基米德极高的数学素养。阿基米德对自己所做出的贡献十分满意，尤其是球的体积公式的推出，以至于他希望将一个内切于等边圆柱的球的图形刻在自己的墓碑上。当罗马将军马赛拉斯得知阿基米德在叙拉古被杀时，为阿基米德举行了隆重的葬礼，并为阿基米德立了一块墓碑，上面刻着他生前要求刻的图形，以此表示对阿基米德的尊敬（见图6-2）。

图 6-2

6.2.3 开普勒的求面积新法

1615年，德国天文学家开普勒出版了《葡萄酒桶的新立体几何》，书中介绍了他独创的求面积和体积的新方法。如求圆的面积是把圆分割成无穷多个小扇形。因为太小了，所以小扇形又可以用小等腰三角形来代替，这样就得到：

$$S = \frac{1}{2}R \cdot AB + \frac{1}{2}R \cdot BC + \cdots = \frac{1}{2}R(AB + BC + \cdots) = \frac{1}{2}R \cdot 2\pi R = \pi R^2$$

6.2.4 卡瓦列里的"不可分量法"

卡瓦列里1598年出生于意大利的米兰，是伽利略的学生。他的最大贡献是1635年在意大利出版了《不可分量几何学》一书。卡瓦列里确定平面图形的大小是用一系列平行线（如图6-3所示，在图上画了无穷多条平行线），而确定立体图形是用一系列平行平面。这些直线（或平面）便是不可分量。

卡瓦列里计算平面面积和立体体积是基于以下原理：如果两个平面片（立体）处于两条平行线（两个平行平面）之间，并且平行于这两条平行线（两个平行平面）的任何直线（平面）与这两个平面（立体）相交，所截两线段长度（所得两截面面积）相等，那么这两个平面（立体）的面积（体积）相等（见图6-4、图6-5）。利用卡瓦列里原理，可得球体积

$$V_{球} = 2(V_{圆柱} - V_{圆锥}) = 2\left(\pi r^3 - \frac{\pi r^3}{3}\right) = \frac{4\pi r^3}{3}$$

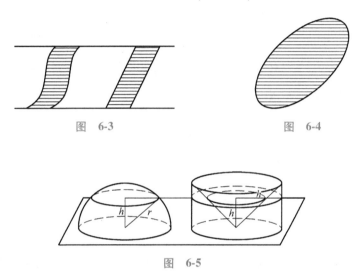

图　6-3　　　　　　　　　　图　6-4

图　6-5

卡瓦列里的"不可分量法"可以说是积分原理的基础，被认为是当时最好的方法，它与现在的定积分、二重积分有着千丝万缕的关联。例如，他在1639年利用平面上的不可分量原理建立了等价于下列积分：

$$\int_0^a x^n \, \mathrm{d}x = \frac{a^{n+1}}{n+1}$$

的基本原理，使早期积分学实现了体积计算的现实原型向一般算法的过渡。

▶▶ 6.2.5　费马的工作

费马是法国业余数学家，30岁后才开始研究数学，但对数论、解析几何、概率论和微积分都有重大的贡献。他对微积分的主要贡献有以下两个方面。

（1）求函数的极大值、极小值的方法。设e是一个很小的量，由$f(x+e)$与$f(x)$的值几乎相等，可先假定$f(x+e)=f(x)$，然后让$e=0$，消去e，得一方程，这个方程的根即函数$f(x)$的极大值或极小值。

（2）求切线的方法。1637年，费马在他的手稿《求最大值和最小值的方法》中给出了一种求曲线的切线的方法：设曲线的方程为$F(x, y)=0$，现要求该曲线上过点$P(x, y)$的切线。设PT是过点P的切线与x轴相交于点T，得点P在x轴上的射影为点Q。费马称TQ为次切

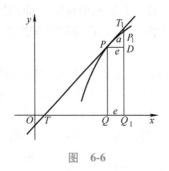

图 6-6

线，因此，只要求出 TQ 之长确定点 T 的位置后，则切线 PT 便可作出了（见图 6-6）。设点 T_1 是切线 PT 上点 P 邻近的一点，点 T_1 在 x 轴上的投影为点 Q_1，则 QQ_1 可以看成 TQ 的增量。设其长度为 e。因为 $\triangle TQP \backsim \triangle PDT_1$，从而有 $\dfrac{TQ}{PQ} = \dfrac{PD}{T_1D}$。设 T_1Q_1 与曲线相交于点 P_1，费马认为当 e 很小时，T_1D 与 P_1D 差不多相等，因此，有

$$\frac{TQ}{f(x)} = \frac{e}{f(x+e)-f(x)}$$

当曲线是 $f(x) = x^2$ 时，

$$TQ = \frac{e \cdot x^2}{(x+e)^2 - x^2} = \frac{x^2}{2x+e} \xrightarrow{e=0} TQ = \frac{x}{2}$$

▶▶ 6.2.6　巴罗的工作

巴罗是牛顿的老师，是英国剑桥大学第一任卢卡斯数学教授，也是英国皇家学会首批会员。当他发现和认识到牛顿的杰出才能时，便于 1669 年辞去卢卡斯数学教授的职位，举荐自己的学生——当时才 27 岁的牛顿来担任。巴罗让贤已成为科学史上的佳话。巴罗在他最重要的科学著作《几何学讲义》中介绍了"通过计算求切线的方法"，同现在的求导数过程已十分相近。他已察觉到切线问题与求积问题的互逆关系，但执着于几何思维阻碍了他进一步逼近微积分的基本定理。他利用微分三角形（也称特征三角形）求出了曲线的斜率。他的方法的实质是把切线看成割线的极限位置，并利用忽略高阶无穷小来取极限。

巴罗是从 $\triangle PDT_1$ 出发（见图 6-6），并称此三角形为微分三角形（特征三角形）。巴罗认为当夹在 PT_1 间的弧足够小时，可以放心地将它与过点 P 的切线等同起来。例如，他在求曲线 $y^2 = px$ 的切线时，先用 $x+e$ 代替 x，用 $y+\alpha$ 代替 y，这时有 $y^2 + 2\alpha y + \alpha^2 = px + pe$，消去 $y^2 = px$，得到 $2\alpha y + \alpha^2 = pe$，去掉 α^2 项后，由此得出 $\dfrac{\alpha}{e} = \dfrac{p}{2y}$，然后如前面所说"将弧和切线等同起来"，则有 $\dfrac{\alpha}{e} = \dfrac{T_1D}{PD}$，因而有 $\dfrac{PQ}{TQ} = \dfrac{p}{2y}$。因为 PQ 即 y，所以可算出次切线 $TQ = \dfrac{2y^2}{p}$，从而可以确定点 T 的位置。

巴罗应用微分三角形技术求切线实质上已经是在求函数的导数，只是他没有认识到这一点。用今天的语言来描述，牛顿从巴罗的工作认识到了 $\dfrac{\alpha}{e}$ 的实质是两个变量增量的比 $\dfrac{\Delta y}{\Delta x}$，

它的极限就是曲线切线的斜率。

6.3 微积分的诞生

17 世纪后半期，牛顿和莱布尼茨在前人研究的基础上，以其卓越的才能共同建立起了微积分的基本定理——牛顿-莱布尼茨公式，并建立起了一套系统的、强有力的无穷小算法。这使他俩成为微积分的奠基人。下面简要介绍一下这两位微积分奠基者的主要工作。

▶▶ 6.3.1 牛顿的工作

1643 年，在英国一个偏僻的小村庄的农场里，一位不久前寡居的主妇生下了一个弱不禁风的早产儿。这个孩子就是后来闻名于全世界的科学家艾萨克·牛顿（1643—1727）。

1661 年 6 月，牛顿以"减费生"的身份考入剑桥大学三一学院。牛顿从小就有一个好习惯，爱动手做一些小机械之类的玩意。入学后，牛顿遇到他的恩师巴罗。在巴罗的悉心栽培下，牛顿的学业进步很大。1665 年，英国发生了一场大瘟疫，学校放了假，牛顿又回到了老家，开始了科学研究。

在故乡的 3 年间，牛顿发现了万有引力定律及其证明；通过分解太阳光，揭开了光颜色的秘密；创立了微积分。据他自述，牛顿于 1664 年开始对微积分问题的研究，并于 1665 年夏至 1667 年春在家乡躲避瘟疫期间取得突破性进展。当伦敦地区的鼠疫结束后，为了获得硕士学位，牛顿又回到了剑桥大学，随后成了一名研究生。27 岁那年，他的导师巴罗意识到，牛顿至少是一位在数学方面认真研究、有潜力的学者，于是决定辞去他的教授职位，让牛顿来接替。牛顿成了教授。

1672 年 2 月，牛顿发表了关于太阳光组成的论文，附带谈了一些自然哲学的思想。1684 年 12 月，他在数学家与天文学家哈雷的鼓励下发表了关于彗星轨迹的研究论文。1687 年，在哈雷的劝说和财力上的鼎力支持下，集牛顿研究成果之大成的《自然哲学的数学原理》（*Mathematical Principles of Natural Philosophy*，1687）（简称《原理》）一书出版。这部著作问世后，牛顿终于得到了人们的普遍赞誉。《原理》一书一版再版，到 1789 年为止，该书出版了英文版，法文版，拉丁文版，德文版……牛顿声名显赫，只有近代的爱因斯坦才可以与他媲美。

从 1665 年开始到 1691 年，牛顿对微积分的创造性成果主要如下：

1665 年 1 月，建立"正流数术"，讨论了微分方法。

1665 年 5 月，建立"反流数术"，讨论了积分方法；10 月，将其研究成果写成"流数简论"，虽未发表，但已在同事间传阅，这是历史上第一篇系统的微积分文献。

1669 年，写成《运用无穷多项方程的分析学》（简称《分析学》，由此后人称以微积分为主要内容的相关学科为"数学分析"）。

1671 年，写成《流数法和无穷级数》（简称《流数法》）。

1687 年，写成《自然哲学的数学原理》（简称《原理》）。这本巨著使牛顿成为当之无愧的数学领袖。

1691 年，写成《曲线求积术》（简称《求积术》）。

牛顿把那些"无限增加的量"称为"流量"，用字母 x, y, z 等来表示；把方程中"已知的确定的量"用字母 a，b，c 等来表示；把每个流量由于产生它的运动而获得增加速度，叫作"流数"（或直接称为速度），用带点的字母 $\dot{x}$，$\dot{y}$，$\dot{z}$ 等来表示。

牛顿在"流数简论"中提出了以下两类微积分基本问题：

（1）已知各流数间的关系，试确定流数之比。

（2）已知一个包含一些流量的流数的方程，试求这些流量间的关系。

这显然是两个互逆问题。限于篇幅，我们不再详细说明牛顿的流数术。

牛顿一生关于微积分的主要著作有三部：《运用无穷多项方程的分析学》《流数法和无穷级数》和《曲线求积术》。牛顿主要是从运动学角度来研究和建立微积分的。牛顿在《自然哲学的数学原理》一书中，运用他创立的微积分这一实用的数学工具建立了经典力学完整而严密的体系，把天体力学和地面上的力学统一起来，实现了物理学史上第一次大的综合。因此，《自然哲学的数学原理》是科学史上最有影响、享誉最高的著作之一，在爱因斯坦相对论出现之前，这部著作是整个物理学和天文学的基础。

▶▶ 6.3.2　莱布尼茨的工作

莱布尼茨（1646—1716），德国最重要的自然科学家、数学家、物理学家、历史学家和哲学家，和牛顿同为微积分的创始人。1661 年，15 岁的莱布尼茨进入莱比锡大学学习法律。1663 年 5 月，他以《论个体原则方面的形而上学争论》一文获学士学位。这期间莱布尼茨还广泛阅读了培根、开普勒、伽利略等人的著作，并对他们的著作进行了深入的思考和评价。在听了欧几里得的"几何原本"课程后，莱布尼茨对数学产生了浓厚的兴趣。1664 年 1 月，莱布尼茨完成了论文《论法学之艰难》，获哲学硕士学位。1665 年，莱布尼茨向莱比锡大学提交了博士论文《论身份》。1666 年，审查委员会以他太年轻（年仅 20 岁）而拒绝授予他法学博士学位。他对此很气愤，于是离开莱比锡，前往纽伦堡附近的阿尔特多夫大学，并立即向学校提交了早已准备好的博士论文。1667 年 2 月，阿尔特多夫大学授予他法学博士学位，还聘请他为法学教授。

1667 年，莱布尼茨发表了他的第一篇数学论文《论组合的艺术》。这是一篇关于数理逻辑的文章，其基本思想是想把理论的真理性论证归结于一种计算的结果。这篇论文虽不够成熟，但闪耀着创新的智慧和数学的才华，后来的一系列工作使他成为数理逻辑的创始人。

与牛顿的切入点不同，莱布尼茨创立微积分是出于对几何问题的思考，尤其是特征三角形的研究。1684 年 10 月，莱布尼茨在《教师学报》上发表了一篇名为《一种求极大值与极小值和切线的新方法》的文章，这是最早的微分学文献。文章对微分学的基本内容都做了初步的阐述，包含了微分记号，以及函数和、差、积、商、幂与方根的微分法则，还包含了微分法在求极值、拐点及光学等方面的应用。1686 年，莱布尼茨又发表了他的第一篇积分学论文，初步论述了积分或求积问题与微分或切线问题的互逆关系，谈到了变量替换法、分部积分法、利用部分分式求有理数的积分等，并给出了摆线方程。莱布尼茨还设计了一套微积分的符号，如 $\mathrm{d}x$，$\mathrm{d}y$，$\dfrac{\mathrm{d}y}{\mathrm{d}x}$，$\int$ 等，一直使用到今天。

莱布尼茨的一些结果是下面这些我们熟知的结论的基础：一阶微分的形式不变性、复合函数求导数的链式法则、不定积分的换元法。1677 年，莱布尼茨在他的手稿中表述了微积分基本定理：

$$\int_a^b f(x)\,\mathrm{d}x = F(b) - F(a)$$

并明确指出积分表示曲线 $f(x)$ 在区间 $[a, b]$ 的面积。

牛顿在 1687 年出版的《自然哲学的数学原理》的第 1 版和第 2 版写道："10 年前在我和最杰出的几何学家莱布尼茨的通信中,我表明我已经知道确定极大值和极小值的方法、画切线的方法,以及类似的方法,但我在交换的信件中隐瞒了这些方法。……这位最卓越的科学家在回信中写到,他也发现了一种同样的方法。他叙述了他的方法,与我的方法几乎没有什么不同,除他的措辞和符号之外。"但在第 3 版及以后再版时,这段话被删掉了。后来人们公认牛顿和莱布尼茨是各自独立地创建微积分的。

牛顿与莱布尼茨对微积分的主要贡献如下[○]:

(1) 把原来分散于各种特殊问题的方法发展成一种可用于许多类函数的普通方法,使微积分构成了一门独立的学科,可用来处理广泛的问题,而不再是古希腊几何学中某种处理问题的特殊方法。

(2) 在代数的意义上,建立起微积分的记号和运算方法,并在实际应用中可被用来处理许多不同的几何问题和物理问题。

(3) 在微分与积分之间建立一种互逆运算的关系,从而使当时由科学方面所提出的四类问题,即速率、切线、最大值和最小值、求和等,都归结成微分和积分。

(4) 对微积分的基本概念进行了思考和论述。虽然无穷小量、函数等概念在当时都不够明确,但是牛顿和莱布尼茨在这方面的先行思考为后来的进一步探索,包括批判性思考提供了必要的基础。

牛顿从物理学出发,运用集合方法研究微积分,其应用上更多地结合了运动学,造诣高于莱布尼茨;莱布尼茨则从几何问题出发,运用分析学方法引入微积分的概念,得出运算法则,其数学的严密性与系统性是牛顿所不及的。莱布尼茨认识到好的数学符号能节省思维劳动,运用符号的技巧是数学成功的关键之一。因此,他所创设的微积分符号远远优于牛顿的符号,对微积分的发展有极大影响。1713 年,莱布尼茨发表了《微积分的历史和起源》一文,总结了自己创立微积分的思路,说明了自己成就的独立性。

6.4　微积分的发展

6.4.1　18 世纪微积分的发展

17 世纪由牛顿和莱布尼茨创立的微积分到 18 世纪得到蓬勃的发展。其中对微积分理论做出巨大贡献的主要有泰勒、麦克劳林、托马斯·辛普生、棣莫弗、伯努利兄弟、欧拉、洛必达、达朗贝尔、拉普拉斯、拉格朗日、勒让德等人。例如,泰勒给出了著名的泰勒公式:

如果函数 $f(x)$ 在含有 x 的某个开区间 (a, b) 内有直到 $(n+1)$ 阶的导数,则对任一 $x \in (a, b)$,有

$$f(x+h) = f(x) + h\,f'(x) + \frac{h^2}{2!}f''(x) + \cdots + \frac{h^n}{n!}f^{(n)}(x) + R_n(x)$$

○　郑毓信、王宪昌、蔡仲:《数学文化学》,四川教育出版社,2000,第 173-174 页。

其中对 18 世纪微积分做出最重大贡献的应是欧拉。微积分应被看成建立在微分基础上的函数理论，将函数放在中心地位，是 18 世纪微积分发展的一个历史性转折。在这方面，欧拉明确地区分了代数函数与超越函数、显函数与隐函数、单值函数与多值函数等，并明确宣布："数学分析是关于函数的科学。"他的《无限小分析引论》《微分学原理》与《积分学原理》都是微积分史上里程碑式的著作；他同时引入了一批直至现在仍沿用的标准符号，如函数符号 $f(x)$、求和符号 Σ、自然常数 e、虚单位 i 等。

18 世纪的数学家们，一方面，努力克服微积分的不严密性；另一方面，不顾基础问题的困难而积极地扩展微积分的应用范围，尤其是与力学的有机结合，使其成为 18 世纪数学的鲜明特征之一。微积分的这种广泛应用成为新思想的源泉，一大批新的数学分支在 18 世纪逐渐成长起来，如常微分方程与动力系统、偏微分方程、变分法、复分析、微分几何等。

▶▶ 6.4.2　19 世纪微积分现代理论的确立

19 世纪初期，由于在微积分发展的初期还没有来得及夯实其理论基础，因此，常遭到种种非议（参见第 10 章《悖论与三次数学危机》中的第二次数学危机）。数学家们开始了微积分理论基础的重建与严格化等工作。

我们首先应该提到的是现代数学分析学的奠基人、法国数学家柯西。他在 1821—1823 年出版的《分析教程》和《无穷小计算讲义》是数学史上划时代的著作。书中给出了微积分一系列基本概念的精确定义。他给出了精确的极限定义，然后用极限定义连续性、导数、微分、定积分和无穷级数的收敛性，将微积分建立在极限理论的基础上。柯西的工作在一定程度上澄清了微积分基础问题上长期存在的混乱，向分析的全面严格化迈出了关键的一步。

随着微积分理论基础研究的深入，需要对实数做更深刻的理解。德国数学家魏尔斯特拉斯引入了精确的"ε-N""ε-δ"等一系列数学语言，给出了实数与极限的准确描述。特别地，他引进了一致收敛的概念，消除了以往微积分中不断出现的各种异议和混乱。魏尔斯特拉斯所倡导的"分析算术化"纲领，使他获得了"现代分析之父"的称号。这样，微积分所有的基本概念都可通过实数和它们的基本运算关系精确地表述出来。由此便建立起了分析基础的逻辑顺序：实数系——极限论——微积分。

我们还要提到捷克数学家波尔查诺，是他开始将严格的论证引入到数学分析，堪称是微积分极限理论奠基的先驱。1850 年，他出版了《无穷的悖论》。

▶▶ 6.4.3　20 世纪微积分的新发展

19 世纪末，分析的严格化迫使许多数学家认真考虑所谓的"病态函数"，特别是不连续函数和不可微函数，并研究如何把积分的概念推广到更广泛的函数。1902 年，法国数学家勒贝格（1875—1941）以集合论的"测度"概念而建立了"勒贝格积分"，使一些原先在黎曼意义下不可积的函数按勒贝格的意义变得可积，并在此基础上进一步推广了许多微积分的基本概念，重建了微积分基本定理，形成了一门新的数学分支——实变函数论。它使微积分的适用范围大大扩展，引起数学分析的深刻变化。作为分水岭，人们往往把勒贝格以前的分析学称为"经典分析"，而把由勒贝格积分引出的以实变函数论为基础而开拓出来的分析学称为"现代分析"。进一步地，20 世纪初由法国数学家阿达玛、弗雷歇等人在变分法的研究中给出了一些泛函分析的基本概念，并将普通的微积分演算推广到函数空间方面。抽象空间理论与泛函分析在 20

世纪上半叶的巨大发展则是由波兰数学家巴拿赫推进的。他提出了比希尔伯特空间更一般的赋范空间——巴拿赫空间，极大地拓广了泛函分析的研究范围。泛函分析有力地推动了其他分析分支的发展，使整个分析领域的面貌发生了巨大变化。泛函分析的观点与方法还广泛地渗透到其他科学和技术领域。

这里，我们还要提到，1966 年鲁宾孙为无穷小概念提供逻辑基础时又提出了非标准分析。微积分这部无穷的交响乐还在不停地演奏着。

▶ *6.4.4 新的数学分支

在 18 世纪，数学家们实际上已经开始了微积分严格化的努力，但是他们的主要精力仍然放在微积分的应用上，而形成了微分方程、变分法、微分几何等新的数学分支。

1. 微分方程

微分方程包括常微分方程与偏微分方程，是伴随微积分一起发展起来的。牛顿与莱布尼茨都研究过有关常微分方程问题。1690 年，雅各布·伯努利提出了悬链线问题：求一根柔软但不能伸长的绳子自由悬挂于两定点而形成的曲线。1691 年，莱布尼茨、惠更斯（1629—1695）、约翰·伯努利都给出答案，特别是约翰·伯努利建立了一个常微分方程：

$$\frac{\mathrm{d}y}{\mathrm{d}x}=\frac{s}{c}$$

从而求出悬链线方程：

$$y=c\cosh\frac{x}{c}$$

1691 年，莱布尼茨开始用分离变量法研究形如

$$y\frac{\mathrm{d}x}{\mathrm{d}y}=f(x)g(y)$$

类型的方程；1696 年，他运用变量替换法研究雅各布·伯努利于 1695 年提出的方程（现在称为伯努利方程）：

$$\frac{\mathrm{d}y}{\mathrm{d}x}=p(x)y+q(x)y^{n}$$

伯努利兄弟的工作也推进了分离变量法与变量替换法的研究。

1734—1735 年，欧拉提出了解一阶常微分方程：

$$M\mathrm{d}x+N\mathrm{d}y=0$$

的"积分因子法"。1739—1740 年，克莱洛（1713—1765）也独立地提出了这一方法。这样，至 1740 年，几乎所有求解一阶微分方程的方法都已经出现。

1724 年，意大利数学家黎卡提提出了所谓的"黎卡提方程"：

$$\frac{\mathrm{d}y}{\mathrm{d}x}+a(x)y^{2}=f(x)$$

引入了通过变量替换将二阶方程"降阶"为一阶方程的"降阶法"。1724 年，欧拉在一篇论文中引入了指数代换法，将三类相当广泛的二阶方程化为一阶方程。1743 年，欧拉提出利用指数

⊖ 李文林：《数学史概论（第 3 版）》，科学出版社，2010，第 189-199 页。

代换

$$y = e^{qx}(q \text{ 为常数})$$

引入特征方程，得到关于 n 阶常系数线性齐次方程的完整解法。

1774—1775 年，拉格朗日提出用参数变易法解一般 n 阶变系数非齐次线性微分方程的方法，而简易参数变易法的应用始于牛顿和约翰·伯努利等。

1747 年，达朗贝尔发表了论文《张紧的弦振动时形成的曲线研究》，引发了偏微分方程的研究。1749 年，欧拉在《论弦的振动》中也进行了类似的研究。1753 年，丹尼尔·伯努利（约翰·伯努利的二儿子）在假定所有的初始曲线均可表示为正弦级数的意义下进行了类似研究。但是，他的研究结果引起了达朗贝尔、欧拉等人的严重不满，从而引起了关于"每一个函数是否都可以表示为三角级数"的争论，其结果就是 19 世纪傅里叶级数的诞生。

2. 变分法

1696 年 6 月，约翰·伯努利在《教师学报》上提出了"最速降线问题"：求出两点间的一条曲线，使质点在重力作用下沿着它由一点至另一点降落速度最快，并以此问题向其他数学家挑战。由于无人回答，因此，他在 1697 年 1 月发表"公告"，再次提出挑战，其中的一句话"能够解决这一非凡问题的人寥寥无几，即使是那些对自己的方法自视甚高的人也不例外"，还被认为是影射牛顿。1 月 29 日，牛顿在一封来信中看到了伯努利的挑战，并在晚饭后的一段时间内给出了正确的答案：摆线（也称旋轮线），并写成一篇短文匿名发表在《哲学汇刊》上。几乎在差不多的时间，莱布尼茨、洛必达、雅各布·伯努利，以及约翰·伯努利自己都得到了正确答案，他们的解答都发表在同年 5 月的《教师学报》上。更重要的是，牛顿与雅各布·伯努利等人的工作还揭示了这一问题区别于普通极值问题的重要特征。这些工作及同时期出现的等周问题、测地线问题⊖等引导了一个新的数学分支——变分法。

所谓变分法，就是寻求变量

$$J(y) = \int_{x_1}^{x_2} f(x, y, y') \, \mathrm{d}x$$

的极值问题。这个积分 $J(y)$ 的值依赖于未知函数，是函数的函数，也就是泛函。

1728 年，欧拉开始研究变分法问题。他解决了特殊曲面上的测地线问题，并在后来把其推广为一般变分问题。1736 年，他给出一个重要结论：

使 $J(y)$ 达到极大值或极小值的函数必须满足微分方程（后被称为欧拉方程）：

$$f_y - \frac{\mathrm{d}f_{y'}}{\mathrm{d}x} = 0$$

此后，他不断改进其方法，以解决一些更一般的问题。这些成果都集中在 1744 年出版的《求具有某种极大或者极小性质的曲线的技巧》一书中。这本书的出版，标志着"变分法"作为一个数学分支正式诞生。但是，欧拉的工作还不能提供一个统一的方法。

欧拉的工作引起了拉格朗日的注意。1755 年 8 月，在他给欧拉的一封信中，称这种方法为"变分方法"。他引入了泛函数 J 的变分概念

$$\delta J = \int_{x_1}^{x_2} (f_y \delta y + f_{y'} \delta y') \, \mathrm{d}x$$

⊖ 连接曲面上两点之间的无穷多条曲线中，最短（或最长）的一条曲线称为测地线。

这样，拉格朗日引入了一个纯分析的方法，对这一范围极广的问题提供了系统的方法。

欧拉收到拉格朗日的信后，于 1756 年 9 月两次在柏林科学院宣读论文，并正式用"变分演算"作为论文标题，其论文于 1764 年正式发表。1806 年，拉格朗日出版其著作《函数演算讲义（第 2 版）》，把变分法纳入他的数学分析大厦中。

3. 微分几何

微分几何是用分析方法研究几何。历史上第一次出现的微分几何概念是曲率——对曲线或曲面弯曲程度的度量。1665 年，牛顿对曲线上的每一点定义其密切圆，而把该圆的圆心称为密率中心，把该圆的半径（即曲率半径）ρ 的倒数称为曲率 κ。1671 年，牛顿发现了曲率半径的表达式：

$$\rho = \frac{\left[1+\left(\dfrac{dy}{dx}\right)^2\right]^{\frac{3}{2}}}{\dfrac{d^2 y}{dx^2}}$$

曲线 C 的曲率中心的轨迹 C' 称为曲线 C 的渐开线。1673 年，惠更斯利用旋轮线的渐开线也是旋轮线设计了旋轮摆，使旋轮线有了应用。1691 年，约翰·伯努利发现了曳物线是悬链线的渐开线。1692 年，雅各布·伯努利发现对数螺线的渐开线仍是对数螺线。1761 年，高斯的老师凯斯特纳给出了曲率的一个直观的定义：它可以表示为切线的方向角（θ）沿曲线对弧长（s）转动的速率，即

$$\kappa = \frac{d\theta}{ds}$$

这个定义与牛顿的定义等价，且非常实用，一直沿用至今。

1731 年，克莱洛在他的双曲率曲线的研究中开始系统地研究空间曲线问题。他的方法是把曲线投影到三个坐标面的解析几何方法。1771 年，蒙日（1746—1818）给出了空间曲线的法平面方程、曲率半径，还定义了可展曲面，并有了挠率的直观概念。1805 年，蒙日的学生朗克利给出挠率的表达式，瓦莱于 1819 年正式给出该表达式的名称。

空间曲面微分几何的研究始于法国力学家帕朗。他在 1700 年给出了球面等特殊曲面的切平面方程。其后，克莱洛、欧拉、蒙日等做了进一步的研究与推广，但都隐含了假设：曲面上每个非奇异点均有切面。直到 1813 年，这一点才由杜潘明确，他证明了结论：曲面上所有通过某一给定点的曲线在该点的切线均在同一平面上。

1926 年，柯西也得到了这一结果。

1760 年，欧拉开始了曲面的曲率的研究。他用复杂的三角方法给出了欧拉定理：曲面上每一点 P 均有法线。用包含法线的平面来截曲面可得平面曲线。欧拉指出，可以计算这些曲线在点 P 的曲率。欧拉还证明了：在点 P 的切平面上，如果各个方向的曲率不恒等，就存在两个互相垂直的方向，使曲率分别达到极大 $\dfrac{1}{f}$ 与极小 $\dfrac{1}{g}$（称这两个方向为主方向）。若某方向与极大主方向成夹角 φ，则该方向的法截线的曲率 $\dfrac{1}{\rho}$ 由下式给出：

───────────

⊖ 胡作玄：《近代数学史》，山东教育出版社，2006，第 474-475 页。

$$\frac{1}{\rho} = \frac{\cos^2\varphi}{f} + \frac{\sin^2\varphi}{g}$$

1776 年，穆尼埃把欧拉的结果推广到曲面的任意截面的曲率。

1784 年，蒙日开始研究曲面。他发现并引入了曲率线的概念——其上每一点的切线均为主方向，并证明了结果：曲面沿着曲率线的法线构成可展曲面[⊖]。1795 年，蒙日发表了论文《关于分析的几何应用》，这是微分几何的第一次系统的论述。他的特点是应用微分方程来表示曲线与曲面的各种性质，而有共同几何性质或用同一种方法生成的一簇曲面应满足某一个偏微分方程。他借用偏微分方程对曲面簇、可展曲面及直纹面等进行了系统研究，获得了大量深刻的结果。同时，他不仅应用分析方法于几何，而且反过来也用几何方法解释微分方程，引入了特征曲线、特征锥（现在也称"蒙日锥"）等至今仍是研究微分方程的几何工具的重要概念与方法，开创了偏微分方程的特征理论。

纵观 17—18 世纪的世界数学发展史，我们可以说，这一时期是现代数学的发轫时期，数学研究对象从常量转向变量，数学研究方法从几何式的综合方法转向计算式的分析方法，数学观念发生了根本性的变革，诞生了解析几何、微积分这些现代数学理论，并解决了前面提出的大量实际问题。但是整体上讲，这一时期的数学理论还不成熟，特别是分析的严格性引起了很多争论，如究竟应如何看待无穷小量、严格的极限运算等，亟须数学家们从理论上予以解决。

6.5 微积分的思想、方法举例

▶ 6.5.1 微元分析法

微积分的基本方法也就是所谓的"微元分析法"，或称为"无穷小分析法"。为了说明这一问题，我们简要回顾一下一般微积分教程中都具有的两个基本问题：速度问题与面积问题。

对于速度问题，如果我们遇到的是匀速直线运动，就可以利用中学物理中最常用的公式：

$$v = \frac{s}{t} \tag{6-1}$$

这里，s 表示物体运动的路程，t 表示物体通过这段路程所用的时间，v 表示速度。运用式（6-1）的前提是要求物体的运动速度保持不变，否则运用该公式只能得到该物体在相应的时间段内的平均速度。当我们需要知道物体运动在某一时刻的"瞬时速度"时，仅得到平均速度就不能满足要求。

同样，对于面积问题，我们在初等数学中学习了许多计算从正方形到扇形等直边或圆弧边图形的面积的公式，但我们不会求任意曲边图形的面积。

这两类问题的实质是旧的计算方法不能解决当前问题实际需要。如何来解决这个矛盾呢？必须引入新的理论和工具。或者说，以前我们遇到的问题都是静态问题，但现在我们遇到的问题是动态问题。如何实现从解决静态问题的方法到解决动态问题方法的转化，就是我们面临的困难。下面以速度问题为例来分析微元分析法的思想。

⊖ 可展曲面是一类结构简单而又非常重要的直纹曲面，分为柱面、锥面与切线曲面（一条曲线的切线形成的曲面）。直纹面 $r=a(u)+vb(u)$ 为可展曲面的条件是 $(a, b, b')=0$。

例 1　（自由落体运动的瞬时速度）伽利略（1564—1642）通过实验确立了自由落体的路程 s 与时间 t 的关系：

$$s(t) = \frac{1}{2}gt^2 \tag{6-2}$$

其中，g 为常数。求在时刻 t_0 落体的瞬时速度 $v_0 = v(t_0)$。

解　第一步：求它的近似值。

首先给一个时间间隔：$t_0 \rightarrow t_0 + \Delta t (\Delta t \neq 0)$。这时落体走过的路程是

$$\Delta s = s(t_0 + \Delta t) - s(t_0) = \frac{1}{2}g(t_0 + \Delta t)^2 - \frac{1}{2}gt_0^2 = gt_0\Delta t + \frac{1}{2}g(\Delta t)^2$$

如果我们假设物体在这段时间内做匀速直线运动，由式（6-1），得到物体的平均速度 $\bar{v}$ 可以作为瞬时速度的一个近似值：

$$\bar{v} = \frac{\Delta s}{\Delta t} = gt_0 + \frac{1}{2}g\Delta t \approx v(t_0)$$

第二步：求极限。

很清楚，只要 $\Delta t \neq 0$，上述平均速度 $\bar{v}$ 就永远只是瞬时速度 v_0 的一个近似值；当然，也很容易知道，当 Δt 变得越小时，$\bar{v}$ 的近似程度就会越高。因此，可以通过减小 Δt 提高 $\bar{v}$ 的精度。这是一个量变的过程，但是量变达到一定的界限，就会引起质变，也即当 $\Delta t \rightarrow 0$ 时，就会实现平均速度向瞬时速度的转化。这也就是极限的意义：

$$v(t_0) = \lim_{\Delta t \to 0}\bar{v} = \lim_{\Delta t \to 0}\left(gt_0 + \frac{1}{2}g\Delta t\right) = gt_0$$

这里是如何实现从解决静态问题到解决动态问题的转化的呢？大家可以看到，极限运算是一个关键。极限运算是微积分中的一个重要工具，叩开了无穷运算的大门，导引了"从量变到质变"的转化过程。我们应该很好地理解它，并能熟练地加以应用。我们用以下的框图（见图 6-7）来表述上述思想。

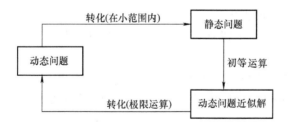

图　6-7

▶▶ 6.5.2　函数的思想、方法

函数是高等数学中最重要的概念之一，也是微积分的主要研究对象。函数的思想、方法是非常深刻的。所谓函数的思想，就是用运动变化的观点来分析与研究所讨论问题中的数量关系，建立函数关系，并通过对函数性质的研究与运算得出问题的数学解。它是研究变量的主要方法，重在揭示问题的数量关系的本质特征，从变量间的联系、发展、变化等角度探讨

与解决问题。一句话，就是运用函数的概念和性质去分析问题、转化问题和解决问题。

大多数高等数学教材都由以下内容组成：函数与极限、一元函数的微积分、多元函数的微积分、级数、常微分方程。它们都以函数为研究对象。在《函数与极限》部分，介绍了函数概念、初等函数的性质、运用极限来描述函数变量的变化趋势、函数的连续性及连续函数的性质；在"一元函数的微积分"部分，介绍了函数的微分方法，中值定理，函数的极值、图像与应用等，函数的积分方法及应用等；在"多元函数的微积分"部分介绍了二元、三元函数的微分、积分方法、性质及应用，以及曲线积分与曲面积分；在"级数"部分介绍了函数的表示，即如何用最简单的多项式函数来描述我们常见的初等函数，其中涉及级数的敛散性、函数的局部逼近等性质；在"常微分方程"部分，探讨以函数的微分形式为元素的方程的运算方法；等等。可见，函数是微积分的最主要研究对象，而函数的思想、方法就构成了微积分问题的结构性思想、方法。

函数的思想的核心包括以下几个方面：分析问题建立函数关系（函数模型）、运用函数的性质与运算（包括极限、导数、积分、级数、微分方程与积分方程等各种微积分运算方法）来得出问题的数学解，对问题的数学解进行实际问题的阐释，必要时进一步地修正函数模型与进一步地运算。高等数学主要是探讨函数的性质与各种运算，以为在运用函数的思想解决问题时提供数学的"工具"。

运用函数的方法解决问题，先是要善于分析挖掘题目中的各种条件（包括隐含条件），构造出合适的函数，并巧妙地运用函数的性质与运算，包括连续性质与运算、微分性质与运算、积分性质与运算、方程的性质与运算、级数的性质与运算，也包括一些不等式的探讨等是应用函数的思想的关键。

例 2[○]　（方桌摆平问题）这是一个非常简单也常见的问题。将一张方桌放置于地面上，常常会出现 3 条腿着地而一条腿悬空的问题，使得桌子产生摇晃。日常生活中常见的方法有旋转桌子、垫东西等。是否一定可以通过对桌子的转动使 4 条腿都着地呢？

为了将问题明确化，我们可以做一系列合理的假设（数学上称为对问题的简化与理想化）：

（1）方桌是正方形，4 条腿垂直桌面且一样长（否则，地面绝对平整时，无解）；

（2）地面虽不平整，但它是一个连续曲面；

（3）方桌的腿的横截面面积可以忽略不计，即可以看成一个点；

（4）不考虑因地面过于倾斜而使桌子倾倒的情况。

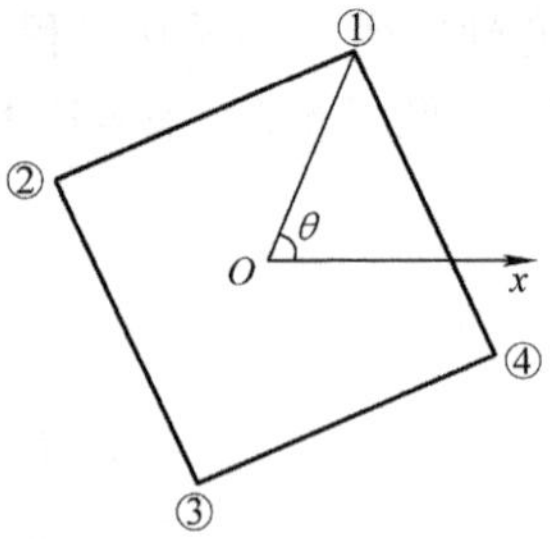

然后，我们要建立一个数学模型。在本问题中，取桌子的中心为原点，建立一个极坐标系（见图 6-8），将桌子的 4 条腿编上号：①，②，③，④。令 $f(\theta)$ 为当①，②，③号腿着地时④号腿离地的距离，这里的函数 $f(\theta)$ 就是本问题的数学模型。由假设（2）可知，函数 $f(\theta)$ 是 θ 的连续函数。下面，我们来考察 $f(0)$ 和 $f\left(\dfrac{\pi}{2}\right)$ 的情形（见图 6-9）。不妨认为

图　6-8

[○]　陈鼎兴：《数学思维方法——研究式教学》，东南大学出版社，2008，第88-89页。

$f(0)>0$，也即①，②，③号腿着地，④号腿悬空。转过 $\dfrac{\pi}{2}$ 角后，由对称性，可知①，②，④号腿着地，第③号腿悬空。为了使①，②，③号腿着地（展开我们的思维）需要在④号腿处挖个洞，将④号腿压入洞中，③号腿才能着地（①，②号腿保持着地不变），所以有 $f\left(\dfrac{\pi}{2}\right)<0$。由连续函数介值定理，得必有 $\theta_0 \in \left(0, \dfrac{\pi}{2}\right)$，使 $f(\theta_0)=0$。这时4条腿都着地了，即方桌摆平稳了。

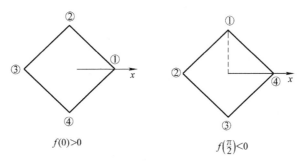

图 6-9   方桌摆平问题的过程

方桌摆平问题中运用了建立函数，利用连续函数介值定理的性质讨论问题的方法，使得问题得到解决（这里是数学上的解决）。

6.5.3   微积分与行星运动轨迹

下面，我们运用微积分理论来推导行星运动规律，由此来体验微积分思想的深刻性、其应用的威力，并由此体会数学的思维功能。

例 3[⊖]   微积分理论与行星运动规律。

由牛顿第二运动定律和万有引力定律，得

$$\boldsymbol{F}=-G\frac{Mm}{r^2}\boldsymbol{r}=m\,\boldsymbol{a} \tag{6-3}$$

其中，M，m 分别是太阳与行星的质量，r 为它们之间的距离，G 为引力常量，$\boldsymbol{r}$ 是径向的单位矢量。以太阳为原点建立坐标系，如图 6-10 所示。

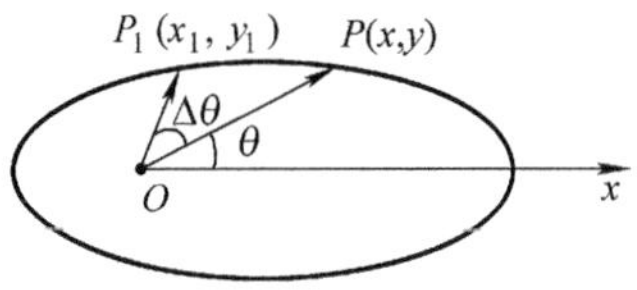

图   6-10

行星的坐标为

$$\begin{cases} x=x(t)=r\cos\theta, \\ y=y(t)=r\sin\theta. \end{cases} \tag{6-4}$$

其中，$\begin{cases} r=r(t), \\ \theta=\theta(t) \end{cases}$ （t 为时间）。

为了简化计算，在式（6-3）中约去行星质量 m（行星质量与太阳的质量相比要小得多），并取适当的单位使 $GM=1$，再将该式在两个坐标轴上分解，得

⊖ 陈鼎兴：《数学思维方法——研究式教学》，东南大学出版社，2008，第89-96页。

$$\begin{cases} \dfrac{\mathrm{d}^2 x}{\mathrm{d}t^2} = -\dfrac{x}{r^3}, & (6\text{-}5) \\[3mm] \dfrac{\mathrm{d}^2 y}{\mathrm{d}t^2} = -\dfrac{y}{r^3} & (6\text{-}6) \end{cases}$$

式 (6-6)·x−式 (6-5)·y，得

$$\frac{\mathrm{d}^2 y}{\mathrm{d}t^2}x - \frac{\mathrm{d}^2 x}{\mathrm{d}t^2}y = 0 \Rightarrow \frac{\mathrm{d}}{\mathrm{d}t}\left(\frac{\mathrm{d}y}{\mathrm{d}t}x - \frac{\mathrm{d}x}{\mathrm{d}t}y\right) = 0$$

$$\Rightarrow \frac{\mathrm{d}y}{\mathrm{d}t}x - \frac{\mathrm{d}x}{\mathrm{d}t}y = 2C \qquad (6\text{-}7)$$

其中，C 为常数，与时间无关。

式 (6-7) 表示什么意义呢？让我们回想一下开普勒行星运动第二定律：

在相同的时间里，行星的向径扫过相同的面积。

由这句话我们联想到什么呢？我们立即想到：

对于匀速直线运动，其在相同的时间里，质点走过相同的路程。

这两句话何等相似，因此，它们之间必然有某种类比性。匀速直线运动的数学表示：速度 v 为常数，即 $v = \dfrac{\mathrm{d}s}{\mathrm{d}t} =$ 常数。借助于类比，如果用 A 表示行星向径扫过的面积，就有

$$\frac{\mathrm{d}A}{\mathrm{d}t} = C \qquad (6\text{-}8)$$

其中，C 为与时间无关的常数，其物理意义是行星运动的向径在单位时间里扫过的面积。为进一步分析式 (6-8) 与行星运动的关系，由式 (6-4) 及面积公式，行星在由 $t \to t+\Delta t$（$\Delta t \neq 0$）的运动过程中，行星的向径扫过的面积 ΔA 为

$$\frac{1}{2}r^2(t+\Delta t)\Delta\theta \leqslant \Delta A \leqslant \frac{1}{2}r^2(t)\Delta\theta \qquad (6\text{-}9)$$

其中，$\Delta\theta$ 为 $\overrightarrow{OP}$ 与 $\overrightarrow{OP_1}$ 之间的夹角。在式 (6-9) 两边同除以 Δt 后取极限，运用极限夹逼准则，得

$$\frac{\mathrm{d}A}{\mathrm{d}t} = \lim_{\Delta t \to 0}\frac{\Delta A}{\Delta t} = \frac{1}{2}r^2(t)\frac{\mathrm{d}\theta}{\mathrm{d}t}$$

于是，开普勒行星运动第二定律的数学表示式为

$$\frac{\mathrm{d}A}{\mathrm{d}t} = \frac{1}{2}r^2(t)\frac{\mathrm{d}\theta}{\mathrm{d}t} = C \qquad (6\text{-}10)$$

比较式 (6-10) 与式 (6-7)，就会知道，式 (6-7) 实际上就是开普勒行星运动第二定律的数学表示。

式 (6-5)·$\dfrac{\mathrm{d}x}{\mathrm{d}t}$+式 (6-6)·$\dfrac{\mathrm{d}y}{\mathrm{d}t}$，得

$$\frac{\mathrm{d}x}{\mathrm{d}t}\frac{\mathrm{d}^2 x}{\mathrm{d}t^2} + \frac{\mathrm{d}y}{\mathrm{d}t}\frac{\mathrm{d}^2 y}{\mathrm{d}t^2} = -\frac{x\dfrac{\mathrm{d}x}{\mathrm{d}t}+y\dfrac{\mathrm{d}y}{\mathrm{d}t}}{r^3} \qquad (6\text{-}11)$$

式 (6-11) 的左边为

$$\frac{d}{dt}\left\{\frac{1}{2}\left[(y')^2+(x')^2\right]\right\}=\frac{d}{dt}（动能） \tag{6-12}$$

熟悉物理知识的人应当知道，这一式子左边括号内的量就是行星运动的动能（差一个质量因子）。因此，式（6-12）就是行星的动能对时间的变化率（导数）。那么式（6-11）的右边是什么呢？猜一猜就知道它肯定与行星的势能有关。的确如此，有

$$\frac{d}{dt}\left(\frac{1}{r}\right)=-\frac{1}{r^2}\frac{dr}{dt}=-\frac{x\dfrac{dx}{dt}+y\dfrac{dy}{dt}}{r^3}$$

其中，$r=\sqrt{x^2+y^2}$。

如果我们以无穷远点的引力势能为 0 的话，那么行星的引力势能就是（差一个质量因子）$-\dfrac{1}{r}$。将式（6-11）移项后，得

$$\frac{d}{dt}\left\{\frac{1}{2}\left[(y')^2+(x')^2\right]-\frac{1}{r}\right\}=\frac{d}{dt}（动能+势能）=\frac{d}{dt}（机械能）=0$$

所以有

$$\frac{1}{2}\left[(y')^2+(x')^2\right]-\frac{1}{r}=E \tag{6-13}$$

其中，E 是与时间无关的常数，它的物理意义是行星运动的总机械能。式（6-13）表明行星运动遵守机械能守恒原理。

如何得到行星运动的轨迹方程呢？对式（6-4）求导，得

$$\begin{cases} x'=r'\cos\theta-r\sin\theta\cdot\theta', \tag{6-14} \\ y'=r'\sin\theta+r\cos\theta\cdot\theta' \tag{6-15} \end{cases}$$

式（6-15）$\cdot x-$式（6-14）$\cdot y$，得

$$y'x-x'y=r^2\theta'$$

结合式（6-7），得

$$y'x-x'y=r^2\theta'=2C \tag{6-16}$$

式（6-16）与式（6-10）相同，可谓殊途同归。式（6-16）表明行星运动遵守角动量守恒原理。

为了得到行星运动的轨迹方程，我们将式（6-13）做一些改造。将式（6-14）、式（6-15）代入式（6-13），得

$$\frac{1}{2}\left[(r')^2+r^2(\theta')^2\right]-\frac{1}{r}=E \tag{6-17}$$

将式（6-16）代入式（6-17），消去 θ'，得

$$(r')^2+\frac{4C^2}{r^2}-\frac{2}{r}=2E \tag{6-18}$$

因为

$$r'=\frac{dr}{dt}=\frac{dr}{d\theta}\frac{d\theta}{dt}=\frac{2C}{r^2}\frac{dr}{d\theta}$$

所以

$$\frac{4C^2}{r^4}\left(\frac{\mathrm{d}r}{\mathrm{d}\theta}\right)^2+\frac{4C^2}{r^2}-\frac{2}{r}=2E \tag{6-19}$$

为了求解微分方程（6-19），令 $u=\dfrac{1}{r}$，则

$$\frac{\mathrm{d}u}{\mathrm{d}\theta}=-\frac{1}{r^2}\frac{\mathrm{d}r}{\mathrm{d}\theta}$$

代入式(6-19)，得

$$4C^2\left(\frac{\mathrm{d}u}{\mathrm{d}\theta}\right)^2+4C^2u^2-2u=2E$$

解得

$$\frac{\mathrm{d}u}{\mathrm{d}\theta}=\sqrt{\frac{E}{2C^2}-u^2+\frac{u}{2C^2}}=\sqrt{B^2-\left(\frac{1}{4C^2}-u\right)^2} \tag{6-20}$$

其中

$$B=\sqrt{\frac{E}{2C^2}+\frac{1}{16C^4}}=\frac{\sqrt{1+8EC^2}}{4C^2}$$

而

$$1+8EC^2=1+4C^2\left[\,(r')^2+\frac{4C^2}{r^2}-\frac{2}{r}\right]=4C^2\,(r')^2+\left(\frac{4C^2}{r}-1\right)^2>0$$

对方程（6-20）积分，得

$$u=\frac{1}{4C^2}-B\cos\theta$$

所以行星运动的轨迹方程为

$$r=\frac{1}{u}=\frac{4C^2}{1-4C^2B\cos\theta}=\frac{\varepsilon p}{1-\varepsilon\cos\theta} \tag{6-21}$$

其中，

$$\varepsilon=\sqrt{1+8EC^2}\,,\quad p=\frac{4C^2}{\varepsilon}=\frac{4C^2}{\sqrt{1+8EC^2}}$$

对式（6-21）进行分析，得

（1）当 $E<0$ 时，$0<\varepsilon<1$，行星运动的轨迹是椭圆；

（2）当 $E=0$ 时，$\varepsilon=1$，行星运动的轨迹是抛物线；

（3）当 $E>0$ 时，$\varepsilon>1$，行星运动的轨迹是双曲线。

至此，我们得到了行星运动的轨迹的确是二次曲线。只有当行星的总机械能为负时，它的轨迹才是椭圆。这是符合实际的，因为我们将无穷远处的势能规定为 0，所以当总机械能为负时，行星的轨迹必然有界，即为椭圆；当总机械能为非负时，它的轨迹是无界的，即为抛物线或双曲线。这些结论在对彗星的研究中被证实。

下面我们再来推导开普勒行星运动第三定律。由行星运动的轨迹方程(6-21)，有

椭圆的长半轴 a、短半轴 b、半焦距 c、椭圆的面积 S 分别为

$$a=\frac{1}{2}\left(\frac{\varepsilon p}{1-\varepsilon}+\frac{\varepsilon p}{1+\varepsilon}\right)=\frac{\varepsilon p}{1-\varepsilon^2}\,,\quad c=\frac{1}{2}\left(\frac{\varepsilon p}{1-\varepsilon}-\frac{\varepsilon p}{1+\varepsilon}\right)=\frac{\varepsilon^2 p}{1-\varepsilon^2}$$

$$b = \sqrt{a^2 - c^2} = \frac{\varepsilon p}{\sqrt{1 - \varepsilon^2}}, \quad S = \pi ab = \frac{\varepsilon^2 p^2 \pi}{(1 - \varepsilon^2)^{\frac{3}{2}}}$$

由常数 C 的物理意义，得行星运动的周期为

$$T = \frac{S}{C} = \frac{\varepsilon^2 p^2 \pi}{C(1 - \varepsilon^2)^{\frac{3}{2}}}$$

于是，我们得到开普勒行星运动第三定律：

$$\frac{T^2}{a^3} = \frac{\dfrac{\varepsilon^4 p^4}{C^2(1 - \varepsilon^2)^3} \pi^2}{\dfrac{\varepsilon^3 p^3}{(1 - \varepsilon^2)^3}} = \frac{\varepsilon p}{C^2} \pi^2 = 4\pi^2 \tag{6-22}$$

注：这是我们在选定的单位 $GM = 1$ 条件下得到的结果。

我们由如此简单的方程组得到了角动量守恒、机械能守恒及行星运行轨道等这些丰硕成果，太让人震惊了。

数学家棣莫弗（1667—1754）在一份备忘录中写道[⊖]：

在 1684 年，哈雷（1656—1742）先生去剑桥拜访他（牛顿），在聊天中哈雷问牛顿，哪种曲线能够符合那个猜想，也就是行星和太阳之间的吸引力与它们之间的距离的平方成反比？艾萨克·牛顿马上回答说那一定只有椭圆才符合（这一猜想），哈雷乐不可支并惊奇地问他怎么知道的，牛顿说是他计算得出的……

哈雷在 1684 年 11 月再次拜访了牛顿。在这两次拜访的几个月之间，牛顿完成了一本专著《物体在轨道上的运动》。在这本书中，牛顿证明了大部分天体运动的轨迹是二次曲线，证实了开普勒的所有行星运动定律，甚至解决了微粒在阻尼介质中的运动问题。哈雷为牛顿的才智所倾倒，于是极力劝说牛顿将这些令人难以置信的发现结集出版。于是，牛顿的巨著《自然哲学的数学原理》诞生了。

6.6　微积分的意义

微积分的诞生具有划时代的意义，是数学史上的分水岭和转折点。微积分是人类智慧的伟大结晶，恩格斯说："在一切理论成就中，未必再有什么像 17 世纪下半叶微积分的发现那样被看成人类精神的最高胜利了。"当代数学分析权威柯朗指出："微积分乃是一种震撼心灵的智力奋斗的结晶。"

1. 改变了数学的面貌

解析几何和微积分的诞生，结束了由古希腊继承下来的以几何为主的常量数学、静态数学，开辟了变量数学的时代。数学开始描述变化、描述运动，整个数学世界的面貌从此发生了根本性的变化，数学也由几何时代进入分析时代；同时，微积分的确立改变了数学概念多数来源于直观的经验模型的面貌，开始更多地依赖于思维的构造；更进一步地，对无穷小的深入探讨使人们开始了究竟什么是数学的基础的思考，虽然真正的答案已是 100 多年以后的

⊖　Mario Livio：《数学沉思录》，黄征译，人民邮电出版社，2010，第 119 页。

事情。微积分给数学注入了旺盛的生命力，使数学获得了极大的发展，取得了空前的繁荣。

2. 为科学技术提供了非常有力的工具

微积分的发明，使人们掌握了认识世界更强有力的工具。有了微积分，人类就掌握了运动的过程，微积分成了寻求问题解答的有力工具。微积分促进了现代科学技术的迅速进步——航天飞机、宇宙飞船等现代化交通工具都是微积分应用的直接结果。微积分已经成为现代物理、化学、天文学、地理学等众多学科的基本理论方法，也促进了其他学科的发展。如今微积分不但成了自然科学和工程技术的基础，而且还渗透到广泛的经济、金融活动，以及大量的人文与社会科学之中，也就是说，微积分在人文社会科学领域中也有了广泛的应用。

3. 提供了一种用数学认识世界与解释世界的理性方法

从牛顿开始，人们认识物理、认识世界，不再只是仅仅依靠观察与实验，而且可以靠数学来推导、计算、认识物质运动的规律，数学成为认识世界的最强有力的工具。这是微积分对人类历史最大的贡献，科学由此开始数学化。

4. 改变了数学概念的来源

从古希腊开始，数学的研究对象都是来自直观、形象化的概念，有些虽然不是观念的直接提升，但也有着直观的经验模型。但是，微积分中的概念更多地带有思维创造的特征，而并非直接立足于直观经验。例如，虽然变化率可以直接建立在物理学的经验之上，但无穷小、无穷大、微分、积分等概念是来自思维的构造。微积分提供了思维意义上的概念和计算方法。

5. 对整个人类文化产生了巨大影响

微积分的成功，使人们更认识到数学的力量，数学文化开始对人类文化有了更多的影响。

首先，微积分的诞生进一步促进了文艺复兴所引导的思想解放运动。欧洲中世纪的文化在宗教势力的影响下，科学研究几乎停止。因此，人们常说这是一段黑暗的时期。幸运的是，到 17 世纪，中世纪文化已四分五裂，在西方世界中的位置已被更具启蒙性的文化所代替。在这一过程中，数学和自然科学的方法起到了解放思想、促进人类社会理性发展的作用。此时，人们通过地理探索和数学、自然科学的研究而形成的知识积累，首先导致了思想觉醒。科学家的工作就是要以一种新的文化秩序取代衰落的中世纪文化。就这个目标而言，物体运动规律和万有引力定律的发现是牛顿的两大贡献。数学在天文学、物理学中取得极大成功；定量研究及用力和运动的观点所进行的分析的成功，为各门科学提供了所谓的"机械研究方法"。例如，哈维关于血液在人体内的循环的证明，就是把人体比作一个水泵系统，而心脏就是水泵。在 18 世纪的思想家看来，将定量方法引入自然科学，并赋予它以主宰自然和使之理性化的新力量。数学为建立新的文化秩序——科学与理性奠定了基础。

其次，微积分的成功激发了人们开始数学在所有领域应用的探索。数学与自然科学联盟所显示出来的令人吃惊的力量激起了学者的思考，他们想对知识进行彻底的重组。第一，人的理性被誉为获取真理最有效的工具；第二，因为他们认为数学推理是一切思维中最纯粹、

○ 郑毓信、王宪昌、蔡仲：《数学文化学》，四川教育出版社，2000，第179-180页。

最深刻、最有效的体现，是人类心智能力最完善的证明，所以他们主张用数学方法和数学本身获取知识；第三，每一个领域的研究者都应该探求相应的自然规律和数学规律。特别地，哲学、宗教、政治、经济、伦理、美学中的概念和结论都要重新定义，以与该领域的自然规律相适应。整个过程的主要特征就是对数学方法在整个物理学科和一些规范科学中应用的合理性、确定性非常信任，这种信任还扩大到整个知识领域。在 18 世纪，自然科学的各个分支越来越数学化，其术语和方法也发生了变化。这些术语越来越接近数学术语：精确、清晰、简便和普遍符号化。科学也开始大规模使用更为抽象或理想的概念，同时它们对自然所作的解释和重构被认为是最完美的[1]。

再次，微积分的成功促进了哲学思想的发展，逐渐形成了"决定论"的唯物主义世界观。文艺复兴以后，微积分所取得的超乎寻常的成就，使得当时的哲学和宗教不得不摒弃其长期以来形成的思想体系。

哲学家们的重建工作是以提出下列问题开始的：人怎样发现真理？人怎样获得自己深信不疑的知识？人怎样解释与这些知识相关的信念？通过反思，人们构造了反映那个时代的新的世界观。在这一时期，哲学家霍布斯、洛克、休谟、康德等起了很大的作用。

具体地说，这一时期的哲学研究在数学和科学成就的鼓舞和其方法论的影响下，建立了 18 世纪的"决定论"的唯物主义世界观。它的基本的观点主要如下：世界是由物质组成的；物质是占有空间、可分、可运动的东西；运动是物质的基本属性；宇宙万物都经过精心安排，而且按照数学公式运行；世界的进程完全由和谐的数学规律支配着；人类活动是自然活动的一部分。这一时期的哲学观也称为"机械论"的唯物主义哲学观。

在 16 世纪，基督教义把人看作是上帝最杰出的创造物。然而，科学斗士布鲁诺却宣称："人在无限的时空宇宙面前，不过是一只蚂蚁。"牛顿创造的天体力学，推翻了天国，掀翻了上帝的宝座，扫荡了享有特权的人类灵魂的永久居留地。理性地位得到提高，对上帝的虔诚被视为盲目崇拜。唯物主义冲垮了唯灵论，冲毁了它所宣扬的灵魂、来世生活的鬼话。

最后，微积分等数学理论的成功，还影响了当时的文学和美学等领域。例如，在文学领域，当时的作家们通过语言标准化来重建文学。从语言、语法形式、语言风格一直到文学内容无不受到数学的影响，其中最为重要的是文风的转变。

在牛顿时代，人们普遍认为数学论文或数学演算的文章叙述得细致精确、清晰明了。许多作家们确信，数学所取得的成功几乎应完全归功于这一质朴的文风。于是作家们决定模仿这一风格。这一新的文风的特点是清晰、匀称，对形式、节奏、对称性结构和韵律如建筑一般，严格遵守固定的模式，文章简明而清晰，准确而合乎语法。为了使文章清晰易懂，每一短语和词组都必须浅显易懂。短句非常流行，倒装句则令人讨厌。句子中词语的顺序由思维顺序来决定。文风的宗旨是"浅显易懂的思想交流"。这种影响表现在文学的各个方面，连诗歌也不例外，甚至认为一个诗人首先应该是一个数学家。当然，我们应正确分析与看待这一影响。

再如，18 世纪的绘画、建筑、园林甚至家具的式样都遵循僵化的传统和一套严格的标准。画家雷诺兹的箴言表明了当时的艺术风尚。他强调艺术应忠实于原物，色彩应有助于主

⊖ M. 克莱因：《西方文化中的数学》，张祖贵译，复旦大学出版社，2004，第 235-286 页。

题，为了整体应牺牲局部。他要求画家们用自己的头脑而不是用眼睛去作画。在建筑以及其他次要的艺术中，次序、平衡、对称和遵守当时众所周知的几何图形成了当时的艺术风尚。

6. 解析几何、微积分是机械化算法体系与公理化演绎体系的交汇

长期以来，西方学者总认为古希腊的公理化演绎体系是世界数学发展的主流。其实，中国的机械化算法体系也是世界数学发展的主流。我国著名科学史家钱宝琮指出："5世纪以后，大部分印度数学是中国式的。9世纪以后，大部分阿拉伯数学是希腊式的。到10世纪中叶这两派数学合流，于是欧洲人一方面恢复已经失去的希腊数学；另一方面，吸收有生力量的中国数学，近代数学才得开始辩证地发展。"⊖ 解析几何与微积分就是这两种数学交汇影响的结果。

解析几何是近代数学的先驱。我们知道，古希腊数学以研究空间形式为主，主要讨论图形的抽象性质，几乎不涉及图形的数量关系。中国与其他东方数学则以研究数量关系为主，即使是几何问题，也要先化为算术问题或代数问题，求出它们的数值。这实际上就是几何问题代数化。几何问题代数化正是解析几何的主要思想，也是解析几何产生的必要条件。吴文俊指出："这种几何的代数化为解析几何的出现迈出了重要的，也是决定性的一步。"⊖ 在此，吴文俊回顾了笛卡儿1649年于其《几何学》一书中，提出一个适用于解决一切类型问题的普遍方法，大致如下：第一步，把任何一个问题化为一个数学问题；第二步，把任一数学问题化为代数问题；第三步，把任一代数问题化为解单独一个方程的问题⊜。笛卡儿仅仅提出了一种有系统的代数几何化方法，并没有完成他的设想，但中国传统机械化算法体系早已把这一思想变为现实。回顾我国从秦汉到宋元间数学发展的历程，我国传统数学所走过的道路正好与笛卡儿的计划相似；反过来，笛卡儿的计划，也无疑为中国传统数学做了一个很好的总结⊕。

前面我们讨论过微积分产生的条件或动因，也就是要用数学方法解决运动学、光学等问题。美国数学史学家史密斯认为，微积分的发展需要4个主要步骤（条件）：第一步是用穷竭法从可度量的量过渡到不可度量的量；第二步是无穷小方法；第三步是牛顿的流数法；第四步是极限。西方科学史学家一般认为中国与古希腊一样，仅仅做到了第一步。事实上，中国传统数学不仅完成了第一步，还完成了第二步与第四步。刘徽在证明《九章算术》的圆的面积公式时所发明的割圆术，就使用了极限思想与无穷小分割方法，并且已经接近微积分产生前的面积元素法。用数学方法解决实际问题，数学理论密切联系实际应用，正是中国古代数学的传统。由于古希腊的数学重视理论建设，轻视实际应用，因此，微积分的发明完全不符合古希腊的数学传统。可以说，正是以中国数学为其源头和重要组成部分的东方数学，包括数学方法和用数学解决实际问题的传统，传到欧洲，与古希腊数学相结合，使数学模式和数学家的数学观的改变，才开辟了文艺复兴以后欧洲数学的繁荣，并开辟了通向微积分的道路⑤。

总的说来，牛顿及其同时代的人所取得的伟大成就推动了人们对世界广泛的理性探索，

⊖ 钱宝琮：《中国古代数学的伟大成就》，《科学通报》，1951，2（10），第1041-1043页。
⊖ 吴文俊：《对中国传统数学的再认识》，《百科知识》，1980，（7，8）。
⊜ 同上。
⊕ 郭书春：《中国传统数学与数学机械化》，《曲阜师范大学学报（自然科学版）》，2006，32（3）。
⑤ 吴文俊：《对中国传统数学的再认识》，《百科知识》，1980，（7，8）。

这一探索包括社会、人类、世界的每一种生活方式、习俗。17、18 世纪数学创造最伟大的历史意义是：它们为几乎渗透到所有文化分支中的理性精神注入了活力，同时也促进了东西方两种数学思想的融合。

 思考题

1. 简述微积分创立的各个时期及其代表人物与主要工作。
2. 简述微积分要解决的主要问题。
3. 简述微积分的文化意义。

第7章 概率论与数理统计的思想、方法与意义

一门开始于研究赌博机会的科学，居然成了人类知识中最重要的学科，这无疑是令人惊讶的事情。

——拉普拉斯（P. S. Laplace）

概率论是"生活真正的领路人，如果没有对概率的某种估计，那么我们就寸步难移，无所作为。"

——杰文斯（W. S. Jevons）

数学的伟大使命是在混沌中发现有序。

——维纳（N. Weiner）

概率论与数理统计是研究与揭示随机现象统计规律性的一门学科。它的起源与博弈现象有关。在16世纪，意大利的一些学者开始研究赌博中的一些简单问题。到了17世纪中叶，法国与荷兰的一些数学家基于排列组合方法，解决了一些较复杂的赌博问题。1812年，拉普拉斯在系统总结前人工作的基础上，写出了《概率的分析理论》，并在概率论中引入了更有力的分析工具，将概率论的发展推向一个新的阶段。19世纪末，俄国数学家们用分析方法科学地建立了许多实际随机变量近似地服从正态分布的理论，给出了概率的公理化定义，发展起了现代概率理论。数理统计虽然源于古代，但它的正式诞生应当是19世纪后期的事情。概率论的建立为数理统计奠定了理论基础，而数理统计的发展又为概率论的应用提供了用武之地。两者互相推动，迅速发展。目前，概率论与数理统计已经广泛地应用于自然科学、技术科学、人文科学、社会科学等许多领域，在经济、管理、工程、技术、教育、语言、生物、环保、国防等许多领域中有着广泛的应用。

7.1 概率论与数理统计发展简史

7.1.1 概率论发展简史

我们首先提到的是文艺复兴时期的数学家、医学家 J. 卡当。他才华横溢，对数学贡献巨大，但热衷赌博。他不希望把时间花在不能获利的事情上，因此，认真地研究牌技及在一副牌中获得"A"的概率。他把自己的研究成果编成了一本手册，题为《赌博的游戏》，这是世界上第一部研究概率论的著作。他的研究除赌博之外还与当时的人口、保险业等有关，但由于卡当的思想未引起重视，概率概念的要旨也不明确，因此，很快被人淡忘了。

大约 100 年以后，另一位赌徒梅雷继续研究概率问题。可是由于他不具有卡当那样的数学天分，因此，不得不就这一问题去请教数学奇才帕斯卡。帕斯卡就梅雷的问题与费马进行通信研究，由此，帕斯卡和费马创立了概率论的一些基本结果。他们在往来的信函中讨论了如下的"合理分配赌注问题"。

甲、乙两人同掷一枚硬币。规定：正面朝上，甲得 1 点；反面朝上，乙得 1 点，先积满 3 点者赢取全部赌注。假定在甲得 2 点、乙得 1 点时，赌局由于某种原因而中止了。应该怎样分配赌注才算公平合理？

当费马与帕斯卡通信讨论的问题被数学家惠更斯（1629—1695）知晓后，他对这个问题进行了较为深入的研究。1657 年，惠更斯的著作《论赌博中的计算》一书出版。此书是概率论的第一部成形的著作，书中提出了数学期望、概率的加法与乘法定理等基本概念。

1677 年，法国数学家蒲丰（1707—1788）利用有名的蒲丰投针问题给出了几何概率的概念。

使概率论成为一个独立数学分支的是瑞士数学家雅各布·伯努利（1655—1705）。1713 年，人们出版了他的遗作《猜度术》，书中提出了现在被称为伯努利大数定律的概率论的第一个极限定律，起到了概率论的理论奠基作用。

1812 年，拉普拉斯的著作《概率的分析理论》（1814 年出版的第 2 版改名为《概率的哲学导论》）出版，书中系统地总结了前人关于概率的研究成果，使以前零星的概率知识系统化，并且明确地给出了概率的古典定义，并引入分析方法，把概率论提高到一个新的阶段。

1733 年、1809 年，棣莫弗与高斯分别独立地引入了正态分布的概念。1837 年，法国数学家泊松（1781—1840）发表著名论文《关于判断的概率之研究》，提出泊松分布。

1866 年，俄国的切比雪夫建立了独立随机变量的大数定律，使伯努利与泊松的大数定律成为其特例，并把棣莫弗与拉普拉斯的极限定理推广为一般的中心极限定理。

由于拉普拉斯的概率定义存在含糊的意义，1899 年，法国科学家贝特朗提出了所谓的"贝特朗悖论"：在半径为 r 的圆内随机地选择弦，求弦长超过圆内接正三角形边长的概率。由于对"随机地选择弦"的不同理解，使得结果不唯一，因此，概率论陷入了危机之中。

为了克服古典概率的缺陷，数学家们开始创建概率的公理系统。俄国数学家伯恩斯坦、奥地利数学家冯·米西斯都提出了一些概率的公理，但都不甚理想。1905 年，法国数学家波莱尔（1871—1956）用他创立的"测度论"语言来表述概率论，为现代概率打开了大门。

1929 年，苏联数学家柯尔莫哥洛夫发表论文《概率论与测度论的一般理论》，首次给出了以测度论为基础的概率论公理结构。1930 年，他的《概率论中的解析方法》开创了随机过程的一般理论（即马尔可夫过程）。1933 年，他出版了著作《概率论基础》，建立了柯尔莫哥洛夫公理化概率论。

1934 年，苏联数学家辛钦提出"平稳理论"，建立了平稳随机过程理论。1942 年，日本数学家伊藤清引进了随机积分与随机微分方程，为随机分析理论奠定了基础。

1949 年，柯尔莫哥洛夫与格涅坚科合作写出《独立随机变量和极限分布》，建立了弱极限理论。

▶ 7.1.2 数理统计发展简史

近代统计学是在概率论的基础上建立起来的。1662 年，英国统计学家 J. 格兰特组织调查伦敦的人口死亡率，并出版了《从自然和政治方面观察死亡统计表》的专著，提出了"大数恒静定律"。

1763 年，英国统计学家贝叶斯发表论文《论机会学说问题的求解》，提出"贝叶斯定理"，也就是从结果去对原因进行后验概率的计算方法。

19 世纪中叶，比利时统计学家凯特勒把统计方法应用于天文、气象、物理、生物与社会学，并强调正态分布的用途，为统计方法的推广做了大量工作。同一时期，爱尔兰经济学家埃奇沃斯引入了方差的概念。

1889 年，英国生物学家高尔顿出版其著作《自然的遗传》，引入回归分析方法，给出了回归直线与相关系数等重要概念。高尔顿是生物统计学派的奠基人，他用统计方法研究遗传进化的问题，第一次将概率统计原理应用于生物科学，明确提出"生物统计学"。

从 19 世纪末到第二次世界大战结束，数理统计得到蓬勃发展并日臻成熟。这一时期，英国数学家皮尔孙发展了生物统计学与社会统计学的基本法则，发展了回归分析及相关理论，并于 1900 年提出了 χ^2 统计量与 χ^2 分布，建立了 χ^2 检验法。1908 年，皮尔孙的学生、英国科学家 W. S. 戈塞特推导出大统计量及其精确分布，建立了 t 检验法（也就是学生分布）。

现代数理统计的奠基人应该是英国数学家费歇尔（1890—1962）。1929 年，他出版了《理论统计的数学基础》，对统计学中的相关系数、样本分布、多元分析及统计方法在遗传与优生方面的应用都进行了研究，成为现代统计学的奠基性著作，在估计理论、假设检验、实验设计、方差分析等方面都做出了贡献。

1940 年，瑞典数学家克拉默发表论文《统计学的数学方法》，运用测度论方法总结了数理统计的成果，使现代数理统计趋于成熟。

中国数学家许宝璟（1910—1970）在数理统计和概率论这两个数学分支都有重要贡献。他的重要贡献是：1938—1945 年，在多元统计与统计推测方面发表了一系列论文，给出了样本协方差矩阵等概念，推进了矩阵论在数理统计学中的应用；对高斯-马尔可夫模型中方差的最优预计的研究是其后关于方差分量和方差的最佳二次预计的众多研究的出发点；推动了人们对全部相似检验进行研究等。

现代数理统计的发展还有博弈论、数理经济学与数理金融学等。

7.2 概率论与数理统计的基本思想

所谓概率，通俗地说，就是一件事情发生的可能性的大小。在日常生活中，我们所使用的概率思想主要是估计一件事情发生的概率是大还是小，从而为我们的决策提供一种理性的支持。

我们来看看在古典概率中如何利用数学得到精确的概率值。

例 1 抛掷一枚硬币出现正面的概率。

这是大家都非常熟悉的一个例子，我们来看看如何利用数学得到精确的概率值。抛一枚硬币，出现正面的概率是多少？解决这个问题的一种方法是计算频率。例如，掷 100000 次硬币，然后计算出现正面的次数。出现正面的次数与 100000 的比即为所求的频率，也就是所求的答案，或者差不多会接近真实的答案。不过，数学家们往往通过思考去找出解决这个问题的方法：一枚质地均匀的硬币只有两个面，由于在硬币的形状上或在扔硬币的方式中，没有任何因素有利于某一面的出现，因此，得到每一面朝上的可能性是相同的。在此问题中，仅仅是出现正面的一面是有利于问题的情形，因此，出现正面的概率就是 1/2。

在历史上，曾有人做过许多次抛掷硬币的试验以来验证上述结果，见表 7-1。

表 7-1　历史上的抛掷硬币试验

试验者	抛掷次数 n	出现正面的次数 m	出现正面的频率 m/n
蒲　丰	4040	2048	0.5069
皮尔孙	12000	6019	0.5016
皮尔孙	24000	12012	0.5005

可能有人认为上述例子体现不出数学的逻辑演绎性，仅是体现了数学家不是动手而是动脑在研究问题。是的，逻辑演绎就是在用推理，而不是用试验（实验）方法去解决问题。

例 2　单独抛一枚骰子，出现"2"的概率是多少？

解决这个问题的一种方法是，掷 100000 次骰子，然后计算出现"2"的次数。出现"2"的次数与 100000 的比就是所求的答案，或者差不多会接近真实的答案。但是，数学家们一般不会采用这种方法，而是静坐默思去找出解决这个问题的方法。我们来看看帕斯卡和费马是如何考虑这个问题的。一枚骰子有 6 个面，由于在骰子的形状上或在扔骰子的方式中，没有任何因素有利于某一面的出现，因此，得到每一面正面朝上的可能性是相同的。六面出现的可能性相同，而仅仅只有一面也就是出现"2"的一面是有利情形，因为这就是要求的那一面，所以出现"2"的概率就是 1/6。如果我们对出现"4"或"5"这两面都感兴趣，则得到其概率为 2/6，即 6 种可能性中的 2 种对我们有利；如果我们对出现 4 或 5 不感兴趣，那么将有 4 种有利的可能性，概率应该为 4/6。

在古典概率中，一般地，计算概率值的定义是，如果有 n 种等可能性，而有利于一定事件发生的情形是 m 种，那么这个事件发生的概率是 m/n，而该事件不发生的概率是 (n−m)/n。在这个概率的一般定义之下，如果没有有利的可能性发生，即事件是不可能的，那么事件的概率为 0；而如果 n 种可能性都是有利的，即事件是完全确定的，那么事件的概率为 1。因此，概率值在从 0 到 1 的范围内变化，即从不可能性到确定性。

例 3[⊖]　我们考虑从一副 52 张普通的扑克牌中，选取一张牌"A"的可能性。这里有 52 种等可能选择，其中有 4 种是有利的，因此，这个概率是 4/52，即为 1/13。

从一副 52 张扑克牌中选取"A"的概率是 1/13。围绕着这一命题，人们经常会产生一些疑问。这个命题是否意味着，如果一个人在这副扑克牌中取了 13 次（每一次都重复取牌，即将取过的牌又放回），那么将一定会选中一张"A"吗？事实并不是这样，他可能取了 30 或 40 次，也没有得到一张"A"。不过，他取的次数越多，取得"A"的次数与取牌总次数之比将会越趋近于 1/13。这是个合理的期望，因为选取的数目越大，每一张牌被取出的次数就越会相等。一个相关的错误想法是，假定一个人取了一张"A"，比如

⊖　M 克莱因：《西方文化中的数学》，张祖贵译，复旦大学出版社，2004，第 358 页。

说正好是在第一次取得的，那么下一次取出一张"A"的概率就必定小于1/13吗？实际上，概率依然是相同的，仍为1/13，即使当3张"A"被连续抽中时也是如此。一副牌或一枚骰子，它们既没有记忆也没有意识，因此，已经发生的事情不会影响未来。

注意，我们这里所讨论的问题要具有等可能性。例如，假定我们断言，一个人安全通过街头人行道的概率是1/2，因为只有两种可能性：安全通过或没有安全通过。如果这个命题成立，那么我们就什么事情也别干了，只有坐在家里。这个命题的错误在于"安全通过或没有安全通过"这两种可能性不是等可能的。

下面让我们用一些较复杂的例子来说明概率与统计的思想。

例4 假设学校每个班级有50名同学，是否所有班级都存在生日相同的同学？

设事件 A 为"50人的生日全都不相同"，则事件 $\bar{A}$ 为"50人中，至少有2人生日相同"。

① 50人可能的生日组合有 $\overset{\text{共50个}}{\overbrace{365\times365\times365\times\cdots\times365}} = 365^{50}$（种）。

② 50人生日都不重复的组合有 $365\times364\times363\times\cdots\times316 = A_{365}^{50}$（种）。

因为50名同学生日的所有情况中，每种结果的出现是等可能的，所以

$$p(A) = \frac{A_{365}^{50}}{365^{50}}$$

$$p(\bar{A}) = 1 - p(A) = 1 - \frac{A_{365}^{50}}{365^{50}} \approx 0.9651$$

可见，50人中存在生日相同的概率为96.51%，不存在生日相同的概率仅为3.49%。因此，我们可以说，几乎每个班都存在生日相同的同学。

例5 彩票中的数学问题[⊖]

现在彩票种类很多，玩法也在不断变化，为方便起见，这里以某种彩票为例进行说明。这种彩票玩法比较简单：2元1注，每注填写1张彩票；每张彩票由1个6位数和1个特别号码组成。每个数字均可填写0，1，…，9这10个数字中的任何一个；特别号码可以填写0，1，2，3，4这5个数字中的任何一个。每期开奖，开出1个6位数和1个特别号码作为中奖号码。设6个奖励等级：特等奖——奖券上写的6个数字与1个特别号码数字全部相同；一等奖——有6个连续数字相同；二等奖——有5个连续数字相同；三等奖——有4个连续数字相同；四等奖——有3个连续数字相同；五等奖——有2个相邻数字相同。每一期彩票以收入的50%作为奖金。三、四、五等奖奖金固定；一、二、特等奖的奖金浮动。假如中奖号码是123456，特别号码是0，那么各个奖项的中奖号码和每注奖金见表7-2。

（1）中奖概率 以1注为单位，计算1注彩票的中奖率。

特等奖中奖概率为1张彩票上的前6个号码有 10^6 种可能选择，特别号码有5种选择，故1张奖券上的号码共有 5×10^6 种不同的填法。因此，1注特等奖的中奖概率 $p_0 = 1/(5\times10^6) = 2\times10^{-7} = 0.0000002$。

⊖ 胡炳生、陈克胜.《数学文化概论》，安徽人民出版社，2006，第157-162页。

表7-2 某种彩票各个奖项的中奖号码和每注奖金

奖级	中奖号码	每注奖金
特等奖	123456+0	（奖金总额−固定奖金）×65%÷注数 88万元（保底），500万元（封顶）
一等奖	123456	（奖金总额−固定奖金）×20%÷注数
二等奖	12345，23456，… 共2组20个	（奖金总额−固定奖金）×15%÷注数
三等奖	1234，2345，3456，… 共3组300个	300元
四等奖	如123，234，… 共4组4000个	20元
五等奖	如12，23，34，… 共5组50000个	5元

类似地分析，我们知道，

一等奖中奖概率：$p_1 = 1/10^6 = 0.000001$；

二等奖中奖概率：$p_2 = 20/1000000 = 0.00002$；

三等奖中奖概率：$p_3 = 300/1000000 = 0.0003$；

四等奖中奖概率：$p_4 = 4000/1000000 = 0.004$；

五等奖中奖概率：$p_5 = 50000/1000000 = 0.05$。

1注彩票的总的中奖概率为上述概率之和：

$$p = p_0 + p_1 + p_2 + p_3 + p_4 + p_5 = 0.0543212 \approx 5.4\%$$

这就是说，每10000张彩票大约有540张中奖（从特等奖到五等奖）。

（2）彩票的期望值 因为彩票的返还率一般是50%，所以从总体上说，每注2元一张的彩票，其期望值应该是1元。下面来实际计算一下，看结果是否如此。决定彩票的期望值有两个因素：一是各个奖级的中奖率；二是各个奖励级别奖金的多少。三、四、五等奖的奖金已经给出，中奖的概率也已知道，其他三个奖级的奖金则可以计算出来。

根据规定，这三种奖级的奖金与三个因素有关：一是当期奖金总额，这取决于当期销售的彩票总注数；二是上期"奖池"中的累积奖金；三是滞留到下期"奖池"的奖金。综合这几种因素，再结合对2001年2~4月发行的20期获奖情况统计的平均值，可以作如下假定：第一，每一期售出100万注，奖金总额为100万元；第二，每期前三个奖级奖金取平均值；第三，奖池的累积奖金以平均值计算。结果见表7-3。

从而算得期望值

$E = 0.0000002 \times 2000000 + 0.000001 \times 50000 + 0.00002 \times 5000 + 0.0003 \times 300 + 0.004 \times 20 + 0.05 \times 5$

$= 0.4 + 0.05 + 0.1 + 0.09 + 0.08 + 0.25 = 0.97$（元）

表 7-3　某种彩票各个奖项的中奖概率和奖金

奖级	概率	奖金/元
特等奖	0.0000002	2000000
一等奖	0.000001	50000
二等奖	0.00002	5000
三等奖	0.0003	300
四等奖	0.004	20
五等奖	0.05	5

即每一注彩票中奖的期望值约为 0.97 元，这与理论值（1 元）非常接近。

（3）**彩票同列号现象**　此福利彩票，每一期中奖号码是从 01, 02, …, 33 这 33 个号码中随机摇出 7 个数字（不计顺序）及一个特别数字组成的。所谓"同列号"，是指中奖号码除特别数字之外的 7 个数字中个位数相同者。例如，在总第 98、99 两期的中奖号码：

总第 98 期为 02, 10, 18, 25, 27, 28, 30

总第 99 期为 04, 11, 13, 14, 15, 17, 19

其中，前者的 18, 28 为同列号；后者的 04, 14 为同列号。

这种同列号的现象较为普遍，有人甚至说，每期中奖号码都有同列号出现。这个说法是不对的。出现同列号的机会究竟有多么大呢？下面我们来研究这个有趣的问题。我们把 01~33 这 33 个数字作如下排列，见表 7-4。

表 7-4　某种彩票数字排列

1	2	3	4	5	6	7	8	9	0
01	02	03	04	05	06	07	08	09	10
11	12	13	14	15	16	17	18	19	20
21	22	23	24	25	26	27	28	29	30
31	32	33							
	A 区					B 区			

为方便起见，我们从反面来考虑，一期中奖号码里不出现同列号的概率是多少？

要想一期中奖号码里不出现同列号，那么需且仅需这 7 个数字出现在上述 10 列中不同的 7 列。因为 A 区与 B 区列中的数字个数不同，所以要按照在 A 区中所取数字个数，分以下 4 种情况来讨论。

① 0 个数字在 A 区（即 7 个数字都在 B 区）。这时中奖号码里的 7 个数字都在 B 区，因为 B 区只有 7 列，所以恰好每列取 1 个数字。而在每一列取 1 个数字有 3 种可能，故不同的取法应有 $3^7 = 2187$（种）。

② 1 个数字在 A 区（6 个数字在 B 区）。首先，考虑在 A 区的 1 个数字。因为 A 区有 3 列，在这 3 列中选出 1 列，有 3 种选法；在这一列中选 1 个数字，又有 4 种选法，故有 12 种选法。其次，考虑在 B 区的 6 个数字。先在 7 列中选出 6 列，再在每列中选出 1 个数字，故有 $C_7^6 \times 3^6 = 5103$（种）选法。合起来，应有 $12 \times 5103 = 61236$（种）不同的取法。

③ 2 个数字在 A 区（5 个数字在 B 区）。先考虑在 A 区取的 2 个数字，这两个数字的取

法有 $C_3^2 \times 4^2 = 48$ （种），再考虑在 B 区取的 5 个数字，应有 $C_7^5 \times 3^5 = 5103$ （种）。合起来，应有 $48 \times 5103 = 244944$ （种）不同的取法。

④ 3 个数字在 A 区（4 个数字在 B 区）。3 个数字在 A 区，有 $4^3 = 64$ （种）取法，4 个数字在 B 区，有 $C_7^4 \times 3^4 = 2835$ （种）取法。合起来，应有 $64 \times 2835 = 181440$ （种）不同的取法。

综上所述，从 01~33 这 33 个数字中取出 7 个不同列的数字组成一个中奖号码的不同取法，共有

$$2187 + 61236 + 244944 + 181440 = 489807 \text{（种）}$$

从 33 个数字中取 7 个数字的取法，总共有 C_{33}^7 种。故中奖号码没有同列号的概率为

$$p_1 = \frac{489807}{C_{33}^7} = 0.1146539 \approx 11.5\%$$

因此，中奖号码有同列号的概率为 $p = 1 - p_1 \approx 88.5\%$。

对此该种彩票自发行以来共 99 期和 4 个幸运奖的统计，在 103 个中奖号码中，没有同列号现象的有 12 次（总期号分别为 15，31，42，48，49，53，61，68，86，91，95，100），占 11.65%，这与理论值非常接近。

彩票中还有其他一些现象和问题，都可以用数学知识来解释。例如，在当代，随着数学在更大范围和更广泛领域内被应用于各门学科，数学在获得越来越多应用价值的同时，也存在着被误用和滥用的现象。在某些情况下，数学化虽然具有貌似的合理性，但并非客观和全面的量性刻画，进而容易造成貌似数学化的伪科学性。例如，在电视等媒体上，在之后对近期中奖的号码重复频率进行的所谓统计分析，纯粹是一种误导和欺骗彩民的伪数学行为，既是对数学的亵渎，也是对彩票公正性的歪曲。

例 6　色盲的遗传问题⊖

大约在 20 世纪初，有人发现色盲是可以遗传的。于是人们提出了一个令人担忧的问题：色盲既然是能遗传给下一代，那么将来会不会有一天全世界的人都成为色盲？这太可怕了。

要弄清色盲是怎么回事，先得弄明白我们为什么能看到颜色。这得研究视网膜的复杂构造和性质，还得了解不同的光波所能引起的光化学反应，等等。因为眼睛是人体很复杂的器官，所以要从解剖学的角度来考虑，就已经十分困难，何况还与遗传因素有关。当时，人们还不了解遗传基因的结构，根本没法了解色盲在遗传基因方面的原因。因此，对生理学来讲，这是个当时无法解决的难题。这个问题被提到了英国数学家哈代（1877—1947）的面前。他以概率论与数理统计的观点，仅用初等代数知识就巧妙、彻底地解决了这个难题。

他首先从大量临床统计资料得知以下情况：

① 色盲中男性远多于女性；

② 色盲父亲与正常母亲不会有色盲孩子；

③ 正常父亲和色盲母亲的儿子是色盲，女儿则不是。

因此，他判断，色盲的遗传与性别有关。男女性别的差异与遗传基因中的性染色体有关。每个人的体内有 23 对染色体，一半来自父亲，一半来自母亲；其中有一对特殊的染色体——性染色体，决定人的性别。男性性染色体是 XY，女性性染色体是 XX。在遗传给下

⊖　胡炳生、陈克胜：《数学文化概论》，安徽人民出版社，2006，第 57-61 页。

一代时，母亲为 XX，给予子女的总是 X，父亲为 XY，随机地选择 X 或 Y 给子女。若为前者，则孩子是女性；若为后者，则孩子是男性。因此，男、女出生的比例约为 22：21。这实际上已经回答了统计中为什么男性比例略高于女性的问题。

因为色盲与性别有关，所以色盲者一定是性染色体出了问题。究竟是 X 出了问题，还是 Y 出了问题呢？一定是 X，而且这个异常染色体会世代遗传下去。为什么能肯定异常染色体是 X 呢？这可用反证法来证明：假如异常染色体是 Y，女性就不会有色盲，因为女性性染色体中没有 Y。但是，女性有色盲存在，只是比男性色盲少而已。为什么男性色盲比女性多呢？这是因为女性有两个 X，如果其中有一个异常、一个正常，那么仍然可以维持正常视力。这种女性，我们不妨称为"次正常"。这样，男性分为两类：正常和色盲；女性分为三类：正常、次正常和色盲。

根据这些分析，我们可以利用数学方法来估计下一代人中的色盲比例。我们首先做如下的假设：

① 在两类男子和三类女子之间，夫妇配对的机会是随机的。

② 异常染色体（记作 $\overline{X}$），在所有染色体 X 中所占比例为 p，在男、女染色体中保持不变。

③ 父、母和子女中男女出生比例假设为 1：1。

以下为建立的数学模型和计算：

男性中正常和色盲两类，以 F，S 表示；女性中正常、次正常和色盲三类，分别以 Z，C，K 表示。则 F，S 在男性中所占比例分别为 q，$p(q=1-p)$，Z，C，K 在女性中的比例分别为 q^2，$2pq$，p^2。男、女配对有 6 种夫妇类型，在夫妇总数中各占比例如下：

第一类（F，Z）——丈夫、妻子均正常，其概率为 q^3。子女中不会有色盲，见表 7-5。

表 7-5　正常丈夫与正常妻子

女	男	
	X	Y
X	(X，X) 正常女儿	(X，Y) 正常儿子
X	(X，X) 正常女儿	(X，Y) 正常儿子

第二类（F，C）——丈夫正常，妻子次正常，其概率为 $2pq^2$。子女的 4 种情况中有 1 种是色盲，见表 7-6，即这类夫妇的子女中有 1/4 是色盲，在下一代人口中所占的比例是 $2pq^2 \times \frac{1}{4} = \frac{1}{2}pq^2$。

表 7-6　正常丈夫与次正常妻子

女	男	
	X	Y
$\overline{X}$	($\overline{X}$，X) 次色盲女儿	($\overline{X}$，Y) 色盲儿子
X	(X，X) 正常女儿	(X，Y) 正常儿子

第三类（F，K）——丈夫正常，妻子色盲，其概率为 p^2q。子女的 4 种情况中有 2 种是色盲，见表 7-7，即这类夫妇的子女中有 1/2 是色盲，在下一代人口中所占比例是 $p^2q/2$。

表 7-7 正常丈夫与色盲妻子

女	男	
	X	Y
$\overline{X}$	$(\overline{X}, X)$ 次色盲女儿	$(\overline{X}, Y)$ 色盲儿子
$\overline{X}$	$(\overline{X}, X)$ 次色盲女儿	$(\overline{X}, Y)$ 色盲儿子

第四类（S，Z）——丈夫色盲，妻子正常，其概率为 pq^2。子女不会有色盲，见表 7-8。

表 7-8 色盲丈夫与正常妻子

女	男	
	$\overline{X}$	Y
X	$(X, \overline{X})$ 次色盲女儿	(X, Y) 正常儿子
X	$(X, \overline{X})$ 次色盲女儿	(X, Y) 正常儿子

第五类（S，C）——丈夫色盲，妻子次正常，其概率为 $2p^2q$。这类夫妇的子女中有一半是色盲，见表 7-9，在下一代人口中所占比例是 $2p^2q \times \dfrac{1}{2} = p^2q$。

表 7-9 色盲丈夫与次正常妻子

女	男	
	$\overline{X}$	Y
X	$(X, \overline{X})$ 次色盲女儿	(X, Y) 正常儿子
$\overline{X}$	$(\overline{X}, \overline{X})$ 色盲女儿	$(\overline{X}, Y)$ 色盲儿子

第六类（S，K）——丈夫、妻子均色盲，其概率为 p^3。子女全部为色盲，见表 7-10。

表 7-10 色盲丈夫与色盲妻子

女	男	
	$\overline{X}$	Y
$\overline{X}$	$(\overline{X}, \overline{X})$ 色盲女儿	$(\overline{X}, Y)$ 色盲儿子
$\overline{X}$	$(\overline{X}, \overline{X})$ 色盲女儿	$(\overline{X}, Y)$ 色盲儿子

将以上 6 类（实际只有 4 类）夫妇的子女中色盲的比例相加，得

$$\frac{pq^2}{2} + \frac{p^2q}{2} + p^2q + p^3 = \frac{pq}{2}(q+p) + p^2(q+p)$$

代入 $q = 1-p$, 得

$$\frac{p+p^2}{2}(<p)$$

可知，色盲虽然会遗传，但并不会使色盲患者越来越多。

例7　孟德尔遗传定律

格·孟德尔（1822—1884）由于利用植物杂交方法做实验而成为遗传学的创始人。我们讨论他的一个学生完成的实验。

在两株关系密切的植物中，一株开白花，一株开红花，两株植物的距离很近，以至于它们能彼此授粉。由杂交所得的种子发育成有中间特征的杂交种植物，杂交种开粉红色花。如果杂交种可自受粉，那么结出的种子发育成植物的第三代，第三代中有开红花的，有开粉红色花的，有开白花的。在所做的实验中，发现有564株第三代植物，其中开红花的有132株，开粉红色花的有291株，开白花的有141株。不难看出，这些由实验所给出的数字近似于一个简单的比例：1:2:1。这是为什么呢？

事实上，从杂交实验来说，任何一株开花的植物产自两个生殖细胞的结合。第二代开粉红色花的杂交种，来自两个不同世系的生殖细胞：来自红的和来自白的。当第二代生殖细胞再结合时，会出现什么情况呢？可能是白的同白的，或红的同红的，或白的同红的（红的同白的）。三种不同的结合可能解释第三代3种不同的结果；真正观察到的比例141:291:132同简单比例1:2:1的偏差看作是随机的，即观察频率与实际频率的偏差。由此引出如下的假定：开粉红色花的植物按照相同数量产生白的与红的生殖细胞，最后，我们把两个生殖细胞的随机相遇与任意摸球的实验相类比。

设有两个袋子，每袋中都装有数量相等的红球与白球。我们用两只手向两个袋子中去摸，从每个袋子中摸出一个球来，求摸出的两个都是白球、一个白球与一个红球、两个都是红球的概率。

易见，求得的概率比是$\frac{1}{4}:\frac{2}{4}:\frac{1}{4}$，这就是孟德尔的基本想法。

例5～例7都是概率的思想、方法的体现。下面给出统计的思想、方法的例子。

在例6中我们提到了男、女出生的比例是22:21。在17世纪时，苏格兰的一位杂货商人格兰特作为消遣，研究了当时英国城市的各种人口记录。他注意到，男孩与女孩的出生比例差不多，而男孩稍多（当时他还不知道概率事实）。但由于受到战争与职业的影响，因此，适婚男女的数量基本相等，一夫一妻制符合自然规律。这是一夫一妻制的最早理论说明，对全世界的婚姻制度带来重大影响。当时英国的佩蒂爵士称这门刚起步的统计科学为"政治算术"。

例8　身高与智力遗传问题

英国的高尔顿与他的学生皮尔逊对人类身高与智力的遗传问题进行了统计研究。皮尔逊选取了1078个父亲，并按身高把他们分为所谓的高、矮两组，然后测量了他们的身高，再测量他们已是成人的儿子的身高。皮尔逊对他的数据做了仔细分析，其中两组数据如下。

第一组：父亲平均身高约68in（1in≈0.025m），儿子平均身高约69in；

第二组：父亲平均身高约72in（1in≈0.025m），儿子平均身高约71in。

这两组数据说明什么问题呢？高尔顿发现，父亲的身高与儿子的身高有一种正相关的关系。一般来说，高个的父亲会有高个的儿子，但是，儿子与中等个的父亲的偏差小，也就是说，儿子的身高有向中等个退化的倾向。高尔顿在人类智力的研究中，也发现了类似的结果。天才父亲的孩子们的智力一般没有他们父亲的智力高，而智力水平一般的父亲可能有智力超常的孩子。

高尔顿由此得出结论：人的生理结构是稳定的，所有有机组织都趋于标准状态。他称这种效应为"回归效应"。

概率论也决定了保险业所做出的每一项决策。例如，考虑一家保险公司面临的与某一顾客有联系的问题。在顾客缴纳年度保险费的前提下，保险公司同意在 20 年期满或在这之前如果他去世了，那么将付给他或其家属 1000 美元。公司要求顾客支付的年度保险费应该是多少呢？明显地，这取决于顾客期望活多久。为了确定这个概率，公司可以将各种可能导致死亡的原因列成表——癌症、心脏病、糖尿病、汽车事故、犯罪以及其他一些因素，然后就能决定这些因素如何对顾客起作用了。为了解决这个问题，公司还必须研究其家庭情况、个人历史、日常活动，以及其身体所有器官的状况。利用这些信息进行计算，以便求出答案。但事实上，这是错的。对顾客单个个人进行分析，无法使保险公司确定各种致死因素何时会对他产生作用。

解决这个问题的方法，是通过另外一个完全不同的途径实现的。每一名顾客都是保险公司所投保的数十万人中的一员。要是公司知道，在一个非常小的误差范围之内，对一般人最有可能发生的是什么，则公司的经营就一定是安全的。因为在顾客甲身上的损失，可以在顾客乙身上得到补偿，其结果不言而喻。这种情况很像赌博，但最终保险公司将是赢家。例如，保险公司要了解一个 10 岁顾客活到 40 岁的可能性大小，应是在随机选取的 10 岁以上的 100000 人中，研究他们的死亡记录。比如说，在 40 岁时，这些记录表明 100000 人中有 98106 人依然活着。这样，公司就可以决定取 98106/100000 作为任何年龄为 10 岁的人将活到 40 岁的概率。同样，为了得到年龄为 40 岁的人活到 60 岁的概率，公司可以用活到 60 岁的人的数目除以 40 岁时活着的人的数目。

以保险公司确定死亡率的过程为例，所说明的概率统计计算方法是一种基本方法。这里所讨论的，不过是个简单且十分普通的问题。实际上，数学可用来解决在保险业中出现的更为复杂的概率问题。

例 9　假设从大量的记录中得知，得了某种疾病的人中将有 50% 的病人会死去，那么这种疾病的死亡概率就为 1/2。若一位医生说，他有一种新的治疗方法，他用这种方法治疗 4 个病人，结果他们全都被治愈了。这个结果是否意味着，这种新疗法是有效的，并可适用于这类病呢？要注意，在 4 个病人的这个特例中，必死 2 个人这个命题并不正确。在这组情形中，可能全死了，也可能一个人都没死，即死亡数可以是 0 与 4 之间的任意一个数。仅仅在大量的情形中，50% 这一结论才有效。这种情形在数学中等同于抛掷硬币，任何一位患这种病的人痊愈的机会，就是抛掷一枚硬币出现一次正面的机会。4 个人痊愈的概率，就是在抛掷 4 次硬币时出现 4 次正面的概率，为 1/16。因此，这个数字也是医生从所有病人中选取不使用新疗法所治疗的一组 4 位病人都痊愈的概率。这个概率意味着，如果选取大量患这种病的患者，4 人 1 组，那么一般说来，16 组中有 1 组的人将全都痊愈。现在，对 1 个 4 人组实施其新疗法的医生，也许正好碰上了 4 位病人均可康复的那一组。由于这种情况并非绝对不可能发生，因此，宣布这种新疗法有效是不科学的。

下面我们再给出一个概率论在求职决策中的应用问题。

我们在中学就学过求某个量的极值问题，这类问题也常称为"优化问题"。它表现为在一定条件限制下，求某些量的极大值或极小值，如成本最低、体积最大、利润最大等。但当我们面对随机变量时，问题就不同了。比如，对一个开杂货铺的老板来说，"使每天的利润达到最大"是没有意义的，正确的提法应是使每天的平均利润达到最大。即是说，面对随机现象，优化问题的正确提法应是使随机变量的均值等数字特征取到最大或最小。也就是说，由于随机现象的不确定性，我们的原则是比较各种决策的平均好处。哪种决策的平均好处大，就选择哪一种，也就是人们常说的"期望"大的决策。因此，均值也称为"期望值"。

例 10　求职决策问题[⊖]

有两家公司通知你去面试，但不巧的是定在同一时间面试，你不得不面临选择。根据你对公司的了解：公司 1 给你一个极好工作的概率是 0.2，年薪为 40 万元；给你一个中等工作的概率是 0.3，年薪是 30 万元；给你一个一般工作的概率是 0.4，年薪为 25 万元；不雇佣你的概率是 0.1。公司 2 会给你一个 26 万元年薪的工作。你如何选择？

决策依赖于你认为什么是好决策的标准。如果你主要关心就业，那么公司 2 一定会雇佣你，公司 1 可能不雇佣你，因此，应该选择公司 2；如果你不担心就业问题，而以年薪的高低为标准，就应计算一下公司 1 给你的"平均"年薪。现在公司 1 给你的年薪是一个随机变量，它的分布如下：

工资/万元	40	30	25	0
概　率	0.2	0.3	0.4	0.1

从而平均年薪为

$$EX = 40 \times 0.2 + 30 \times 0.3 + 25 \times 0.4 = 27(万元)$$

大于公司 2 给你的工资，因此，你应该去公司 1 面试。

7.3　概率论与数理统计的意义

1. 创立了新的数学方法，扩大了数学研究领域

传统数学方法解决了那些具有确定性结论的数学问题，而对大量的具有不确定性的随机性现象却束手无策。概率论与数理统计为解决这类具有不确定性、不规则性、偶然性的随机现象问题提供了方法，使那些表面看来无序的大量随机现象的背后蕴藏的规律性被揭示了出来。虽然说偶然性的事件在个别的试验中毫无规律可言，但是在大量的试验中呈现出某种规律性，也就是这类事件所蕴含的必然性。随机数学是研究大量偶然性事件规律的数学，是从事物的偶然性中揭示事物发展必然性的学科。这是人类在自然规律性的挑战面前取得的又一次胜利。由此，数学不仅可以处理确定性的事件，还可以处理随机事件，极大地扩充了数学研究领域。

2. 广泛的应用性

概率论与数理统计的方法现在已经在理论物理、化学、生物、生态、医学、经济、管理等许多领域取得广泛应用，成为现代科学技术与生产、生活不可或缺的数学技术，如天文学中对密度起伏、辐射传递的研究，生物学中对遗传问题的研究，医学中传染病流行问题研

⊖　张饴慈、焦宝聪、都长清等：《大学文科数学》，科学出版社，2001，第 93-94 页。

究，教育统计，服务业中的电话通信，经济学与管理学中的最优决策等。这种应用研究促进了社会实践，特别是人文社会科学研究方法的转变，促进了科学的发展。

3. 促进了认识论的进步

从哲学上讲，18 世纪的思想家们建立了近代最全面、最有影响力的"决定论"哲学体系。这个体系设计了一个有序的世界，并使其按照人们的设计而运行。数学定律揭示出了这种设计。遗憾的是，对近代科学创立者来说，那种极简单而又极和谐的自然界的秩序，由于 19、20 世纪广泛而有效地应用了概率论、统计学的猛烈冲击，如今正分崩离析。数学家为他们把概率论的直觉思想转变为一种指导人们行动的极其有用的工具而高兴⊖。正是由于概率论与数理统计的思想方法，使我们对自然规律有了更深入的认识。从认识论上讲，这是人类认识史上又一伟大进步。

 思考题

1. 谈谈你对概率论与数理统计的认识。

2. 试举一例说明概率论或统计在实践中的应用。

3. 一般来说，博彩中的"六合彩"共有 47 个号码，其游戏规则是 1∶36 的赔率，即若以 1 元买一码，中码后可获 36 元；不中，则不给赔金。

（1）某人买一码，他中奖的概率为多少？

（2）设某县（区）按 100 万人次买码，每人买 10 元，则"六合彩"庄家是赚还是赔？具体数值多少（精确到万元）？

（3）通过以上计算，你有何体会？

4. 我们经常看到有新闻节目或报纸报道对"福利彩票"的中奖号码进行"专家分析"，你如何看待这件事情？

⊖ M 克莱因：《西方文化中的数学》张祖贵译，复旦大学出版社，2004，第 380 页。

第8章 线性代数的思想、方法与意义

数学是一种方法。数学能使人们的思维方式严格化，养成有步骤地进行推理的习惯。……人们通过学习数学，能使他们的理智获得逻辑推理的方法，由此他们就可能把知识进行推广和发展。

——洛克

文明开化的复杂性反映在其数的复杂性中。

——戴维斯

上帝创造了自然数，其余都是人类的作品。

——克罗内科

17、18 世纪，数学中产生了一个新的分支——线性代数。现在一般说来，线性代数的创始人是日本数学家关孝和（约 1642—1708）、德国数学家莱布尼茨（1646—1716）、瑞士数学家克拉默（1704—1752）、法国数学家范德蒙德（1735—1796），以及柯西、凯莱（1821—1895）、拉普拉斯、欧拉等人。其实，早在约公元前 200 年到公元前 100 年间，中国人就已经对矩阵有所了解。严格来讲，汉朝张苍等校正的《九章算术》中就给出了利用矩阵解线性方程组的方法。

8.1 早期代数发展简史

代数与几何的历史一样悠久。可以这样说，自从人类有了数的概念的时候就有了关于这些数的运算，也就有了一般人们常说的"算术"。因此，处于数学知识积累时期的算术与几何是并驾齐驱的。不过由于种种原因，在东西方，特别是在西方，代数的发展不如几何发展得快。因此，在古希腊最早发展起来的数学分支是几何。我们猜想其中最主要的原因有两种：一是代数比起几何来说可能更为抽象，更需要符号化，以及对数学本质更为深刻的认识；二是早期时候代数的应用可能不如几何的应用在当时更为需要，如田亩的丈量、土方的计算、建筑的需要等。但是，代数还是在缓慢发展与成长。

算术发展为代数应归功于未知数等字母符号的引入，以及符号体系的引入，使得算术学科变成代数学科。初学代数时，老师常说："代数就是用字母去代替数。"这可以堪称是对代数狭义的理解或最简明的理解。确实，用符号（不一定必须是字母，如中国古代就用"天元"表示未知数）是代数学上最重大的变革之一。有了符号体系，数学的书写就更紧凑、更有效。同时，由于符号体系比文字叙述更抽象，因此，也就使代数有着更为广泛的应用。从思想方法上来说，符号参与运算事实上就是承认了数学的形式化，形式的"符号"成为"实在物"，这是人类思想上的一件大事。承认了未知数的存在性，从而结果就是在

"存在"的前提下根据已知条件逐步推理得出来的,这是数学上的分析法,方程就是这种思想、方法的具体体现。

在公元前 2000 年前后,古巴比伦数学就已演化成用文字叙述的代数学[一]。在英国大不列颠博物馆 13901 号泥板上记载了这样一个问题:"我把我的正方形的面积加上正方形的边长的 2/3 得 35/60,求该正方形的边长。"如果设正方形的边长是 x,那么这个问题相当于求解方程:

$$x^2 + \frac{2}{3}x = \frac{35}{60}$$

该泥板上给出的解法相当于将方程 $x^2 + \frac{2}{3}x = \frac{35}{60}$ 的系数代入公式

$$x = \sqrt{\left(\frac{p}{2}\right)^2 + q} - \frac{p}{2}$$

求解(当时计算是用 60 进位制)。这里,$x^2 + px = q$ 这一史实表明,当时他们解二次方程的方法相当于现在的公式法。也就是说,古巴比伦人那时可能已经知道某些类型的一元二次方程的求根公式。至于他们是如何得到上述这些解法的,我们也就不得而知了。在另一块泥板上,古巴比伦人给出这样的数表:它不仅包含了从 1 到 30 的整数的平方和立方,还包含这个范围内的整数组合 $m^3 + m^2$。经专家研究认为,这个数表是用来解决形如 $x^3 + x^2 = b$ 的二次方程的。这说明当时他们已经开始讨论某些二次或三次方程的解法。

同样地,古埃及人也很早就发展了他们的代数方法。在兰德纸草书(成书于公元前 1850 年至公元前 1650 年)中有一些讨论计算若干的问题,如图 8-1 中的象形文字

图　8-1

其意思如下:

某数为若干,它的 $\frac{2}{3}$ 加上它的 $\frac{1}{2}$,再加上它的 $\frac{1}{7}$,再加上这个数本身等于 37。求这个数。

这个式子等价于解方程:

$$\frac{2}{3}x + \frac{1}{2}x + \frac{1}{7}x + x = 37$$

这是一个一元一次方程问题,他们解决这类问题的办法是试位法。可见,古埃及人很早就知道了解方程的方法。

我们知道,古希腊人在几何上具有非凡的成就,实际上,他们也在缓慢发展代数学科。被称为代数学鼻祖的丢番图(生平不详),在其撰写的十三卷本《算术》中,大部分内容是代数知识,共包含了 189 个问题,讨论了数、一次方程、二次方程、个别的三次方程与大量

⊖ 朱家生、姚林:《数学:它的起源与方法》,东南大学出版社,1999,第 3 页。

的不定方程，成为不定方程的创始人。例如下题：

今有四数，任取三数相加，其和分别为 20，22，24，27。求四数。

丢番图给出了一种巧妙的解法：设四数之和为 x，则四数分别为

$$x-20, \quad x-22, \quad x-24, \quad x-27$$

于是 $x=(x-20)+(x-22)+(x-24)+(x-27)$。解得 $x=31$。于是四数分别为 11，9，7，4。

丢番图的另一成就是在代数中创造性地运用了一套数学符号，并用符号布列算式。他把未知数称为"题中之数"。下面列出一些丢番图的符号：用 s 表示未知数；用 Δ^γ 表示未知数的平方（即 x^2），用 k^γ 表示未知数的立方（即 x^3），用 $\Delta^\gamma\Delta$ 表示未知数的四次方（即 x^4），等等；而 1，2，3，…等分别记为 $\bar{\alpha}$，$\bar{\beta}$，$\bar{\gamma}$，…；用 $\overset{0}{M}$ 表示常数。在运算符号方面，用 $\pitchfork$ 或 ↑ 表示减号，没有加、乘与除的符号，而用 τ 表示等号。例如，代数式 x^2+2x+3，丢番图就表示为 $\Delta^\gamma s \overset{0}{\bar{\beta} M} \bar{\gamma}$。[1]

作为文明古国之一的古印度数学，在代数方面也是很有成就的。阿耶波多（476—550）在其著作《阿耶波多文集》（一部以天文学为主的著作）中，有一章专讲数学，介绍了比例、开方、二次方程、一次不定方程等。婆罗摩笈多（约598—660）在其著作《婆罗摩修正体系》中，讨论了二次方程、线性方程组及一次、二次不定方程的解法，还利用内插公式造了一张正弦表。婆罗摩笈多已经把二次方程归结为标准类型：$ax^2+bx=c$，并给出了这个方程的一个根为：$x=\dfrac{\sqrt{b^2+4ac}-b}{2a}$。这与现代的求根公式完全相同。婆什伽罗（1114—1185）著有《丽罗娃提》与《算术本原》，已经知道二次方程有两个根，并对形如 $cx^2+1=y^2$ 的二次不定方程提出解法。古印度人解不定方程的成就已经超过了丢番图。

作为阿拉伯著名数学家的花拉子米（约780—850），著有《代数学》，其中系统地讨论了 6 种类型的一次或二次代数方程，并介绍了配方法。这 6 种类型的方程（用现代方法表示）分别为 $ax^2=bx$；$ax^2=c$；$ax=c$；$ax^2+bx=c$；$ax^2+c=bx$；$bx+c=ax^2$。他指出，采用"复原"与"对消"（相当于今天的"移项"与"合并同类项"）的方法可将其他类型的方程划归为这 6 类方程。他的《代数学》这本书的原名就是由这两个词组合而成，在后来的传抄过程中逐渐演变而成今天的代数（algebra）。阿拉伯的另一数学家奥马·海雅姆（1044—1123）也有一本著作《代数学》，比花拉子米有明显的进步。他详尽地研究了三次代数方程的根的几何作图法，指出了用圆锥曲线图解求根的理论，是阿拉伯数学最重大的成就之一[2]。

由于法国数学家韦达（1540—1603）在代数符号体系上的研究，使得代数学发生了质的变革。当时代数研究的中心是探究各种代数方程的解法。由于方程种类繁多，必须寻求求解各种类型代数方程的通用方法。韦达认真研究了泰塔格里亚、卡尔达诺、斯蒂文、邦别利、丢番图等人的著作，并在他的著作《分析方法引论》中第一个有意识地系统地使用了字母，改进了卡尔达诺等人关于三、四次方程的解法，利用变换消去方程的次高项，将二、三、四次方程都用一般表达式给出（即所谓的公式解），给出了著名的二、三次方程的韦达

---

[1] 张红：《数学简史》，科学出版社，2007，第 52-54 页。

[2] 朱家生、姚林：《数学：它的起源与方法》，东南大学出版社，1999，第 9 页。

定理等。

中国古代数学中对代数有很多研究，并且取得了很高的成就。特别地，在公元前 200 年左右中国人创造了"天元术"，用天元作为未知数符号，列出方程，产生了"符号代数"。图 8-2 所示是《测圆海镜》中表示一元二次方程 $2x^2 + 18x + 316 = 0$。表示方法是在一次项系数旁边写一个"元"字，"元"以上的数字表示各正次幂的系数，"元"以下的数字表示常数和各负次幂系数。

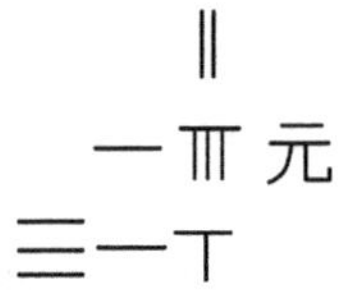

我们在第 2 章中曾介绍了中国古代在代数方面取得的成就，这里就不再赘述，而在汉代张苍等校正的《九章算术》中已经有相当于今天用矩阵解线性方程组的方法，将在下面介绍。

图　8-2

8.2　线性代数发展简史[一]

一般认为，线性代数是一种从解多元线性方程组中发展出来的理论，其主要概念为矩阵、行列式、方程组、二次型等，本质上是反映数的一种代数关系。当矩阵和行列式作为一个独立对象的时候，就开始引发了线性空间和线性变换等系统理论的研究，并与后来的向量理论结合在一起，促进了代数理论的发展。

8.2.1　行列式发展史

最早引入行列式概念的是日本数学家关孝和。他在其著作《解伏题之法》中提出了行列式的概念与算法。行列式的系统研究是在 17、18 世纪围绕解线性方程组的研究中发展起来的。德国著名数学家莱布尼茨开创了用指标体系来表示方程组的方法，如把方程组写成 $y_i = \sum_{j=1}^{n} a_{ij}x_j (i = 1, 2, \cdots, m)$（不过，他只研究含 3 个未知量的方程组），然后研究含指标的系数。1693 年 4 月，莱布尼茨在写给洛必达的一封信中使用并给出了行列式。

1750 年，瑞士数学家克拉默发展了莱布尼茨的思想，并在《代数曲线的分析术入门》（1750 年）中对行列式的定义和展开法则给出了比较完整、明确的阐述，发表了著名的"克拉默法则"。稍后，数学家贝祖（1730—1783）将确定行列式每一项符号的方法进行了系统化，利用系数行列式概念指出了如何判断一个齐次线性方程组有非零解的方法。

在行列式的发展史上，法国数学家范德蒙德第一个对行列式理论做出系统的阐述，是他把行列式理论从解线性方程组中分离出来，成为一门独立的理论。他是行列式理论的奠基人。特别地，他给出了用二阶子式和它们的余子式来展开行列式的法则。1772 年，拉普拉斯在一篇论文中证明了一些范德蒙德提出的规则，推广了他的展开行列式的方法，也就是现在的拉普拉斯展开定理。

继范德蒙德之后，在行列式的理论方面，又一位做出突出贡献的是法国大数学家柯西。1815 年，柯西在一篇论文中给出了行列式的第一个系统、几乎是近代的处理。其中主要结果之一是行列式的乘法定理。另外，他第一个把行列式的元素排成方阵，采用双足标记法；引进了行列式特征方程的术语；给出了相似行列式概念；改进了拉普拉斯的行列式展开定

㊀ 张红：《数学简史》，科学出版社，2007，第 238-241 页。

理，并给出了一个证明等。把方阵放在两条竖线之间来表示行列式则是英国数学家凯莱于1841 年创造的。

柯西之后，德国数学家雅可比（1804—1851）引进了函数行列式，即"雅可比行列式"，指出函数行列式在多重积分的变量替换中的作用，给出了函数行列式的导数公式。雅可比的著名论文《论行列式的形成和性质》标志着行列式系统理论的建成。

行列式在数学分析、几何、线性方程组理论、二次型理论等多方面的应用，促使行列式理论在 19 世纪得到了很大发展。整个 19 世纪都有行列式的新结果。除大量一般行列式的定理之外，还有许多有关特殊行列式的定理都相继得到发展。

8.2.2 矩阵发展史

矩阵是线性代数中一个重要的基本概念，也是数学研究和应用的一个重要工具。为了将数字的矩形阵列区别于行列式，西尔维斯特（1814—1897）首先使用了"矩阵"这个词（1850），不过他仅仅是把矩阵用于表达一个行列式。严格地说，矩阵是从行列式的研究过程中产生的，因为行列式就是研究"方阵"的数值性质。矩阵的许多基本性质也是在行列式的发展中建立起来的。

英国数学家凯莱一般被公认为是矩阵论的创立者，因为他首先把矩阵作为一个独立的数学概念提出来，并首先发表了关于这个题目的一系列文章。凯莱在研究线性变换下的不变量问题时引入矩阵以简化记号。同样，最初他也是把矩阵作为行列式的推广或作为线性方程组的表达工具。1858 年，他发表了论文《矩阵论的研究报告》，系统地阐述了关于矩阵的理论。文中他从基本的概念开始，定义矩阵的加法、乘法（包括数乘）、矩阵的逆、转置矩阵、方阵的特征方程等，开始把矩阵作为一个独立的研究对象。1855 年，埃米特（1822—1901）证明了一些矩阵类的特征根的特殊性质，如现在称为埃米特矩阵的特征根性质等。特征方程和特征根的工作被哈密顿、弗罗伯纽斯（1849—1917）等数学家予以推广。

后来，克莱伯施（1831—1872）、布克海姆等证明了对称矩阵的特征根性质，泰伯引入了矩阵的迹的概念，并给出了一些有关的结论。弗罗伯纽斯讨论了最小多项式问题，引入了矩阵的秩、不变因子和初等因子、正交矩阵、矩阵的相似变换、合同矩阵等概念，以合乎逻辑的形式整理了不变因子和初等因子的理论，并讨论了正交矩阵与合同矩阵的一些重要性质。1854 年，若尔当研究了矩阵化为标准形的问题。1892 年，梅茨勒引入了矩阵的超越函数概念，并将其写成矩阵的幂级数的形式。

矩阵本身所具有的性质依赖于元素的性质，矩阵由最初作为一种工具经过两个多世纪的发展，现在已成为一门独立的数学分支——矩阵论，其理论现已广泛地应用于现代科技的各个领域。

8.2.3 线性方程组

早在中国古代的数学著作《九章算术》的《方程》章中已经对线性方程组做了比较完整的论述。其中所述方法实质上相当于现代对方程组的增广矩阵施行初等行变换，从而消去未知量的方法，即高斯消元法。下面来看在汉朝张苍等校正的《九章算术》中给出的利用矩阵解决实际问题的一个例证：

今有上禾 3 束、中禾 2 束、下禾 1 束，得实 39 斗；上禾 2 束、中禾 3 束、下禾 1 束，得实 34 斗；上禾 1 束、中禾 2 束、下禾 3 束，得实 26 斗。问上、中、下禾每一束得实各是多少？[一]

用现代方法，若设三种谷物每束（秉）的质量（实）分别为 x，y，z，列方程组，得

$$\begin{cases} 3x+2y+z=39, \\ 2x+3y+z=34, \\ x+2y+3z=26 \end{cases} \tag{8-1}$$

其对应的增广矩阵为

$$\begin{pmatrix} 3 & 2 & 1 & 39 \\ 2 & 3 & 1 & 34 \\ 1 & 2 & 3 & 26 \end{pmatrix} \tag{8-2}$$

下面我们来看张苍的解法。

《九章算术》中的术算过程（1）：置上禾三秉，中禾二秉，下禾一秉，实三十九斗于右方，中、左行列如右方。即将 3 个线性方程组对应的 3 个不同未知量的系数和常数项按照下列方式排列：

$$\begin{array}{ccc} 1 & 2 & 3 \\ 2 & 3 & 2 \\ 3 & 1 & 1 \\ 26 & 34 & 39 \end{array} \tag{8-3}$$

这样的方法相当于将式（8-2）转置，然后交换顺序，第一列排在右边，第三列排在左边。这一点都不奇怪，因为中国古代汉字书写为纵向，且方向从右往左。因此，这在本质上与我们今天的线性方程组的增广矩阵是一致的。

术算过程（2）：以右列上禾遍乘中列。即以右列上方的 3，遍乘中列各项。这相当于"第二种初等变换"：用一非零数乘矩阵的某一列，得

$$\begin{array}{ccc} 1 & 6 & 3 \\ 2 & 9 & 2 \\ 3 & 3 & 1 \\ 26 & 102 & 39 \end{array} \tag{8-4}$$

术算过程（3）：而以直除。即由中列连续减去右列各对应项的若干倍数，直到中列头位数为 0。这相当于"第三种初等变换"：一列减去某列的若干倍，得

$$\begin{array}{ccc} 1 & 0 & 3 \\ 2 & 5 & 2 \\ 3 & 1 & 1 \\ 26 & 24 & 39 \end{array} \tag{8-5}$$

术算过程（4）：又乘其次，亦以直除。即中列头位消除后，以右列"上禾"3 遍乘左列各项，连续减去右列各对应项，消去左列头位，得

[一]　（汉）张仓：《九章算术》，江苏人民出版社，2011，第 180-182 页。

$$\begin{matrix} 0 & 0 & 3 \\ 4 & 5 & 2 \\ 8 & 1 & 1 \\ 39 & 24 & 39 \end{matrix} \tag{8-6}$$

术算过程（5）：然以中列中禾不尽者遍乘左行而以直除……实即下禾之实。即再以中列中禾数遍乘左列而以直除，消去左列中位，得到的为下禾36秉的实际质量。

$$\begin{matrix} 0 & 0 & 3 \\ 0 & 5 & 2 \\ 36 & 1 & 1 \\ 99 & 24 & 39 \end{matrix} \tag{8-7}$$

由此，我们可以解得1秉第三种谷物（下禾）的质量。其余术算过程实为代入法。不再赘述。

大家看到，这实际上就是后来直到19世纪初才被世人知晓的高斯消元法。

在西方，线性方程组的研究是在17世纪后期由莱布尼茨开创的。他曾研究含两个未知量、3个线性方程组成的方程组。麦克劳林在18世纪上半叶研究了具有2、3、4个未知量的线性方程组，得到了现在称为克拉默法则的结果。克拉默不久后也发表了这个法则。18世纪下半叶，法国数学家贝祖对线性方程组理论进行了一系列研究，证明了n元齐次线性方程组有非零解的条件是系数行列式等于零。

19世纪，英国数学家史密斯和道奇森继续研究线性方程组理论，前者引进了方程组的增广矩阵和非增广矩阵的概念，后者证明了n个未知数、n个方程的方程组相容的充要条件是系数矩阵和增广矩阵的秩相同。这正是现代方程组理论中的重要结果之一。

线性方程组的思想具有非常好的应用性。现代大量的工程问题、金融问题、经济问题最终往往归结为解线性方程组。特别是在20世纪，线性方程组的数值解法得到很好的发展。

8.2.4 二次型

二次型的研究起源于对二次曲线与二次曲面的分类讨论问题。二次型的系统研究是从18世纪开始的。将二次曲线和二次曲面的方程变形，选有主轴方向的轴作为坐标轴以简化方程的形状，这个问题是在18世纪引进的。柯西在其著作中给出结论：当方程是标准形时，二次曲面用二次项的符号来进行分类。然而，那时并不太清楚，在化简成标准形时，为何总是得到同样数目的正项和负项。西尔维斯特回答了这个问题，他给出了3个变数的二次型惯性定理，但没有证明。这个定理后被雅可比重新发现和证明。1801年，高斯在其著作《算术研究》中引进了二次型的正定、负定、半正定和半负定性等术语。

二次型化简的进一步研究涉及二次型或行列式的特征方程的概念。特征方程的概念隐含地出现在欧拉的著作中，拉格朗日在其关于线性微分方程组的著作中首先明确地给出了这个概念。

1851年，西尔维斯特在研究二次曲线和二次曲面的相切和相交时，开始考虑二次曲线和二次曲面的分类，引入了初等因子和不变因子的概念。1858年，魏尔斯特拉斯对同时化两个二次型成平方和给出了一个一般的方法，并证明：如果二次型之一是正定的，那么即使某些特征根相等，这个化简也是可能的。魏尔斯特拉斯比较系统地完成了二次型的理论，并将其推广到双线性型。

8.3 线性代数的思想、方法举例

8.3.1 方程的思想与初等变换的方法

所谓"方程的思想"就是在解决数学问题时通过设元、寻找已知与未知之间的等量关系构造方程或方程组，然后求解方程来解决问题，也就是把问题转化为解方程或方程组来解决的思想、方法。经济中的"投入产出"方法与工程中的"线性规划"方法堪称是方程的思想运用的典范。由于在线性代数中的方程主要是线性方程组，因此，在线性代数中运用"方程的思想"解决问题要注意以下几点：

第一，要具有正确列出方程组的能力，这实际上是一个数学建模问题。

第二，要注意灵活应用方程的思想挖掘问题的本质，把一些看似与方程没有关联的问题转化为方程问题加以解决。

第三，要注意做到数形结合，运用几何知识为代数问题提供背景，转化问题。

围绕线性方程组的问题主要有以下几个问题：线性方程组是否有解？有多少个解？能否给出公式解？如何解方程组？

初等变换是解线性方程组的主要方法，也是线性代数中一个非常重要的思想方法。初等变换通常是通过从学生熟悉的解二元或三元一次方程组引入的。

例 1[⊖] 解三元一次方程组：

$$\begin{cases} 2x_1+2x_2-3x_3=9, \\ x_1+2x_2+x_3=4, \\ 3x_1+9x_2+2x_3=19 \end{cases} \tag{8-8}$$

解 我们应用中学学过的消元法解方程组。为方便起见，将方程组（8-8）中的第一、二两个方程组互换，方程组（8-8）变为

$$\begin{cases} x_1+2x_2+x_3=4, \\ 2x_1+2x_2-3x_3=9, \\ 3x_1+9x_2+2x_3=19 \end{cases} \tag{8-9}$$

将方程组（8-9）中第一个方程两边分别乘（-2）和（-3）加到第二、三个方程上去，得

$$\begin{cases} x_1+2x_2+x_3=4, \\ -2x_2-5x_3=1, \\ 3x_2-x_3=7 \end{cases} \tag{8-10}$$

在方程组（8-10）中，将第三个方程两边同乘2，得

$$\begin{cases} x_1+2x_2+x_3=4, \\ -2x_2-5x_3=1, \\ 6x_2-2x_3=14 \end{cases} \tag{8-11}$$

⊖ 薛有才：《线性代数（第二版）》，机械工业出版社，2016，第11—13页。

再把上面方程组（8-11）中第二个方程乘 3 加到第三个方程上去，得

$$\begin{cases} x_1+2x_2+ x_3 =4, \\ \quad\ \ -2x_2-5x_3 =1, \\ \qquad\qquad -17x_3 =17 \end{cases} \tag{8-12}$$

在方程组（8-12）中，第三个方程是一元一次方程，两边同除以-17，得

$$\begin{cases} x_1+2x_2+ x_3 =4, \\ \quad\ \ -2x_2-5x_3 =1, \\ \qquad\qquad\ x_3 =-1 \end{cases} \tag{8-13}$$

再把 $x_3 = -1$ 分别代入方程组（8-13）中第二个与第一个方程（这相当于在方程组（8-13）第一、二个方程中消去 x_3），得

$$\begin{cases} x_1+2x_2 \qquad =5, \\ \quad\ \ -2x_2 \qquad =-4, \\ \qquad\qquad\ x_3 =-1 \end{cases} \tag{8-14}$$

方程组（8-14）中第二个方程两边同除以-2，得 $x_2 = 2$。把 $x_2 = 2$ 代入方程组（8-14）中的第一个方程（也相当于用消元法消去其第一个方程中的 x_2），得原方程组的解为

$$\begin{cases} x_1 =1, \\ x_2 =2, \\ x_3 =-1 \end{cases} \tag{8-15}$$

我们仔细分析上述例 1 用消元法解方程组的过程，可以看出，用消元法解线性方程组的过程就是反复地将方程组进行以下三种基本变换以化简原方程组：

（1）互换方程组中的两个方程的位置；

（2）用一个非零的数乘某一个方程；

（3）用一个数乘一个方程后加到另一个方程上。

以上三种变换称为线性方程组的初等变换。以后大家可以看到，这三种变换是我们经常使用的方法，而且通过以上解方程组的过程，大家可以知道，初等变换把线性方程组变成其同解方程组。

再分析上述解线性方程组的过程，可以看出，在做初等变换化简方程组时，只是对这些方程的系数和常数项进行变换。下面我们把例 1 解方程组的过程通过下面"矩阵"表格的形式再做一遍：

$$\begin{pmatrix} 2 & 2 & -3 & 9 \\ 1 & 2 & 1 & 4 \\ 3 & 9 & 2 & 19 \end{pmatrix} \xrightarrow{\text{交换第一、二两行}} \begin{pmatrix} 1 & 2 & 1 & 4 \\ 2 & 2 & -3 & 9 \\ 3 & 9 & 2 & 19 \end{pmatrix} \xrightarrow[\text{第一行 (-3) 倍加到第三行}]{\text{第一行 (-2) 倍加到第二行}}$$

[对应方程组（8-8）]　　　　　　　　　　　　　[对应方程组（8-9）]

$$\begin{pmatrix} 1 & 2 & 1 & 4 \\ 0 & -2 & -5 & 1 \\ 0 & 3 & -1 & 7 \end{pmatrix} \xrightarrow{\text{第三行乘2}} \begin{pmatrix} 1 & 2 & 1 & 4 \\ 0 & -2 & -5 & 1 \\ 0 & 6 & -2 & 14 \end{pmatrix} \xrightarrow[\text{加到第三行}]{\text{第二行3倍}} \begin{pmatrix} 1 & 2 & 1 & 4 \\ 0 & -2 & -5 & 1 \\ 0 & 0 & -17 & 17 \end{pmatrix}$$

[对应方程组（8-10）]　　　[对应方程组（8-11）]　　　　[对应方程组（8-12）]

$$\xrightarrow{\text{第三行除以 }(-17)} \begin{bmatrix} 1 & 2 & 1 & 4 \\ 0 & -2 & -5 & 1 \\ 0 & 0 & 1 & -1 \end{bmatrix} \xrightarrow[\text{第三行乘 }(-1)\text{ 加到第一行}]{\text{第三行乘 }5\text{ 加到第二行}} \begin{bmatrix} 1 & 2 & 0 & 5 \\ 0 & -2 & 0 & -4 \\ 0 & 0 & 1 & -1 \end{bmatrix}$$
[对应方程组 (8-13)]　　　　　　　　　　　　　　　[对应方程组 (8-14)]

$$\xrightarrow{\text{第二行除以 }(-2)} \begin{pmatrix} 1 & 2 & 0 & 5 \\ 0 & 1 & 0 & 2 \\ 0 & 0 & 1 & -1 \end{pmatrix} \xrightarrow[\text{加到第一行}]{\text{第二行乘 }(-2)} \begin{pmatrix} 1 & 0 & 0 & 1 \\ 0 & 1 & 0 & 2 \\ 0 & 0 & 1 & -1 \end{pmatrix}$$
[方程组 (8-14)　　　　　　　　　　　　　　[对应方程组 (8-15)]
到方程组 (8-15) 的过渡]

大家看到，我们用这样一种"矩阵"表格的形式对方程组的系数与常数进行与解方程组的"加减消元法"对应的"矩阵"表格中的"行"的运算，最后也得到了方程组的解。这种方法的优点是"记号"简单，节省书写过程，尤其是它适用于计算机操作——我们可以通过编写相应的解题"程序"，然后把它交给计算机来演算。

由此，也能导出行列式的三个主要性质：换法变换、倍法变换、消法变换。

设有 n 元线性方程组：

$$\begin{cases} a_{11}x_1 + a_{12}x_2 + \cdots + a_{1n}x_n = b_1, \\ a_{21}x_1 + a_{22}x_2 + \cdots + a_{2n}x_n = b_2, \\ \quad\vdots \\ a_{m1}x_1 + a_{m2}x_2 + \cdots + a_{mn}x_n = b_m \end{cases} \tag{8-16}$$

我们还可以用矩阵方程的形式把方程组 (8-16) 表示为

$$\boldsymbol{A}\boldsymbol{x} = \boldsymbol{b} \tag{8-17}$$

由行列式的克拉默理论，得当 $m = n$ 且有方程组 (8-16) 的系数行列式 $D \neq 0$ 时，方程组 (8-16) 有唯一解，且由克拉默公式给出公式解。

当方程组 (8-16) 的系数行列式 $D = 0$ 时，我们由其系数矩阵与增广矩阵的秩，可知

设增广矩阵 $\boldsymbol{B} = (\boldsymbol{A}, \boldsymbol{b})$，当 $r(\boldsymbol{B}) \neq r(\boldsymbol{A})$ 时，方程组无解；当 $r(\boldsymbol{B}) = r(\boldsymbol{A})$ 时，方程组有解：若 $r(\boldsymbol{B}) = r(\boldsymbol{A}) = n$，则方程组有唯一解；若 $r(\boldsymbol{B}) = r(\boldsymbol{A}) = r < n$，则方程组有无穷多解。我们并能写出方程组的通解形式。

其实，如果我们把以"方程组 (8-16) 对应的齐次方程组的基础解系的线性组合加方程组 (8-16) 的一个特解"的通解形式看成线性方程组的公式解也没有什么不妥。进一步地，我们还可以运用矩阵方法给出方程组 (8-16) 或方程组 (8-17) 的通解形式。

设方程组 $\boldsymbol{A}\boldsymbol{x} = \boldsymbol{b}$，$\boldsymbol{A}$ 是 m 行 n 列矩阵。系数矩阵的秩 $r(\boldsymbol{A})$ 与其增广矩阵的秩 $r(\boldsymbol{B})$ 相等是该方程组有解的充要条件；方程组有唯一解的充要条件是 $r(\boldsymbol{B}) = r(\boldsymbol{A}) = n$，此时方程组解的公式是 $\boldsymbol{x} = \boldsymbol{A}^{-1}\boldsymbol{b}$。若 $r(\boldsymbol{B}) = r(\boldsymbol{A}) = r < n$，则该方程组有无穷多解。在系数矩阵 $\boldsymbol{A}$ 中找出一个 r 阶非零子式，不妨设是由左上角的元素构成的矩阵 $\boldsymbol{A}_1$，则 $|\boldsymbol{A}_1| \neq 0$。对矩阵做分块：

$$\boldsymbol{A} = \begin{pmatrix} \boldsymbol{A}_1 & \boldsymbol{A}_2 \\ \boldsymbol{A}_3 & \boldsymbol{A}_4 \end{pmatrix}, \quad \boldsymbol{b} = \begin{pmatrix} \boldsymbol{b}_1 \\ \boldsymbol{b}_2 \end{pmatrix}, \quad \boldsymbol{x} = \begin{pmatrix} \boldsymbol{X}_1 \\ \boldsymbol{X}_2 \end{pmatrix}$$

方程组 $\boldsymbol{A}\boldsymbol{x} = \boldsymbol{b}$ 与 $(\boldsymbol{A}_1, \boldsymbol{A}_2)\boldsymbol{x} = \boldsymbol{b}_1$ 是同解方程组，即与方程组 $\boldsymbol{A}_1\boldsymbol{X}_1 + \boldsymbol{A}_2\boldsymbol{X}_2 = \boldsymbol{b}_1$ 同解，进而有求解公式：

$$\boldsymbol{X}_1 = \boldsymbol{A}_1^{-1}\boldsymbol{b}_1 - \boldsymbol{A}_1^{-1}\boldsymbol{A}_2\boldsymbol{X}_2 \tag{8-18}$$

其中，X_2是自由未知量（向量）。

在向量空间中，我们也可以利用向量对线性方程组的基本问题给出说明，而且利用内积空间理论还可以给出无解方程组的最小二乘解。为此，我们先将方程组（8-16）改写成向量组形式：

$$x_1\boldsymbol{\alpha}_1+x_2\boldsymbol{\alpha}_2+\cdots+x_n\boldsymbol{\alpha}_n=\boldsymbol{b} \tag{8-19}$$

由向量空间的理论知，若向量组 $\boldsymbol{\alpha}_1$，$\boldsymbol{\alpha}_2$，$\cdots$，$\boldsymbol{\alpha}_n$ 线性无关，且向量 $\boldsymbol{b}$ 可由其线性表示，则方程组有唯一解；若其线性相关，且向量 $\boldsymbol{b}$ 可由其线性表示，则方程组有无穷多解；若向量 $\boldsymbol{b}$ 不能由其线性表示，则方程组无解。当线性方程组有无穷多解时，不妨设向量组 $\boldsymbol{\alpha}_1$，$\boldsymbol{\alpha}_2$，$\cdots$，$\boldsymbol{\alpha}_r$ 是其一极大无关组，则此时解的公式可以写成

$$x_1\boldsymbol{\alpha}_1+x_2\boldsymbol{\alpha}_2+\cdots+x_r\boldsymbol{\alpha}_r=\boldsymbol{b}-x_{r+1}\boldsymbol{\alpha}_{r+1}-\cdots-x_n\boldsymbol{\alpha}_n \tag{8-20}$$

其中，x_{r+1}，$\cdots$，x_n 是自由未知量。我们进一步可将上述公式写成

$$(\boldsymbol{\alpha}_1，\boldsymbol{\alpha}_2，\cdots，\boldsymbol{\alpha}_r)\ X_1=\boldsymbol{b}-(\boldsymbol{\alpha}_{r+1}，\cdots，\boldsymbol{\alpha}_n)\ X_2 \tag{8-21}$$

其中，$X_1=(x_1,\cdots,x_r)^{\mathrm{T}}$，$X_2=(x_{r+1},\cdots,x_n)^{\mathrm{T}}$。在式（8-21）中做类似于式（8-18）的工作，我们也会得到一个类似于式（8-18）的公式解。

解线性方程组的初等变换的方法略加修正就是行列式的主要性质（我们可以说行列式的性质实际是由这3种初等变换展开的）；而当把一个线性方程组"略去"未知数与运算符号后就成为一个矩阵（增广矩阵），解方程组的初等变换方法就立即又转化为矩阵化简的有力工具；对一个向量组来说，求向量组的秩就是把一个向量组化为一个矩阵后做初等行变换；进一步地，在求出一个向量组的极大无关组后，把其余向量用其极大无关组表示，实际上又是解方程组：

$$\boldsymbol{\alpha}_j=x_1\boldsymbol{\alpha}_1+x_2\boldsymbol{\alpha}_2+\cdots+x_r\boldsymbol{\alpha}_r\ (j=r+1，\cdots，n)$$

因此，在求解"把其余向量用其极大无关组表示"的过程中，还是运用解方程组的"化增广矩阵"为"最简形"的方法，只不过这里的"增广矩阵"就是所求解的"向量组"，而其"最简形"部分就是其极大无关组部分，而向量组中除极大无关组之外的部分就成了"方程组的常数向量部分"，只不过这里的常数向量不止一个。这样，就把解线性方程组与向量组的线性表示彻底打通了。对求解特征值与特征向量来说，当然离不开解方程与方程组了。

▶▶ 8.3.2 矩阵的思想、方法

矩阵是现代数学中非常有用的一个工具，在现代科学技术中具有广泛的应用。下面我们给出一个应用矩阵分解构建一种加密技术。

例 2 矩阵满秩分解方法的应用[⊖]

首先来介绍矩阵的满秩分解方法。先看下例

设

$$A=\begin{pmatrix}2 & 3 & 1 & 5 & 4\\1 & 2 & 1 & 3 & 3\\3 & 5 & 2 & 8 & 7\\1 & 3 & 2 & 4 & 5\end{pmatrix}\rightarrow\begin{pmatrix}1 & 0 & -1 & 1 & -1\\0 & 1 & 1 & 1 & 2\\0 & 0 & 0 & 0 & 0\\0 & 0 & 0 & 0 & 0\end{pmatrix}$$

⊖ 靳全勤：《初等变换的一个应用：矩阵的满秩分解》，《大学数学》，2009（5），第195-196页。

则矩阵 A 的秩为2，令

$$B = \begin{pmatrix} 2 & 1 & 3 & 1 \\ 3 & 2 & 5 & 3 \end{pmatrix}^{\mathrm{T}}, \quad C = \begin{pmatrix} 1 & 0 & -1 & 1 & -1 \\ 0 & 1 & 1 & 1 & 2 \end{pmatrix} \Rightarrow A = BC$$

其中，矩阵 B 为列满秩，矩阵 C 为行满秩。

这个例子能够推广吗？设矩阵 A 是秩为 r 的 $m \times n$ 矩阵，能否找到秩分别为 m，n 的 $m \times r$ 矩阵 B 与 $r \times n$ 矩阵 C，使得 $A = BC$（称为矩阵 A 的满秩分解，它在矩阵理论中有重要应用）。

对于上述问题，有

定理 设矩阵 A 是秩为 r 的 $m \times n$ 矩阵，则存在秩分别为 m，n 的 $m \times r$ 矩阵 B 与 $r \times n$ 矩阵 C，使得 $A = BC$。

例如，设有矩阵 A，对矩阵 A 做初等行变换，化矩阵 A 为行标准形，即

$$A = \begin{pmatrix} 2 & -1 & -1 & 1 & 2 \\ 1 & 1 & -2 & 1 & 4 \\ 4 & -6 & 2 & -2 & 4 \\ 3 & 6 & -9 & 7 & 9 \end{pmatrix} \rightarrow \begin{pmatrix} 1 & 0 & -1 & 0 & 4 \\ 0 & 1 & -1 & 0 & 3 \\ 0 & 0 & 0 & 1 & -3 \\ 0 & 0 & 0 & 0 & 0 \end{pmatrix}$$

则有

$$B = \begin{pmatrix} 2 & -1 & 1 \\ 1 & 1 & 1 \\ 4 & -6 & -2 \\ 3 & 6 & 7 \end{pmatrix}, \quad C = \begin{pmatrix} 1 & 0 & -1 & 0 & 4 \\ 0 & 1 & -1 & 0 & 3 \\ 0 & 0 & 0 & 1 & -3 \end{pmatrix}$$

使得

$$A = BC$$

由此，我们可以构造一种加密技术。如上述例题中，我们令矩阵 B 为密钥矩阵，矩阵 C 为密文矩阵。

方法1：明文矩阵为 $A = BC$（或矩阵 A 的第三、五两列构成的矩阵 D）。

方法2：在上例中对密文矩阵 C 做加工。令

$$C_1 = \begin{pmatrix} -1 & 4 \\ -1 & 3 \\ 0 & -3 \end{pmatrix}$$

密钥矩阵 B 不变，则可利用矩阵的乘法得到明文矩阵为 A 的第三、五两列构成的矩阵，即

$$D^{\mathrm{T}} = BC = \begin{pmatrix} 1 & -2 & 2 & -9 \\ 2 & 4 & 4 & 9 \end{pmatrix}$$

方法3：令矩阵 A 作为密文矩阵，矩阵 C 为密钥矩阵，则可以通过对矩阵 A 做初等行变换的方法来得到明文矩阵 B 或 D。

方法4：令矩阵 A 为密文矩阵，密钥矩阵为对矩阵 A 所做的系列初等变换的积矩阵，即存在一个满秩矩阵 P，使 $PA = C$。其中，矩阵 C 为明文矩阵。

方法5：令矩阵 A 为密文矩阵，不设置密钥矩阵，直接对矩阵 A 做初等行变换，可以得到明文矩阵 C。（由于初等变换的不唯一性，因此，应事先约定初等变换的顺序，或由其他约定确定明文矩阵 C）

8.3.3 线性变换的思想、方法

代数与几何是数学的两个方面。代数可以为几何提供工具，而几何可以为代数提供直观背景，二者相辅相成。下面说明线性变换的思想、方法在几何中的应用。

例3 平面上的矩阵乘法与几何变换[⊖]

我们将平面上的一点 P 看成一个 1×2 矩阵，对点 P 右乘一个 2×2 矩阵，相当于对点 P 进行相应的几何变换。在代数上，我们称之为线性变换。

如 $$P=(2，1)$$

缩放变换（见图 8-3a）：$(2，1)\begin{pmatrix}3&0\\0&1\end{pmatrix}=(6\quad1)$

旋转变换（见图 8-3b）：$(2，1)\begin{pmatrix}0&1\\-1&0\end{pmatrix}=(-1，2)$

关于 x 轴的镜像变换（见图 8-3c）：$(2，1)\begin{pmatrix}1&0\\0&-1\end{pmatrix}=(-1，2)$

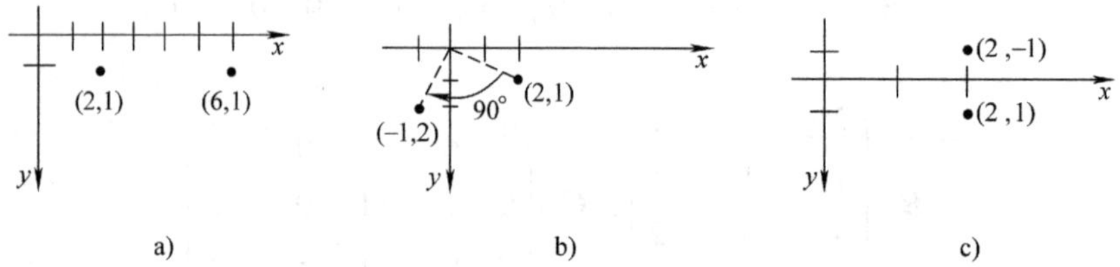

图 8-3

a）缩放变换 b）旋转变换 c）镜像变换

上面所有的变换均为线性变换。注意平移变换不是线性变换，因为它不能表示成一个 2×2 矩阵的右乘。假设 $P=(2\quad1)$，我们先对它顺时针旋转 $90°$，再沿 x 轴正向平移 3 个单位长度，沿 y 轴正向平移 4 个单位长度。那么相当于先对 P 右乘一个矩阵，再加上一个矩阵。图 8-4 展示了这一变换，即变换

$$(2，1)\begin{pmatrix}0&1\\-1&0\end{pmatrix}+(3，4)=(2，6)$$

矩阵可以让我们将任意一个几何变换用统一的形式来表达，以便于计算和变换合成。利用点的齐次坐标，我们可以很方便地表示各种类型的几何（包括欧氏、仿射和投影）变换。如果 $T(x)$ 为 $\mathbf{R}^n$ 上的一个几何变换，那么我们可以通过求 T 在 $\mathbf{R}^n$ 的一组标准正交基下的像来得到 T 的矩阵 A，即

$$A=(T(e_1),T(e_2),\cdots,T(e_n))$$

例如，函数 $T(x)=5Ex$ 为一个线性变换（E 为单位矩阵）。运用这个方法产生

$$T(x)=5Ex=\begin{pmatrix}5&0\\0&5\end{pmatrix}x$$

在平面上绕原点 O 逆时针旋转 θ 角，对应的坐标变换式为

⊖ 王章雄：《数学的思维与智慧》，中国人民大学出版社，2011，第256-260页。

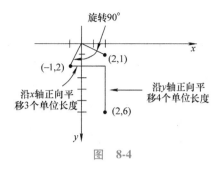

图　8-4

$$\begin{cases} x' = x\cos\theta - y\sin\theta, \\ y' = x\sin\theta + y\cos\theta \end{cases}$$

写成矩阵或向量的积的形式，即

$$X' = AX,$$

$$\begin{pmatrix} x' \\ y' \end{pmatrix} = \begin{pmatrix} \cos\theta & -\sin\theta \\ \sin\theta & \cos\theta \end{pmatrix} \begin{pmatrix} x \\ y \end{pmatrix}$$

因此，两次连续的旋转变换对应于两个旋转矩阵（称为正交矩阵）的乘积，这种方法可以推广到三维甚至更高维空间。

8.4　线性代数的意义

1. 方法的革新

古代数学以几何为主，而且代数方法与几何方法互不影响。但是线性代数的创立，使数学方法有了比较大的进步，特别是方程的思想、矩阵的方法等，对现代数学的应用产生了巨大影响。另外，代数方法与几何方法互相促进、互相影响，促进了数学的发展。

2. 促进了"数系"的扩张与数学结构思想的产生

数系的扩张，实质上是不断引入新的"理想元素"的过程。按照布尔巴基"数学结构"的思想，所谓"数"实际上就是集合中能够"进行计算的元素"。由此，集合中全体元素与其元素的运算结合起来就构成了一种"数学结构"。这一思想加深了人们对数的本质的认识，并从运算角度考虑，把向量、矩阵、张量、群、环、域中的元都看作某种"广义数"。这样，数系就进一步扩张。数系扩张的线索如下：

自然数→分数（有理数）→无理数→实数→复数→

多元数→向量→矩阵→张量

美国数学家戴维斯曾这样评价："文明开化的复杂性反映在其数的复杂性中。距今 2500 年前，古巴比伦人用最简单的整数来讨论绵羊的所有权，并用简单的算术来记录行星的运动。今天，数理经济学家应用矩阵代数来描述成百上千的企业之间的相互联系，并且物理学家应用'希尔伯特空间'———一种数的概念，高于正整数七个抽象水平———来预测量子现象。"⊖

⊖ M 克莱因：《数学，确定性的丧失》，李宏魁译，湖南科学技术出版社，2003。引自郭龙先：《代数学思想史的文化解读》，第 186 页。

3. 促进了思想解放

符号引入数学，符号代数的产生，使数学从文字叙述中解放出来，从此成为一门特殊的科学语言体系；向量概念的引入，使人们摆脱了现实的束缚，进而帮助人们从三维空间进入到更高维的空间，从现实空间进入虚拟空间，极大地促进了人们思想的解放。

4. 广泛的应用性

线性代数为许多实际应用提供了数学工具，如矩阵、线性方程组等已经成为现代应用数学的一个非常重要的工具，在工程技术、金融技术、管理技术、经济应用中都具有广泛的应用。

线性代数的诞生，促进了经济中的"投入产出"方法与工程中的"线性规划"方法，因此，它们对人类社会的进步产生了巨大的影响。更为详细的可见第 13 章 13.1：数学与经济。

 思考题

1. 谈谈你在学习《线性代数》课程时的体会。（理工科学生适用）
2. 举例说明线性代数的思想、方法在实际生活中的应用。

第9章　非欧几何与数学真理性

在 19 世纪所有复杂的技术创造中间，最深刻的成果之一——非欧几何，在技术上是最简单的。这个创造引起了数学的一些重要的新分支，但它最重要的影响是迫使数学家们从根本上改变对数学的性质的理解，以及对它和物质世界的关系的理解。

——克莱因

本章主要介绍关于欧几里得第五公设的研究史，以及数学真理性的意义。这一部分在数学思想史，以及整个人类思想史上都具有重要的意义。希望通过这一部分，揭示有关数学的意义及数学真理性的问题。

9.1　第五公设及其研究

前面我们已经介绍过欧氏几何及其 5 条公设：

（1）连接任何两点可以作一条直线段。

（2）一条直线段可以沿两个方向无限延长而成为直线。

（3）以任意一点为中心，通过任意给定的另一点可以作一圆。

（4）凡直角都相等。

（5）如果同一平面内任意一条直线与另两条直线相交，同一侧的两内角之和小于两直角和，那么这两条直线经适当延长后在这一侧相交（见图 9-1）。（其等价命题：在一个平面中，过已知直线外一点作直线的平行线能作一条且仅能作一条。）

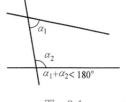

图　9-1

由于第五公设与《几何原本》中的其他公设、公理应有的明显性、直观性和不证自明的真理程度相比，似乎有些差别，特别是在其叙述中还隐含有直线可以无限延长的含义，而这又涉及整个无限平面的非经验特征。古希腊人对无限基本上采取了一种排斥的态度，因此，就引起了人们的关注和不安。即使对于欧几里得本人，好像对第五公设也有些底气不足。因为在《几何原本》中，凡可以不用第五公设证明的问题，欧几里得都尽量避免使用它。

从公元前 300 年始到 1800 年的 2000 多年时间里，几乎所有有作为的数学家、神学家都在第五公设上投入大量的精力：哲学家、神学家希望进一步完善欧氏几何的理想化地位，数学家则希望使几何的逻辑演绎体系更加完美。

总的说来，对第五公设的研究可以归为两类：一是试图找到更为自明的公设或命题来代替第五公设；二是试图用其他公理、公设等证明它，从而使它成为一个定理。

对第五公设的第一个有影响的证明是由古希腊的托勒密（约 90—168）给出的。由于他的证明中已经假定了有关两条直线平行的内容，因此，这一证明是无效的。但这说明至少在古希腊时代第五公设就已引起人们的注意。

在长达2000多年的漫长岁月中，尽管不同的数学家使用了不同的方法，却都没有获得成功。但是通过这些失败的努力，人们获得了一些极有价值的与第五公设等价的命题。例如：

（1）每一个三角形的内角和都相等。

（2）通过一角内的任一点可以作与此角两边相交的直线。

（3）四边形的四个内角之和等于四个直角和。

（4）垂直于锐角的一条边的直线，必与此锐角的另一条边相交。

（5）存在一对同平面直线彼此处处等距离。

（6）过平面内已知直线外的一个已知点只能作一条直线平行于已知直线。

（7）过任何三个不在同一直线上的点可作一圆。

……

2000多年的失败历史无疑会促使人们对这种证明的方法和目的等作出一定的反思。一些数学家就开始了反面的努力，即是希望能从相反的规定引出矛盾而用归谬法证明第五公设。

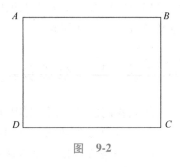

图 9-2

在历史上，首先试图利用归谬法证明第五公设的首推数学家萨开里（1667—1733）。他经过复杂和艰苦的论证，出版了《排除任何谬误的欧几里得》一书。在这一著作中，萨开里承认《几何原本》的前28个命题，即认为证明这些命题不需要第五公设。借助于这些定理，他研究等腰双直角四边形，即四边形 $ABCD$（见图9-2），其中，$AD=BC$，且 $\angle A$ 和 $\angle B$ 均为直角，作对角线 AC 和 BD，再利用全等定理（包含在欧几里得的前28个命题中），萨开里容易地证明了 $\angle C = \angle D$，但无法确定这两个角的大小。当然，作为第五公设的推论，可推出这两个角均为直角，但是他不想采用此公设的假定。因而这两角可能均为直角，或均为钝角，或均为锐角。萨开里在这里坚持了开放的思想，并且把这三种可能性命名为直角假定、钝角假定和锐角假定。他的计划是以证明了后两个假定导致矛盾来排除这两种可能，然后根据归谬法就只剩下第一个假定了。但是这个假定等价于欧几里得的第五公设。这么一来，平行公设就被证明了，欧几里得假定的缺陷就被排除了。

萨开里以其娴熟的几何技巧和卓越的逻辑洞察力证明了许多定理。现将其中较重要者列举如下：

（1）直角假定⇔三角形内角和等于两直角和。

⇔在一个平面内，给定一条直线和直线外一点，过该点有一条直线与该直线不相交。

⇔立于固定直线上的定长垂线的定点轨迹是一条直线。

（2）钝角假定⇔三角形内角和大于两直角和。

⇔没有平行线。

⇔立于固定直线上的定长垂线的定点轨迹是凸曲线。

（3）锐角假定⇔三角形内角和小于两直角和。

⇔给定一条直线和直线线外一点，过该点有无穷多条直线与该直线不相交。

⇔立于固定直线上的定长垂线的定点轨迹是凹曲线。

萨开里认为他已经在第五公设不成立的情况下找到了矛盾，从而就证明了第五公设。但是他把有限图形的性质在没有理论证明的情况下任意地推广到了无限图形，从而犯了混淆范畴的错误。

1763 年，德国数学家、物理学家克吕格尔（1739—1812）在一篇论文中首先对第五公设能被证明表示怀疑。他指出，人们接受欧几里得平行公理的正确性应是基于经验。他传达了这样的思想：公理的实质在于符合经验而并非不证自明。

1766 年，在萨开里发表了其著作之后 33 年，瑞士的兰伯特（1728—1777）写了一本标题为《平行线理论》的著作，做了类似的研究。和萨开里一样，兰伯特按照三直角四边形的第四个角是直角、钝角或锐角做了三个不同的假定。然而，兰伯特走得更远。例如，和萨开里一样，他证明了在这三个假定下分别可推出三角形内角和等于、大于或小于两直角和。然后，他进一步证明了在钝角假定下大于两个直角和的超出量和锐角假定下小于两直角和的亏量均与三角形的面积成正比。他看到了由钝角假定推出的几何与球面几何的类似之点：在球面几何中，三角形的面积与其球面角成正比。他还猜测，由锐角假定推出的几何也许能在虚半径的球上被证实，这也猜对了。

兰伯特和萨开里一样，以默认直线为无限长这个假定来取消钝角假定。

这里，兰伯特实际上已经提出了一种新的观点，认为任何一组假设如果不能导致矛盾，就应能提供一种新的特别的几何。这种几何应是一种新的真实的逻辑结构，虽然它或许对真实图形的作用很少。

用归谬法证明欧几里得平行公设的第三个卓越贡献者是法国著名数学家勒让德（1752—1833）。他对一特殊的三角形的内角和作出了三个不同的假定：等于、大于或小于两直角和。他含蓄地承认直线的无限性，因而取消第二假定。但是，尽管他做了种种尝试，还是没法排除第三个假定。

勒让德的另一个重要贡献是他备受欢迎的著作《几何学基本原理》，于 1794 年出版。他对欧几里得的《几何原本》做了教学法上的改进，重新安排和简化了许多命题，成为现在流行的形式。

在兰伯特以后，德国法学家、业余数学家施外卡特（1780—1859）也对第五公设进行了研究，并把他的研究成果介绍给"数学王子"高斯，向他征求意见。他把几何分为欧氏几何和假设三角形内角和不等于两直角和的几何，并把后者称为星空几何。从历史的角度看，施外卡特已经认识到了第五公设事实上是一种经验的总结，是欧几里得对物质世界的经验概括，因此，它的正确性、自明性就只存在于经验之中而非存在于逻辑证明之中。既然第五公设是一种经验规律，那么我们是否可以想象不同的几何呢？

继承施外卡特的工作，他的外甥陶里努斯（1794—1874）也对星空几何进行了研究，但他也没有迈进非欧几何的大门。他只认为星空几何是一种没有逻辑错误的命题体系，而没有认识到这也是与欧氏几何相类似的一种几何体系。

兰伯特、施外卡特、陶里努斯这三人，还有当时一些其他人都承认欧几里得平行公设不能证明，这三人也都注意到实球面上的几何具有以钝角假设为基础的性质，而虚球面上的几何则具有以锐角假设为基础的性质。这样，这三个人都已认识到非欧几里得几何的存在性，但他们都失去了一个基本点，即欧几里得几何不是唯一的在经验能够证实的范围内来描述物质空间的性质的几何。

9.2　非欧几何的诞生

从前面我们看到，尽管经过长时间的艰苦努力，萨开里、兰伯特和勒让德还是没有能以锐角（或钝角）假定为前提推出矛盾。这是因为由某一组基本假定加上锐角假定推出的那套几何，和由那一组基本假定加上直角假定推出的欧几里得几何一样是自相容的。换言之，平行公理不能作为定理从欧几里得的其他假定推出，它独立于其他那些假定。对 2000 年来受传统偏见的约束，坚信欧几里得几何无疑是唯一可靠的几何，而任何与之矛盾的几何系统绝对是不可能相容的人来说，承认这样一种可能是要有不同寻常的想象力的。

▶▶ 9.2.1　高斯的工作

高斯（1777—1855）（见图 9-3）可以说是真正预见到非欧几何的第一人。大约在 1816 年，高斯已经产生了非欧几何的思想。高斯是第一个认识到第五公设具有独立性（即不能由其他公理推出），同时也是第一个认识到欧几里得几何并不是唯一能描述物质空间的几何学的人。在非欧几何方面，他进行了长期的深入思考，做了大量的研究，获得了许多成果。高斯深信自己所获得的结果在逻辑上是相容的。他最初把这些结果称为"反欧几里得几何"，以后又叫"星空几何"，最后才称为"非欧几何"——这个名字一直沿用至今。高斯在给奥尔伯斯的一封信中写道："我越来越深信我们不能证明我们的（欧几里得）几何具有（物理的）必然性，至少用人类理智，也不能给予人类理智以这种证明。或许在另一个世界中我们可能得以洞察空间的性质，而现在这是不能达到的。"

图 9-3　高斯

遗憾的是，由于不愿公开发表任何有争论的事物或想法，高斯在世时并没有发表过一篇关于非欧几何的文章，他的思想是通过与好友的通信、对别人著作的几份评论，以及在他去世后从稿纸中发现的几份札记表达出来的。1829 年 1 月 27 日，高斯在给贝塞尔的一封信中写道："假如他不保守秘密，黄蜂会围绕他的耳朵飞，而且会听到波哀提亚人（指愚人）的叫喊。"虽然他没有发表自己的发现，但是他竭力鼓励别人坚持这方面的研究。历史给予了他应有的地位；他被公认为是非欧几何的创始人之一。

高斯在研究中表明了两点看法：其一，第五公设不能用"人的理智"给出证明；其二，对欧几里得几何与物理空间的性质具有先验的一致性"提出极大怀疑"。为了证明非欧几何具有某种物理空间的实用性，高斯曾实测过由三个山峰构成的三角形的内角和，但由于三个山峰的距离还不够大，实验数据与误差值之间不好比较，因此，这一实验最终未获得预期的效果。

9.2.2 J. 波尔约的工作

匈牙利数学家 J. 波尔约（见图9-4）对非欧几何的创立也做出了重大贡献。波尔约的父亲在哥廷根大学曾与高斯是同学，也曾长期研究过第五公设的问题，并与高斯经常有书信来往。受父亲的影响，波尔约很早就思考过第五公设的问题。波尔约的父亲并不赞同儿子对第五公设的研究，因为他知道这个问题在历史上曾消耗过许多数学家的青春。但是当儿子取得成果时，父亲还是设法帮助他出版，并把结果写信告诉了高斯。他把儿子的这篇26页的论文作为自己刚刚完成的一部数学著作《向好学青年介绍纯粹数学原理的尝试》的附录发表，并于1831年6月20日将附录的样稿寄给高斯，但高斯没有回信。1832年1月16日，他又一次写信给高斯。3月6日，高斯在复信中写道，关于你儿子的工作，他"采取的思路、方法以及达到的结果，和我在30至35

图9-4 J. 波尔约

年前已开始的一部分工作完全相同，……但我本来就是不愿发表的"。波尔约原期望获得高斯的认可和支持，但是这一期望却被高斯的来信彻底击破了。从年代上讲，波尔约公开出版自己关于非欧几何的研究成果，要比首先发表这一方面成果的罗巴切夫斯基晚3年，但这个研究成果是他独立得到的。

9.2.3 罗巴切夫斯基的工作

在历史上，最完整、最先出版非欧几何研究成果的是俄罗斯数学家罗巴切夫斯基（1792—1856）（见图9-5）。罗巴切夫斯基毕业于俄国喀山大学并留校任教。早在1826年，他就完成了非欧几何的第一篇论文《几何原理简述和平行线定理的严格证明》。在这篇文章中，罗巴切夫斯基论述了非欧几何的存在，并指出了它的基本内容。可惜这一文章只是在很小的学生范围内交流而没有正式发表。1829年，罗巴切夫斯基在喀山大学学报《喀山通讯》上发表了论文《论几何学原理》，这是数学史上最早的非欧几何论文。

图9-5 罗巴切夫斯基

从1835年到1838年，罗巴切夫斯基完成并发表了一系列的非欧几何论文，完整的罗氏几何理论已经形成。为了扩大影响，罗巴切夫斯基决定在国外发表自己的研究成果。1840年，罗巴切夫斯基以德文在国外发表了《平行线理论的几何研究》。高斯在看到德文版的罗氏论文后给予了高度评价，并经高斯提议，1841年罗巴切夫斯基作为"俄罗斯帝国杰出数学家"之一被吸收为哥廷根科学协会的通讯会员。罗氏几何的问世标志着非欧几何的确立。

下面简要叙述一下罗氏几何（又称双曲几何）与欧氏几何的主要不同之处。

（1）新的公理系统

罗巴切夫斯基几何学的公理系统与欧几里得的公理系统不同之处仅仅是把欧氏几何的"平行公理"代之以"在一个平面内经过直线外一点至少可以作两条直线与已知直线平行"。如图9-6所示，经过直线 a 外一点 A，可以作两条直线 l_1，l_2 与已知直线 a 平行。事实上，夹在两条直线 l_1，l_2 间的任何一条直线（图中虚线）都与直线 a 平行。直线 l_1，l_2 是两条"临界直线"，是整个"平行线束"的边缘。

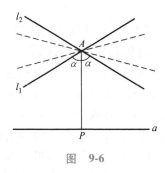

图 9-6

（2）一些与欧氏几何不同的结论

罗巴切夫斯基几何学中有许多定理与欧几里得几何学定理是完全不同的。下面举出几个例子：

① 同一直线的垂线和斜线不一定相交。

② 如果两个三角形的三个内角相等，那么这两个三角形全等（即在罗巴切夫斯基几何学中不存在相似三角形）。

③ 过不在同一条直线上的三点不一定能作一个圆。

④ 三角形三内角之和小于180°，而且随着三角形的面积的增大而减小。

⑤ 两条平行线之间不是处处等距。

如图 9-7 所示，临界直线 l_1 上的各点与直线 a 的距离并不相等，而是越往右，距离越短，且趋于 0，但直线 l_1 与直线 a 始终不相交。直线 l_1 上有不同的点（A_1，A_2，A_3）有不同的临界角（α_1，α_2，α_3 两两不相等，且有 $\alpha_1 < \alpha_2 < \alpha_3$）。类似欧氏几何中的双曲线 $y = \dfrac{1}{x}$（见图 9-8）。从点 A 往右，各点与 x 轴的距离越来越小，但永远不会与 x 轴相交。如图 9-9 所示，过点 A 作 $l \perp AP$（$a \perp AP$），则直线 l 也与直线 a 平行，但不是临界直线（直线 l 夹在直线 l_1 与直线 l_2 之间），直线 l 与直线 a 的距离也不是处处相等的，而是在点 A 处距离最短，向两边去则对称地增大，即有 $|AP| < |A_1P_1| = |A_2P_2|$。

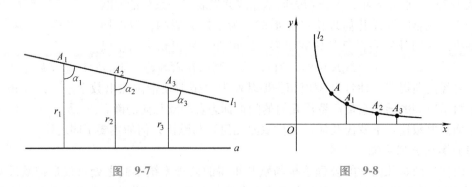

图 9-7   图 9-8

非欧几何仅是将欧氏几何中的第五公设否定，用它的反面代替它，虽然只有一步路，然而这一步走了 2000 多年。大家由上面可以看到，非欧几何的困难不是技术上的，而主要是观念上的。

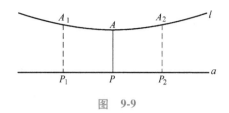

图　9-9

　　罗巴切夫斯基与高斯、波尔约在非欧几何方面的差异主要如下：第一，罗巴切夫斯基作为一位教育家，更加注重从教学的角度去分析欧氏几何存在的问题，这种关于第五公设的深入思考就使他所创立的非欧几何体系具有比较严谨的数学教学特征，这些思考也使他容易把欧氏几何看成是非欧几何的极限状态，这些特点是没有教育经历的波尔约所不可能具备的。第二，在创立非欧几何的过程中，罗巴切夫斯基较多地考虑了数学概念与物质世界、数学原始命题与人类经验的关系，从而不仅确信非欧几何与欧氏几何一样也是物质世界的一种表现形式，更为非欧几何的建立提出了一些全新的数学概念。应该指出的是，这种考虑数学基本概念、原始概念的思想方法实际上已经进入到数学的哲学层面，即已超越了几何与物质世界直接对应的思考。也正是在后一意义上，罗巴切夫斯基对于非欧几何的创立，特别是新概念的提出及运用，可以被认为已经超越了高斯从实践意义上对非欧几何的思考。他发展的非欧几何现今被称为罗巴切夫斯基几何，并赢得了"几何学上的哥白尼"的称号。

▶▶ 9.2.4　黎曼的工作

　　黎曼（1826—1866）生于德国北部汉诺威的布雷塞伦茨村，19 岁按其父亲意愿进入哥廷根大学。当时的哥廷根大学是世界数学中心之一，一些著名数学家，如高斯、韦伯斯特尔都在这里任教。1847 年，他转到柏林大学学习，成为雅可比与狄利克雷的学生。1849 年，他重返哥廷根大学攻读博士学位，成为高斯晚年的学生，1859 年接替狄利克雷成为教授，1866 年病逝于意大利，终年 39 岁。

　　黎曼在 1854 年作了题为"关于几何基础的假设"的讲演，这是他在讨论无界和无限概念时所获得的成果。黎曼将欧几里得的第二和第五公设做了如下修正：

　　（1）直线是无界但是有限的。

　　（2）平面上任何两条直线都相交。

　　由上面的修正，得出了另一非欧几何——黎曼几何（亦称椭圆几何），下面列出这一几何的几个结论：

　　（1）直线没有端点但长度是有限的。

　　（2）过直线外一点没有与该条直线平行的直线。

　　（3）三角形的内角和大于 π，且随着三角形面积的增大而增大。

　　黎曼几何的模型是球面。在这种几何中，平面上的点是球面上的点，且球面上的对径点（球的直径的两端点）被认为是一个点，直线是球面的大圆（圆心是球心的圆）。这样，上面的两条修正都得到验证，球面上的大圆是无界但长度是有限的，任何两个不同的大圆都是相交的。同样，三角形的内角和大于 π 也可推导出来。

黎曼几何的每一条定理都能在球面上得到令人满意的解释，换言之，自然界的几何或实用几何，在一般经验意义上来说就是黎曼几何。

20世纪最伟大的科学家爱因斯坦，突破牛顿经典物理学的框架，提出了狭义相对论和广义相对论学说，在物理领域内发动了一场影响深远的革命。爱因斯坦提出相对论时，就应用了黎曼几何这个数学工具，从而使数学和物理学领域的两场革命会师。根据相对论学说，现实空间并不是均匀分布的，而是发生弯曲的，也就是说，现实空间实际上是非欧几何式的，甚至比目前我们已知的非欧几何还要复杂。不过，在我们周围这个不大不小、不近不远的空间里，欧几里得几何足够精确了，因此，它们是实用的。

9.3　非欧几何的相容性

虽然罗巴切夫斯基和波尔约在他们对以锐角假定为基础的非欧几何的广泛研究中没有遇到矛盾，而且他们也相信这不会产生矛盾，但是如果这类研究充分地继续下去，那么会出现矛盾吗？平行公设对欧几里得几何其他公设的独立性，必须在确定"锐角假定的相容性"后才能成立。没过多久有人做到了这一点，那是贝尔特拉米、凯莱、克莱因、庞加莱等人。他们的办法是在欧几里得几何内建立一个新几何的模型，使得锐角假定的抽象发展在欧几里得空间的一部分上得到表示。于是，非欧几何中的任何不相容性会反映此表示的欧几里得几何中对应的不相容性。这种证明是相容性的一种，如果欧几里得几何是相容的，那么可证明罗巴切夫斯基几何是相容的。当然，每个人都相信欧几里得几何是相容的。

德国数学家克莱因于1871年用射影的方法构造出罗巴切夫斯基几何学模型。在这个模型中，他把单位圆作为罗巴切夫斯基的几何平面，平面上的点是圆内的点，直线是圆的弦，无穷远点是圆周上的点，平行线是圆内不相交的两条弦。在这个模型中，过直线（即弦）外一点（圆内一点）有无数条直线与之平行。

法国数学家庞加莱在1887年给出罗巴切夫斯基几何的又一种几何模型。在这个几何模型中，平面上的一点也是圆内的点，把与这个圆相交的圆弧或圆内的线段看成直线。直线（圆弧）外一点可以引无数多条直线（圆弧）与已知直线（圆弧）不相交。如图9-10所示，罗氏直线 l 与圆周相交于 A，B 两点，过直线 l 外一点 P（在圆内）作罗氏直线 l_1 与 l 相切于点 A；过点 P 再作罗氏直线 l_2 与 l 相切于点 B。直线 l_1，l_2 在圆内不与直线 l 相交。直线 l_1、l_2 称为过点 P 与直线 l 平行的罗氏直线，并且在直线 l_1、l_2 所夹阴影部分内的任一点与点 P 所决定的罗氏直线都不与直线 l 相交，即在罗氏平面内过点 P 可以作无数条直线与直线 l 平行（即在圆内不与直线 l 相交），因此，庞加莱模型满足罗巴切夫斯基平行公设。

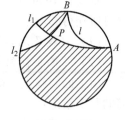

图 9-10

再看图9-11的罗氏直线 OA，OB 和 AB 构成一个罗氏三角形。这个三角形的三个内角分别是 α，β，γ，若用 AB 表示连接 A，B 两点的欧氏直线，则由图可知 $\alpha+\beta+\gamma<\pi$。

非欧几何也激发了艺术家的想象力，如荷兰著名画家埃舍尔在1959年创作了一幅《圆的极限Ⅲ》，将庞加莱双曲几何模型形象化了（见图9-12）。

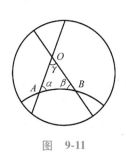

图　9-11

图　9-12

非欧几何的相容性确定了下述事实：平行公设独立于欧几里得几何的其他假定。

非欧几何相容性更重要的结果：几何学从传统的模型中解放了出来。对数学家来说，几何学的公设仅仅是假定，其物理上的真与假用不着考虑；数学家可以随心所欲地选取公设，只要它们彼此相容。当数学家采用公设这个词时，并不包含"自明"或"真理"的意思。这一结果的影响远远超出了平行公设问题的解决。

事实上，罗巴切夫斯基几何的创立不仅解放了几何学，对整个数学也产生了重大的影响。人们从此意识到数学是人类思想的自由创造物，而不是物质世界的必然反映。

在说明非欧几何与欧氏几何的关系时，罗巴切夫斯基指出，欧氏几何可以看成非欧几何的极限状况，或者说是非欧几何的一种特例。于是，这两种几何就都有了在逻辑上各自存在和适用的范围，特殊地，这也就为非欧几何的存在提供了理论依据。

9.4　非欧几何的文化意义

非欧几何诞生的重要性与哥白尼的日心说、牛顿的万有引力定律、达尔文的进化论一样，对科学、哲学、宗教都产生了革命性的影响。遗憾的是，在一般思想史上，它没有受到应有的重视。它的重要影响是什么呢？首先，它在思想观念上带来了以下的变化：

（1）非欧几何的创立使人们开始认识到，数学空间与物理空间之间有着本质的区别，但最初人们认为这两者是相同的。这对理解 1880 年以来的数学和科学的发展至关重要。

（2）非欧几何的创立扫荡了整个真理王国。在古代社会，像宗教一样，数学在西方思想中居于神圣不可侵犯的地位。具体地说，自从柏拉图在哲学上用 5 种正多面体构造和解释世界以来，欧氏几何就成为一种表现世界、构造世界的模式，表现了一种哲学式的解释宇宙万物的魅力。作为神学中上帝设计世界的数学模式，欧氏几何的真理地位可以说是牢不可破。这也就是所谓的数学命题的绝对真理性。数学殿堂中汇集了所有真理，欧几里得是殿堂中最高的神父。但是通过波尔约、罗巴切夫斯基、黎曼等人的工作，这种信仰彻底被摧毁了。非欧几何诞生之前，每个时代都坚信存在着绝对真理，数学就是一个典范。现在希望破灭了，欧氏几何统治的终结就是所有绝对真理的终结。

（3）非欧几何的创立使数学丧失了绝对真理性，但使数学获得了自由，造成了西方数学观，特别是数学研究思想的重要转变。它使人们认识到，以往的数学研究事实上是把直观和经验用作了数学的基础，从而为数学带来了两方面的问题：首先，由于以直观和经验作为数学基础，数学与客观规律、客观真理就完全地等同起来——数学成了客观规律、真理的化身;其次,也正由于此,人们的思维和数学创造被严格地局限于直观和经验之中,从而无法自由地展开思维创造的翅膀。非欧几何的诞生把数学的研究从直观、经验的局限下解放出来,开拓了一片崭新的创造天地。数学家能够而且应该探索任何可能的问题,探索任何可能的公理体系,只要这种研究具有一定的意义。

(4)数学绝对真理性的丧失,解决了关于数学自身本质这一古老问题。数学是像高山、大海一样独立于人而存在,还是人的创造物呢?答案是,数学确实是人的思想产物,而不是独立于人的永恒世界的东西。数学可以是一种来自经验启示的创造,但并不等于客观世界的规律。

非欧几何在人类思想史上具有无可比拟的重要性,使逻辑思维发展到了一个新的顶峰,为数学提供了一个不受实用性左右、只受抽象思想和逻辑思维支配的范例,提供了一个理性的智慧摈弃感觉经验的范例。

其次,非欧几何在数学创造方面给我们提供了许多有益的启示。

(1)非欧几何的创立又一次验证了以下结论:"重大问题的多重的、独立的发现或解决是一条规律,而不是例外。"(梁宗巨语)

(2)非欧几何的创立也从一个侧面证明了这样一点:一个新的数学概念的创造者的名望和地位在该概念的可接受性方面起着强制的作用,尤其在新概念突破了传统时是这样。

(3)一个重大问题的解决,往往需要许多代人的共同努力,才能取得成功,而后人总是"站在前人的肩膀上"的。

*9.5 数学真理性的解读

下面,我们介绍徐利治、郑毓信先生关于数学真理性的研究。

9.5.1 逻辑实证主义者的数学真理观

从历史的角度看,数学结论曾长期被认为是关于现实世界的无可怀疑的真理。然而,非欧几何的建立却对以上的传统提出了严重的挑战。众所周知,非欧几何在最初只是作为一种"想象的几何"提出来的。由于其与直观明显的不相符,因此,在很长时期内就被认为不具有任何现实的意义。但由于非欧几何相对相容性的证明,这一"想象的几何"在数学中的地位就得到了确立。从而,就对数学的现实真理性提出了严重的挑战。

在现代哲学的研究中,命题的分析性和综合性获得了明确的意义。当代著名哲学家艾耶尔说:"当一个命题的效准仅依据它所包含的那些符号的意义时,我们就称之为分析命题;当一个命题的效准决定于经验事实时,我们就称之为综合命题。"逻辑实证主义者对数学命题的分析性做了明确的断言。具体地说,逻辑实证主义者突出地强调了数学的不可证伪性。艾耶尔就曾指出:"假如看起来是欧几里得几何学的三角形,在度量时发现三个角加起来不是180°,我们不说我们已经遇到一个例子,证明欧几里得几何中的三角形的三内角之和是180°这一命题是无效的,我们说我们的度量有错误,或者更加可能地说,我们已经度量的不是欧几里得几何的三角形。"在逻辑实证主义者看来,数学的这种不可证伪性就清楚地表明了数学命题的分析性。艾耶尔写道:"分析命题是完全没有事实内容的。并且,就因为这个

理由，没有经验可以反驳这些命题。"[一]

数学命题究竟还能否说是一种真理呢？如果可以，这又是一种什么样的真理呢？逻辑实证主义者指出，数学命题事实上是所谓"定义下的真理"：它们之所以为真，完全是由于定义的结果，而与客观实在完全无关。显然，这一结论与上述关于数学命题的分析性断言是完全一致的。由此，数学的真理性就可以这样解释：这仅仅是指数学命题相对于前提（定义）的逻辑必然性，而并非指它们是关于某种特定事物或现象的绝对真理。

如果联系数学的实际发展进行分析，逻辑实证主义的数学真理观即是对于数学思维自由性的直接肯定，这种自由性在大部分数学家看来又是现代数学的本质。例如，康托就说："数学在它自身的发展中完全是自由的，对它的概念的限制只在于，必须是无矛盾的，并且和先前由确切的定义引入的概念相协调。"苏联数学家亚历山大洛夫曾指出，现代数学的自由性表现在它的研究对象已经由已给出的量的关系和空间形式过渡到了可能的量的关系和空间形式，而这正是现代数学发展的决定性的特点。在不少数学家看来，数学研究对象的极大扩展，也就意味着其现实真理性的丧失。

数学真的丧失了真理性吗？实际上，数学的现代发展事实上表明了我们应当用一种新的理论去取代原来的单一的数学真理论。

▶▶ 9.5.2　层次性数学真理理论

所谓数学真理的层次理论，其核心内容是引进了两个相对独立的数学真理性概念。

1. 现实真理性

数学理论是对客观世界量性规律的正确反映。一般地说，如果一个数学理论在客观实际的某个方面（包括在各门科学理论中）找到了实践性的应用，就表明这一理论具有一定的现实真理性；反之，如果它不适用于客观实际的某个方面，就表明这一理论在实践上具有一定的局限性。

就现实真理性而言，应当注意的是，第一，数学理论在客观世界中的应用本身也是一个抽象的过程。事实上，数学对象的逻辑定义即是一种"重新构造"的过程，即其中必然包含了对真实的脱离，从而数学理论的实际应用也就必然包含有抽象的过程，即是一种近似的应用。因此，我们就不能根据数学理论在实际中的应用对其现实真理性做出绝对肯定或绝对否定的判断；毋宁说数学理论的现实真理性只是一个相对的概念，在不同的数学理论之间也仅有程度上的差异。第二，数学理论在客观实际中的可应用性是一个历史性的概念，因此，我们不能简单地依据某一数学理论在目前没有找到任何实践性的应用就否认其现实真理性，而应采取历史、发展的观点去进行分析。

2. 模式真理性

如果一个数学理论建立在合理的抽象思维之上，就可认为确定了一个量化模式。这一理论就其直接形式而言，可被认为是关于这一模式的真理。

显然，相对独立的"模式真理性"概念的引进，即是对数学思维"自由性"的肯定。也就是说，数学家们可以自由地去创造自己的概念，而无须随时去顾及它们的真实意义。另外，从理论的角度说，模式真理性概念的引入，可看成是模式论的数学本体论的直接推论或

〇　易南轩、王芝平：《多元视角下的数学文化》，科学出版社，2007 年，第 147-151 页。

必然发展。由于量化模式被看成数学世界中的独立存在，并构成了数学研究的直接对象，因此，就其直接形式而言，数学理论就是关于量化模式的真理。

就模式真理性概念的应用而言，我们应当特别注意关于抽象思维的"合理性"的要求。这就是说，只有当一个数学抽象被认为是合理的，相应的量化模式才得到真正的建立。这里，模式的合理性正是前面提到的关于模式的社会性的具体体现，并事实上构成了对数学思维自由性的必要限制，即表明了"自由性"并不等于"任意性"。

具体地说，数学中创造性思维活动的合理性主要体现在相应的研究所具有（或所可能具有）的认识论和方法论的意义上，即如新的理论的建立是否有利于认识的深化和发展以及方法论上的进步等，对此可统称为理论的"数学意义"。

要注意的是，在肯定模式真理性概念的相对独立性的同时，我们应当明确地肯定数学现实真理性相对于模式真理性的主导地位。具体地说，就是由于数学研究的最终目的在于认识（和改造）世界，因此，现实真理性相对于模式真理性就更为重要。也正因为如此，如果一种数学理论始终未能在社会实践中找到应用，也不具有明显的数学意义，那么无论它是多么的精致，这一理论都不可能具有强大的生命力，必然会出现发展的停顿，甚至最终被人们所遗忘；相反，如果一种数学理论在社会实践中已被证明是十分有效的，那么即使这一理论存在这样或那样的缺陷或弊病，它仍然被认为是可以接受的，并会得到不断的修正、改进和发展。例如，牛顿的微积分理论在开始时曾遭到许多嘲笑，但由于它在实践中的成功应用，因此，不但没有被打垮，而且逐渐发展成为世界上最重要的数学理论之一。

综上所述，数学真理就具有一定的层次性：第一层次，模式真理性；第二层次，现实真理性。

 思考题

1. 简述第五公设及其研究工作。
2. 简述罗巴切夫斯基几何及其与高斯等人工作的区别。
3. 简述非欧几何的意义。
4. 谈谈你对数学真理性的认识。

第 10 章 悖论与三次数学危机

> 悖论之所以具有重大意义，是因为它能使我们看到对某些根本概念的理解存在多大的局限性……事实证明，它是产生逻辑语言中新概念的重要源泉。
>
> ——赫兹贝格
>
> 数学为其证明所具有的逻辑性而骄傲，也有资格为之骄傲。
>
> ——N. A. Court

在数学史上，有三次数学危机，每一次都使数学陷入尴尬的境地，或说是危机的境地。而每一次危机都是由数学悖论引起的。

悖论就是自相矛盾的论述。悖论的通常形式：如果承认某命题正确，就会推出它是错误的；如果认为它不正确，就会推出它是正确的。从而得出不符合排除律的矛盾命题，即由它是真，可以推出它是假；而由它是假，又可推出它是真。由于严格性被公认为是数学的一个主要特点，因此，如果数学中出现悖论，就会造成对数学可靠性的怀疑，引发人们认识上的危机。因此，在这种情况下，悖论往往会直接导致数学危机的产生。

但是，悖论并非无稽之谈，它在荒诞中蕴含着哲理，给人以启迪。沿着它所指引的推理思路，可以使你走上一条貌似正确，在开始时觉得顺理成章，而后又使你在不知不觉中陷入自相矛盾的泥潭，但经过破译，将会使你感到回味无穷，并从中启迪思维、提高能力，给人以奇异的美感。

奥地利学者班格特·汉生认为，一些常见的悖论，除非直接的原因之外，其性质就和数学上的方程没有解一样。方程的解有时是靠引进新数，扩大数系来解决的。例如，$x+1=0$，在正整数系里无解，扩大到有理数系便有解了；$x^2+1=0$，在实数系里无解，而扩大到复数系时就有解了。同样，悖论的发生也常常是与人们在相应的历史条件下的认识水平有着密切的关系。

由于悖论是与一定的历史条件相联系，是相对于某个理论体系的，因此，面对悖论，我们应努力去探寻或建立新的理论，使之既不损害原有理论的精华，又能消除悖论。客观上，悖论的研究推动了数学理论的研究与发展。

10.1 历史上的几个有名悖论

我们先来看历史上几个有名的悖论，以对悖论有一个比较好的了解。

10.1.1 说谎者悖论

这是公元前 4 世纪希腊数学家欧几里得提出来的一个重要的语义学悖论，通俗的表述："我正在说的这句话是谎话。"此话到底是真是假？如果此话为真，就肯定了他所说的这句话确实是谎话；如果此话为假，就又肯定了他说的这句话是真话。到底他说的是真话是谎话，谁也说不清了。

▶ 10.1.2　上帝全能悖论

这一悖论是针对"上帝是全能的"这一命题而设计的一个命题，其意义为"全能就是可以办到世界上的任何事情。请问，上帝能创造出一个对手来击败他自己吗？"如果说能，那么上帝可以被对手击败，并非是全能的；如果说不能，那么说明上帝并非是全能的。

这个悖论的特点是，上帝能肯定一切，也能否定一切，但他自己也在这一切之中。因此，当他否定一切的时候，同时也就否定了自己。

▶ 10.1.3　理发师悖论

这是罗素集合悖论的一种通俗说法（其详细数学描述见10.2.3）。萨维尔村里的一名理发师，给自己定了一条店规：我只给那些自己不给自己刮胡子的人刮胡子。那么这位理发师的胡子该不该由他自己刮？如果理发师的胡子由他自己刮，那么他属于"自己给自己刮胡子的人"，因此，理发师不应该给自己刮胡子；如果理发师的胡子不由自己刮，那么他属于"自己不给自己刮胡子的人"，因此，他的胡子可以由他自己刮。总之，他给自己刮也不是，不刮也不是。

▶ 10.1.4　伽利略悖论

欧几里得第三公理为"整体大于部分"，从欧氏几何诞生起，这就是颠扑不破的真理。但是，伽利略在1638年提出一个命题："部分有时可以等于整体。"显然这二者组成了一对矛盾，俗称伽利略悖论。

其实，我们在第3章中已经看到过部分与整体"相等"的情形。例如，正偶数集合是正整数集合的一个真子集，但它们之间可以建立一一对应关系。因此，在对应的意义下，这两个集合的元素是一样多的，也就是"部分等于整体"。

我们应当说，欧氏公理"整体大于部分"是从有限数量上总结出来的一条公理，但对无限集合来说就不再适用。因此，这个悖论实际上反映的是"有限"与"无限"之间的一种矛盾现象。由此，我们不能轻易地把有限集合中的公理、定理等套搬到无限集合中去。

数学是以严密的逻辑推理为基础，容不得任何自相矛盾的命题或结论。如果数学中出现了悖论，就破坏了数学的严密性。数学悖论反映了数学科学的一些概念和原理之中还存在着不完善、不准确之处，有待于数学家们进一步探讨和解决。数学就正是在这不断发现和解决矛盾的过程中发展起来的。

10.2　三次数学危机 ⊖⊜

数学史上所谓的三次危机，都是与悖论有关的，对数学及哲学都造成了巨大的影响。

⊖　易南轩、王芝平：《多元视角下的数学文化》，科学出版社，2007，第134-145页。
⊜　王庚：《数学文化与数学教育》，科学出版社，2000，第15-25页。

10.2.1 希伯索斯悖论与第一次数学危机

在第 1 章中，我们曾介绍过毕达哥拉斯与他的学派，也介绍了毕达哥拉斯学派关于谐音的研究，从而引起了该学派"万物皆数"的核心思想。

毕达哥拉斯学派对几何学的贡献很大，最著名的是所谓的"毕达哥拉斯定理"（即勾股定理）（见图 10-1）的发现：任何直角三角形的两直角边 a，b 和斜边 c，都有 $a^2+b^2=c^2$ 的关系。据说当时曾屠牛百头来欢宴庆贺该定理的发现。

毕达哥拉斯学派把几何、算术、天文学、音乐称为"四艺"，倡导一种"唯数论"的哲学观，"数"与"和谐"是他们的主要哲学思想。他们认为，宇宙的本质是数的和谐。一切事物都必须而且只能通过数学得到解释。他们坚持的信条："宇宙间的开始现象都可归结为整数或整数的比。"也就是一切现象都可以用有理数来描述。例如，他们认为

图 10-1 毕达哥拉斯定理

"任何两条不等的线段，总有一个最大公度线段"，其求法如图 10-1 所示。设两条线段 AB，$CD(|AB|>|CD|)$，在 AB 上用圆规从一端点 A 起，连续截取长度为 CD 的线段，使截取的次数尽可能地多。若没有剩余，则 CD 就是最大公度线段；若有剩余，则设剩余线段为 $EB(|EB|<|CD|)$，再在 CD 上截取次数尽可能多的 EB 线段。若没有剩余，则 EB 就是最大公度线段；若有剩余，则设剩余线段为 $FD(|FD|<|EB|)$，再在 EB 上连续截取次数尽可能多的 FD 线段，如此反复下去。由于作图工具的限制（仅用圆规）总会出现没有剩余的现象，也即最大公度线段总是可以求出的。例如，图 10-2 中，最后有 $FD=2GB$，所以 GB 就是 AB 和 CD 的最大公度线段，并且有 $\dfrac{|CD|}{|AB|}=\dfrac{8}{27}$，即为两个整数之比。因此，任何两条线段都可以有最大公度线段，亦即有可公度比。

图 10-2

然而就是由毕达哥拉斯学派所发现的毕达哥拉斯定理，也即是从直角三角形中，毕达哥拉斯学派发现了不可公度比，动摇了他们的哲学信念，产生了第一次数学危机。

相传，毕达哥拉斯学派的成员希伯索斯通过逻辑推理方法发现："等腰直角三角形的斜边和直角边是不可公度的，即不存在最大公度线段。"

希伯索斯从几何上的逻辑推理是基于如下的思考：如图 10-3 所示，在等腰直角三角形 ABC 中，按前面方法，为了求 AC 与 AB 的最大公度线段，取 $|AD|=|AC|$，过点 D 作 $DE\perp AB$ 交 BC 于点 E。因为 $\angle DCE=\angle CDE=22.5°$，所以 $|CE|=|DE|=|DB|$，则问题转化为求 DB 与 BE 的最大公度线段。但 $\triangle BDE$ 又重新构成一个等腰直角三角形，往下，只要重复以上的做法，如此继续下去，始终求不出 AC

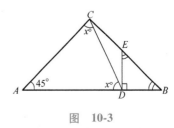

图 10-3

与 AB 的最大公度线段。这就是说，希伯索斯从几何上发现了线段的不可公度比的存在。这样一来就否定了毕达哥拉斯学派的信条——宇宙间的一切现象都可归结为整数或整数之比。毕达哥拉斯学派不能接受这样毁灭性的打击，据说为封锁消息，竟然把希伯索斯抛进大海。还有一种说法是毕达哥拉斯本人已经知道不可公度比的存在，但要封锁这一消息，而希伯索斯因泄密而被处死。本来希伯索斯对数学的发展做出了重大的贡献，理应受到赞赏，谁知反而丧失了生命，希伯索斯是一个以身殉道的追求真理的先驱。

我们还可以根据毕达哥拉斯定理来说明所有数都是有理数的错误。若假设直角三角形的两直角边的长度均为 a，则可求得其斜边为 $\sqrt{2}a$，而 $\sqrt{2}$ 不是有理数。

大约在公元前 370 年，才华横溢的希腊数学家欧多克索斯和毕达哥拉斯的学生阿契塔给出两个比相等的定义，从而巧妙地消除了这一"丑闻"。他们给出的定义与涉及的量与是否可公度无关，即借助几何的方法，通过避免直接出现无理数而实现的。欧多克索斯建立了一整套比例论，其本人著作已失传，幸而他的成果被保留在欧几里得《几何原本》一书的第五篇中。然而，第一次数学危机彻底被消除是直到 19 世纪戴德金实数理论建立起来以后的事。

不可公度比（即无理数）的发现对古希腊的数学观产生了极大的冲击。首先，它表明几何的某些性质与算术无关，几何量不能完全由整数及其比来表示；反之，数却可以由几何量表示出来。其次，希腊人从此发现了直觉和经验是不可靠的，推理证明才是可靠的。从此希腊人开始由若干自明的公理和公设出发，通过演绎，建立起了庞大而严密的几何体系，形成了欧几里得的《几何原本》。它不仅是第一次数学危机的自然产物，而且对西方近代数学的形成和发展产生了深远的影响。

第一次数学危机表明，当时古希腊数学已经发展到这样的阶段：①数学开始由经验科学转变为演绎科学；②把证明引入了数学；③演绎的思考首先出现在几何学中，而不是在算术中，使几何具有更加重要的地位。这种状态一直保持到笛卡儿解析几何的诞生。

▶▶ 10.2.2　贝克莱悖论与第二次数学危机

图 10-4　贝克莱

17 世纪由牛顿和莱布尼茨建立起来的微积分，由于在自然科学中的广泛应用，揭示了许多自然现象而被高度重视。但不管是牛顿还是莱布尼茨所创立的微积分都是不严格的，两人的理论都建立在无穷小分析上，但他们对作为基本概念的无穷小量的理解与运用是混乱的，存在着明显的逻辑矛盾。例如，对 $y = x^2$ 求导数，根据牛顿的流数计算法，有

$$y + \Delta y = (x + \Delta x)^2 \tag{①}$$

$$x^2 + \Delta y = x^2 + 2x\Delta x + (\Delta x)^2 \tag{②}$$

$$\Delta y = 2x\Delta x + (\Delta x)^2 \tag{③}$$

$$\frac{\Delta y}{\Delta x} = 2x + \Delta x \tag{④}$$

$$\frac{\Delta y}{\Delta x} = 2x \tag{⑤}$$

在上面的推导过程中，从③到④，要求 Δx 不等于零，而从④到⑤，又要求 Δx 等于零。正

因为在无穷小量中存在着这类矛盾，微积分从诞生时就遭到了一些人的反对与攻击，其中攻击最猛烈的是当时颇具影响的英国红衣大主教贝克莱（见图 10-4）。

1734 年，贝克莱以"渺小的哲学家"之名出版了一本标题很长的书——《分析学家：一篇致一位不信神数学家的论文，其中审查一下近代分析学的对象、原则及论断是不是比宗教的神秘、信仰的要点有更清晰的表达或更明显的推理》。在这本书里，贝克莱对牛顿的理论进行了攻击。他指责牛顿，在求 x^2 的导数中，先将 x 取一个不为 0 的增量 Δx，而后突然令 $\Delta x = 0$，求得 x^2 的导数为 $2x$。这是"依靠双重错误得到了不科学却正确的结果"。由于无穷小量在牛顿的理论中，一会儿说是 0，一会儿又说不是 0，因此，贝克莱主教嘲笑无穷小量是"逝去量的幽灵"。贝克莱的攻击虽出自维护宗教的目的，但真正抓住了牛顿理论中的缺陷。贝克莱的指责在当时的数学界中引起混乱，这就是所谓的第二次数学危机。数学史上把贝克莱的问题称为贝克莱悖论，笼统地说，贝克莱悖论可以表述为"无穷小量究竟是否为 0"的问题。

针对贝克莱的攻击，牛顿与莱布尼茨都曾试图通过完善自己的理论来解决问题，但都没有获得成功。这使数学家们陷入了尴尬的境地，一方面，微积分在应用中大获成功；另一方面，自己却存在着逻辑矛盾。

第二次数学危机的核心是微积分基础的不牢固。重建微积分基础的历史重任落在了柯西、魏尔斯特拉斯等人身上。柯西的贡献是将微积分建立在极限论的基础上，而魏尔斯特拉斯的贡献是逻辑严谨地构造实数论。他们完成了分析学的逻辑奠基工作，从而使微积分这座人类数学史上空前雄伟的大厦建立在牢不可破的基础之上。

▶▶ 10.2.3　罗素悖论与第三次数学危机

19 世纪末，由于严格的微积分理论的建立，第二次数学危机已基本解决。数学表达的精确化和理论系统的公理化思想深深渗透到人类知识的各个领域。严格的微积分理论是以实数理论为基础的，而严格的实数理论又以集合论为基础。集合论似乎给数学家带来一劳永逸、摆脱基础危机的希望，尽管集合论的相容性尚未证明，但许多人认为这只是时间早晚的问题。集合论被成功地运用到了各个数学分支，成为数学的基础。数学家们为自己营造的以康托集合论为基础的数学大厦即将竣工而狂欢，认为数学理论的严密性已经完成，特别是基础理论已不成问题。1900 年，在巴黎召开的第二届国际数学家大会上，法国大数学家庞加莱兴奋地宣布："我们最终达到了绝对的严密吗？在数学发展前进的每一阶段，我们的前人都坚信他们达到了这一点。如果他们被蒙蔽了，那么我们是不是也像他们一样被蒙蔽了？如果我们不厌其烦地保持严格的话，就会发现只有三段论或归结为纯数的直觉是不可能欺骗我们的。今天我们可以宣称完全的严格性已经达到了。"

正当数学家们陶醉于胜利之中，为由康托所创立的集合论已为大家所接受，并深入到数学的各个分支而欢欣鼓舞时，数学史上的一场新的危机正在降临。仅仅过了两年，数学大厦受到了又一次强烈的冲击，人们再一次发现，数学大厦的基础出现了更大的裂痕，甚至有人认为，整个数学大厦的基石有崩塌的危险。这就是罗素悖论的出现。

1902 年 6 月，罗素（见图 10-5）写信给德国数学家弗雷格，告诉他自己发现了这样一个悖论，意思是这样的：集合可以按以下方法分为两类。一类集合是它本身不是自己的元素，如自然数集绝不是一个自然数；另一类集合是它本身是自己的元素，如一切集合组成的集合，仍是一个集合，它本身也属于这个集合。我们把所有属于第一类的集合归在一起，又可构成一个集合，不妨记作集合 A，那么集合 A 属于上面的哪一类？如果集合 A 属于第一类，则集合 A 本身就是自己的元素，那么它应当属于第二类；如果集合 A 属于第二类，那么集合 A 当然不能属于第一类。也就是说，集合 A 本身不是自己的元素，而这样根据第一类集合的定义，集合 A 又应当属于第一类。因为集合 A 是康托意义下的集合，应当二者必居其一，于是产生了悖论。

图 10-5　罗素

这一悖论以其简单、明了的方式，揭开了当时作为数学基础的康托集合论本身的矛盾盖子，震惊了整个数学界。当弗雷格刚要出版《算术的基本法则》（第二卷）时，收到罗素的回信，他只得把他为难的心情写在第二卷的末尾："对一位科学家来说，最难过的事情莫过于在他的工作即将结束时，其基础崩溃了，罗素先生的一封信正好把我置身于这个境地。"戴德金也因此推迟了他的《什么是数的本质和作用》一文的再版。发现拓扑学中"不动点原理"的布劳威尔，认为自己过去的工作都是"废活"，声称要放弃不动点理论。连大数学家庞加莱后来也不得不改口说："我们设置栅栏，把羊群围住，免受狼的侵袭，但是很可能在围栅栏时就已经有一条狼被围在其中了。"这一悖论使数学又一次陷入了自相矛盾的危机。为了使这个悖论更加通俗、易懂，罗素本人在 1919 年将其改为前面提到的"理发师悖论"。

罗素悖论即是对任一集合考虑其是否属于自身的问题，用数学语言写出来就是：

设有集合 $S_0=\{x\,|\,x\notin S_0\}$。由于 S_0 是一个集合，则有问题："集合 S_0 是否属于自身？"

如果 $S_0\in S_0$，那么由 S_0 的定义，知 $S_0\notin S_0$；如果 $S_0\notin S_0$，由 S_0 的定义，知 $S_0\in S_0$。从而矛盾是不可避免的。

危机产生后，数学家纷纷提出自己的解决方案。1908 年，策墨罗采用把集合论公理化的方法来消除悖论，即对集合论建立新的原则。这些原则一方面必须是够狭窄的，以保证排除矛盾；另一方面又必须充分广阔，使康托集合论中一切有价值的内容得以保存下来。后来经过其他数学家的改进，演变为 ZF 或 ZFS 系统。冯·诺伊曼等开辟集合论的另一公理化的 NBG 系统也克服了悖论，但还仍有一些问题。以后加上哥德尔（见图 10-6）、科恩等人的努力，到 1983 年，数学家建立了公理化集合论，即要求集合必须满足 ZFG 公理系统中 10 条公理的限制，成功地排除了集合论中出现的悖论。

图 10-6　哥德尔

一般地，现今的普遍看法是，公理化集合论（ZF 系统或 BG 系统）已经为目前的数学研究提供了一个合适的基础。这是因为：第一，所有已知的悖论在这两个系统中都得到了排除；第二，在这两个系统中，至今尚未发现新的悖论；第三，公理化已是现代数学发展的一个重要倾向。

罗素悖论对数学基础有着深远的影响，已导致了数学家们对数学基础的深入研究。围绕数学基础之争，许多数学家卷入一场大辩论当中。他们看到了这次危机涉及数学的根本，因此，必须对数学的哲学基础加以严密的考察。在这场大辩论中，逐渐形成了以下三个数学哲学学派：

一是以罗素为代表的逻辑主义学派。他们的基本观点是"数学即逻辑"。罗素说："逻辑是数学的青年时代，数学是逻辑的壮年时代。"即认为数学是逻辑的延伸。只要不容许"集合的集合"这种逻辑语言出现，悖论就不会发生。

二是以布劳威尔为代表的直觉主义学派。他们认为数学理论的真伪只能用人的直觉去判断。他们的名言是"存在必须是被构造"。他们认为全体实数是不可接受的概念，"一切集合的集合"的概念更是不可理解，不承认这些，悖论就不会出现。

三是以希尔伯特为代表的形式主义。1904 年，希尔伯特提出了其著名的希尔伯特纲领，基本思想是将古典数学表示成形式的公理系统，然后证明这一系统是相容和完备的（即任一系统内可表命题都可在系统内得到判定），并寻找可以在有限步骤内判定一命题可证明性的方法。他们认为公理只是一行符号，无所谓真假。只要能够证明公理系统是相容的，这个公理系统便得到承认，便代表一种真理，悖论是公理系统不相容的一种表现。

1928 年奥地利数学家和逻辑学家哥德尔在《数学物理月刊》上发表了《论〈数学原理〉和有关系统中的形式不可判定命题》一文，提出了著名的哥德尔不完全性定理。定理大意是说，在一个形式系统中总存在一个不可判定的公式，而这个公式是真的。从该定理还可以推出这样一个结论：一个非常强的形式系统的相容性是不可证明的。

哥德尔定理告诉我们，即使在数学这样被认为最可靠的知识中，也不存在所谓的"终极真理"。这样一来，数学就只能从神坛上走下来，显露其文化本性。数学只是一种文化，数学知识无疑是真实、有意义的，但这些都与其文明和文化背景息息相关。数学不是科学王国中的神，它处于永远的创造之中。

哥德尔不完全性定理的证明暴露了各派的弱点，使得哲学的争论黯淡下来，但此后，三大学派的研究工作取得了不少积极成果。一个直接的结果就是数理逻辑与计算技术、电子技术的结合，带来了 20 世纪最重要的一次技术革命——电子计算机的诞生。

数学中的矛盾既然是固有的，它的激烈冲突使得危机就不可避免。危机的解决给数学带来了许多新认识、新内容，有时甚至是革命性的变化。在集合论的基础上，诞生了抽象代数学、拓扑学、泛函分析与测度论，数理逻辑成为了数学有机体的一部分；代数几何、微分几何、复分析已经推广到了高维。悖论给数学大厦造成的地震，不但没有摧垮这座历经数千年创造出来的宏伟建筑，还引发出了一系列有意义的新创造：悖论的发现和消除成了数学发展的一种巨大的动力。

10.3　数学危机的文化意义

数学危机，不仅没有击垮数学，反而促使了数学的发展具有丰富的思想文化意义，促使了人们对数学认识的不断深化。

10.3.1　数学悖论是数学发展的动力之一

在整个数学发展史上，一直贯穿着矛盾的斗争和解决。而矛盾的消除、危机的解决，往往给数学带来新的内容、新的进展，甚至引起革命性的变更，数学悖论成了数学发展的动力之一。在处理矛盾与危机的过程中，数学家们对数学进行了一系列创造。这首先表现在新概念的产生：第一次数学危机促成了公理几何与逻辑的诞生；第二次数学危机促成了分析基础理论——实数理论与极限理论的诞生；第三次数学危机促成了数理逻辑的发展与一批新数学的诞生。新成果的不断出现，使数学呈现出无比兴旺发达的景象，矛盾促进了数学的发展。[⊖]

▶▶ 10.3.2　数学抽象思维的不完全性原理[⊜]

数学的抽象性是数学的一个突出特征，数学对象的自由建构是现代数学的一个突出表现。首先，数学是人类创造性思维的产物，特别是，数学的客观内容不仅涉及了客观的物质存在，而且也涉及了人类自身的活动——如果考虑到数学的高度抽象性，那么数学更应该被定义为"关于人类活动（操作）的理想化的科学"。其次，数学具有抽象性，在充分肯定数学抽象思维在整体上的合理性的同时，我们又应看到其内在的局限性。特别是，如果把某个环节与其他的环节隔离开来，片面地予以绝对化，就会严重脱离实际，真正走向荒谬，而这就是悖论。再次，数学对象是一种逻辑的建构，而且在研究中只能依据相应的定义进行演绎推理，而不能求助于直观。由此，数学特殊的抽象方法就决定了数学研究就其最终表现形式而言必然是在形式逻辑的活动范围内活动的，这样，数学的辩证形式（无论其源于现实原型或创造性思维活动）也就不可能在数学中得到直接的表现。

综上所述，我们在此就可提出如下的数学抽象思维不完全性原理：由于数学抽象思维就其最终表现形式而言是在形式逻辑的范围内活动的，因此，它对辩证性质的反映就不可能是完全的。

应当强调的是，数学抽象思维不完全性原理不应被看成纯粹的消极性结果。第一，合理的抽象正是任何深入的认识的一个必要条件；第二，数学抽象思维不完全性原理直接决定了（数学）模式的多样性，特别是，我们不应对任何一种数学模式（如不同的无穷模式）采取绝对肯定或否定的态度；第三，在数学真理性问题上我们则又必须坚持真理的层次理论；第四，上述的分析事实上即指明了悖论研究的积极意义。

▶▶ 10.3.3　数学真理的相对性

一向以严谨著称的数学科学，在经历三次数学危机后，促使数学家们不得不进行反思：数学的真理也是相对的、有层次的；数学的思辨必须存在于某种范围中才是合理的。条件和范围不仅是其他科学需要的前提，同时也是数学科学需要的前提，而且体现得更加鲜明，这是数学真理相对性的具体体现。进一步地，我们说数学虽然是思辨的科学，但它也应当不断地从现实中汲取营养，从生产生活中提炼问题，其理论也应当不断地接受实践的检验，从而使数学科学不至于长期脱离实践而走向虚空。也就是说，我们应当坚持郑毓信先生倡导的数学真理的层次理论。

1. 什么是悖论？简述你对数学悖论的认识。
2. 谈谈你对"无穷"的认识。
3. 数学危机具有什么文化意义？

⊖　易南轩、王芝平：《多元视角下的数学文化》，科学出版社，2007，第 134-145 页。
⊜　徐利治、郑毓信：《数学模式论》，广西教育出版社，1983，第 190-193 页。

第 11 章　几个数学名题及其文化意义

数学的首创性在于数学科学展示了事物之间的联系，如果没有人的推理作用，这种联系就不明显。

——怀特海

数学中的美丽定理具有这样的特点，它们极易从事实中归纳出来，但证明隐藏得极深。

——高斯

数学史上，有许多非常出名的数学题，如几何三大作图难题、哥德巴赫猜想等。对它们的研究，极大地推进了数学的进展。在本章中，我们就一起来欣赏费马大定理、哥德巴赫猜想、四色定理等数学名题的解决过程及其文化意义。

11.1　费马大定理

费马（1601—1665）（见图 11-1），法国数学家，出生于法国南部图鲁斯附近的波蒙。
他以律师为职业，并被推举为议员。他在业余时间饱览群书，博识广闻，精通希腊文、拉丁文，并特别喜爱数学。

费马一生有许多重要发现：他与笛卡儿分享创立解析几何；他从光学的理论出发，探求曲线、切线的作法，成为微积分的杰出先驱者之一，牛顿也因此而受益。他指出"全部数论问题就在于以何种方法将一个整数分解为素因数"，从而指出了数论的发展方向。他对赌博问题进行了研究，并使之数学理论化，形成了古典概率，是古典概率的奠基人之一。因此，在数学史上，费马被誉为"业余数学家之王"。

图 11-1　费马

费马酷爱读书。凡是他读过的书，页边上都有他的圈点、勾画、评论或批注。在他去世后，由他的儿子通过整理他的笔记和批注挖掘他的思想，汇成《数学论集》出版，从而使得他的一些思想和创见得以传之后世。

11.1.1　费马大定理简介

费马定理分为费马小定理和费马大定理。

费马小定理：如果整数 a 不能被素数 p 整除，那么 a^{p-1} 能被 p 整除，记为 $a^{p-1} \equiv 1 \pmod{p}$。

相传在 1621 年，费马在研读希腊数学家丢番图的《算术》一书中的不定方程 $x^n + y^n = z^n$（n 为正整数）时，在书边的空白地方写下了以下的话：

当 $n > 2$ 时，不定方程 $x^n + y^n = z^n$ 没有正整数解。要把一个立方数分为两个立方数，一个四次方数分成两个四次方数，一般地，把一个大于二次方的乘方数分为同样指数的两个乘方数，都是不可能的。我确实发现了一个绝妙的证明，但因为空白太小，写不下这整个证明。

1665 年费马去世后，他的儿子整理了他的全部遗稿和书信，也没有找到费马的"证明"。因此，这个问题就成了困扰数学家们 350 余年的数学难题——费马猜想，也就是费马大定理。

为了促使这一难题能早日解决，17 世纪末，德国达姆斯塔特城的科学家和市民们募捐了 10 万马克（约 200 万美金）拟奖励解题人；1850 年和 1861 年法国科学院为此曾先后两度悬赏一枚金质奖章和 3000 法郎，但 100 年来无人报领；1900 年，德国大数学家希尔伯特在国际数学家大会上提出了当时还未解决的 23 个数学难题，费马猜想被列为 23 个难题中的第 10 个难题；1908 年德国商人、曾随库默尔学习数学的波尔·沃尔夫斯凯尔将 10 万马克捐赠给哥廷根科学院，再次向全世界征求费马猜想的证明，限期 100 年。

▶▶ 11.1.2 费马大定理的解证历史

费马自己发现了一种"无穷递降法"。利用无穷递降法与勾股定理可证明当 $n=4$ 时的费马猜想，即 $x^4+y^4=z^4$ 无正整数解，从而可容易推出对于任何正整数 m，方程 $x^{4m}+y^{4m}=z^{4m}$ 无正整数解。因而要证明费马猜想，只需证明对任意奇数 p，方程 $x^p+y^p=z^p$ 无正整数解即可。

1753 年 8 月 4 日，欧拉在给他的好友哥德巴赫的信中，声称他已证明了当 $n=3$ 时的费马猜想，并指出当 $n=3$ 时的证明和费马当 $n=4$ 时的证明是不一样的，但在信中没有写出证明的过程，直至 1770 年在彼得堡出版的《代数学引论》中给出了一个证明。

欧拉在证明中使用了形如 $a+b\sqrt{-3}$ 的数，其中 a，b 为整数，这种数形成一个数系。他使用了唯一因子分解定理，即可以找到唯一的一对整数 p，q，使得

$$p+q\sqrt{-3}=(a+b\sqrt{-3})^3$$

但这一证明有严重的缺点，只是对当 $n=3$ 时的情形尚可补救，而对于其他情形，类似的缺点就无法补救了，所以欧拉完全是靠运气才使他没有导致错误。

1823 年法国数学家勒让德证明了当 $n=5$ 时的情形。

1828 年德国数学家狄利克雷也独立地证明了当 $n=5$ 时的情形，并于 1832 年解决了当 $n=14$ 时的情形。

1839 年，法国数学家拉梅证明了当 $n=7$ 时的情形。

1847 年 3 月 1 日，拉梅向巴黎科学院的成员做报告，声称他证明了费马猜想，他的关键思想是假定分圆整数中存在唯一分解定理。他的好友刘维尔当场指出"分圆整数并不存在唯一分解定理"，使得拉梅非常窘迫，"证明"也以失败而告终。

1847 年，数学家柯西亦同时向巴黎科学院提出自己对费马猜想的证明，也是因为"唯一分解定理"未能成功解决而以失败结束。

1901 年，德国数学家林德曼发表了一篇论文，声称解决了费马猜想，后被推翻。

1907 年，林德曼又发表了一篇 63 页的解决费马猜想的论文，但不久又被推翻。

1938 年，德国数学家勒贝格向法国科学院呈上他的证明，不久也被否定。

至此，用初等方法证明费马猜想告一段落，均以失败而告终。

此后，法国女数学家热尔曼提出将费马猜想分成两种情况：

（1）n 能整除 x，y，z。

（2）n 不能整除 x，y，z。

1832 年，热尔曼得到了下述定理："如果 n 是奇素数，$2n+1$ 也是素数，那么上述费马猜想的第（1）种情况成立。"之后，热尔曼证明了以她命名的定理：

如果 n 是奇素数，而且存在一个素数 p，使得

① $x^n+y^n=z^n$ 能被 p 整除，则 x，y，z 其中之一能被 p 整除。

② $x^n \equiv n(\bmod p)$ 不可能成立，则费马猜想的第（1）种情形成立。

利用这个定理，热尔曼证明了对于小于 100 的素数，费马猜想的第（1）种情形成立。后来勒让德推广到所有小于 197 的素数的情形，但是还不能对一批素数证明费马猜想。这是费马猜想的第一次突破。

德国数学家库默尔利用分圆数域证明了指数是正则素数时的费马猜想，并找到了正则素数的判别法，同时认为对某一类非正则素数可以证明费马猜想。1857 年，巴黎科学院发给库默尔金质奖章，以奖励他关于复数与单位根的结合而做出的漂亮研究。库默尔几乎是穷其一生研究费马猜想，虽然没有最终解决，但他提出的理论推动了数学的发展。

20 世纪 50 年代以来，代数几何有了长足的进步，代数几何是解析几何的自然延续，在解决费马猜想时起到了非常大的作用。

代数几何与解析几何一个主要的不同点：解析几何是用次数来对曲线分类，而代数几何则用一个双有理变换不变量——亏格来对代数曲线进行分类。通过亏格 g 所有代数曲线可以分为三大类：

$g=0$：直线、圆、圆锥曲线；$g=1$：椭圆曲线；$g>1$：其他曲线，特别是费马曲线。

费马曲线的亏格 $g = \dfrac{(n-1)(n-2)}{2}$（$n \geq 2$）（$n$ 是多项式的次数）。

1922 年，美国数学家蒙德尔提出了著名的蒙德尔猜想："亏格 $g \geq 2$ 的代数曲线上的有理点的个数是有限的。"

1929 年，西格尔证明了"有理点"是"整数点"的情形。

1983 年，德国数学家法尔廷斯（见图 11-2）证明了蒙德尔猜想，被誉为 20 世纪的"一个伟大的定理"，并因此而获得 1986 年的菲尔兹奖。

由蒙德尔猜想可以推出：$x^n+y^n=z^n$ 当 $n>3$ 时，最多只有有限多个互素的整数解。

数学家们看出了蒙德尔猜想的证明将最终导致费马猜想的证明，这是费马猜想证明的第二次突破。

图 11-2　法尔廷斯

1985 年，法国数学家格·费赖（见图 11-3）证明了：如果费马方程 $x^p+y^p=z^p$（p 为不小于 5 的素数）有非零解（a，b，c），即费马猜想不成立，就可设计一条椭圆曲线

$$y^2=x(x+a^p)(x-b^p) \qquad （费赖曲线）$$

这是费马猜想证明的第三次突破。

1954 年，日本数学家谷山丰（见图 11-4）和志村五郎（见图 11-5）开始对"模形式"进行研究，后经志村五郎精确形成如下形式："有理数域上的每一条椭圆曲线都是模曲线"，这便是谷山-志村猜想。

图 11-3　费赖　　　　　　图 11-4　谷山丰　　　　　　图 11-5　志村五郎

1986 年 6 月，美国数学家里贝特证明了费赖曲线不是模曲线，这与谷山-志村猜想相矛盾。这就反证了费马猜想是成立的，即

　　　　"费马猜想" 不成立→"费赖曲线" 成立→"谷山-志村猜想" 不成立

或者

　　　　"谷山-志村猜想" 成立→"费赖曲线" 不成立→"费马猜想" 成立

这样一来，要证费马猜想成立，只需证明谷山-志村猜想成立即可。

安德鲁·怀尔斯于 1953 年出生在英国剑桥。1977 年在剑桥大学取得博士学位后来到了美国普林斯顿大学从事研究工作，1982 年成为该校的数学教授。在导师尼古拉斯·卡茨的指导下，他开始向费马猜想进攻，其核心是证明谷山-志村猜想。经过 7 年的孤军奋战，怀尔斯完成了谷山-志村猜想的证明（实际只是完成了证明费马猜想所需要的谷山-志村猜想的部分证明——每个半稳定椭圆曲线都是模性的），作为结果，他证明了费马猜想。从此，费马猜想成为费马定理。

1993 年 6 月 23 日，怀尔斯决定选择在他家乡的剑桥大学牛顿研究所举行的一个重要会议上宣布他的这一重要结果。

这是 20 世纪最重要的一次数学讲座，讲座气氛很热烈，有很多数学界的重要人物到场。有在场的数学家在之后回忆时说："之前我从来没有看到过如此精彩的讲座，充满了美妙、闻所未闻的新思想，还有戏剧性的铺垫，充满悬念，直到最后达到高潮。""当大家终于明白已经离证明费马猜想只有一步之遥时，空气中充满了紧张。"

当怀尔斯在黑板上写上"费马大定理由此得证"，会场先是寂静无声，然后突然爆发出一阵经久不息的掌声。一阵阵闪光灯的照耀，以及拨动照相机快门的声音记录了这个历史性的时刻。许多人跑出去向全世界通告这个消息。在我国，也有不少留学生连夜打来电话，报道这一喜讯。

与此同时，认真核对这一个证明的工作也正在进行。按照科学的程序，先要求数学家将稿件投到一个有声望的刊物，然后由刊物编辑部组织专家进行审核。怀尔斯将手稿投到《数学年刊》，编辑部组织了 6 位审稿人，将分成 6 章的 200 页手稿，交给 6 位审稿人，每人审查其中的一章。1993 年 8 月 23 日，负责第三章的普林斯顿大学教授尼克·凯兹发现了证明中的一处缺陷。怀尔斯认为很快便可补救，然而 6 个多月过去了，错误仍未得到改正。是不是又是一场噩梦呢？在同事的建议下，他邀请了他原来的学生、剑桥大学的理查德·泰勒到普林斯顿和他一起工作。泰勒从 1994 年 1 月到来与怀尔斯一起研究直到 9 月依然没有结果。正当准备放弃时，9 月 19 日的早晨，怀尔斯突然发现了问题的答案。他叙述了这一时刻："突然间，不可思议地，我发现了它……它的美是如此难以形容，它简单而优美。20 多分钟的时间我呆望着它不敢相信，然后我到系里转了一圈，又回到桌子旁看看它是否存在，它确实还在那里。"

1995 年 5 月，《数学年刊》以整整一期刊登了两篇文章：第一篇是怀尔斯的长文《模椭圆曲线和费马大定理》，共 100 多页（见图 11-6），另一篇是由泰勒和怀尔斯合写的《赫克代数的某些环论性质》，20 余页。第一篇长文证明了费马大定理，而其中关键一步则依赖他们合写的第二篇文章。

不久，在美国著名科学杂志《科学美国人》上就有人写文章说怀尔斯的证明确实是费马大定理的最后证明。怀尔斯再一次出现在《纽约时报》的头版上，文章标题是《数学家称经典之谜已解决》。

350 余年的悬案终于尘埃落定，怀尔斯成了 20 世纪最后 10 年内的英雄：1995 年获得瑞典皇家学会颁发的肖克数学奖；1996 年获得皇家奖章和沃尔夫奖、美国国家科学院奖，并当选为美国科学院外籍院士；1997

图 11-6　1995 年 5 月，怀尔斯长达 100 多页的证明在《数学年刊》发表

年获得 5 万美元的沃尔夫斯凯尔奖金；1998 年在柏林举行的第 23 届国际数学家大会上获菲尔兹特别奖；2005 年获邵逸夫奖及 100 万美元的奖金。

11.2　哥德巴赫猜想

11.2.1　哥德巴赫猜想的由来

一提起哥德巴赫猜想，大家都会想到"数学皇冠上的明珠"，想到我国数学家，尤其是陈景润对这个世界著名难题的巨大贡献。

我们先来说说哥德巴赫猜想的由来。

德国数学家哥德巴赫，1690 年出生于哥尼斯堡（现为俄罗斯的加里宁格勒），1725 年定居俄国，同年被选为圣彼得堡帝国科学院的院士。1742 年 6 月 7 日哥德巴赫在和他的好友、数学家欧拉的通信中，提出了正整数和素数之间关系的推测：

（1）任何一个不小于 6 的偶数均可以表示成两个奇素数之和。

（2）任何一个不小于 9 的奇数均可表示成 3 个奇素数之和。

他希望大数学家欧拉（见图 11-7）能够给出这两个结论的证明。

这一猜想的叙述是如此的简单，甚至连小学生都能明白。欧拉认真地思考了这一问题，他首先选列出一张长长的数字表：

$6=2+2+2=3+3$，$8=2+3+3=3+5$，$9=3+3+3=2+7$，$10=2+3+5=5+5$，$11=5+3+3$，$12=5+5+2=5+7$，…，$99=89+7+3$，$100=97+3$，$101=97+2+2$，$102=97+2+3=97+5$，…

这张表可以无限延长，而每一次延长都使欧拉对哥德巴赫猜想充满了信心。当他最终坚信这一结论是真理的时候，就在 6 月 30 日回信给哥德巴赫，信中说："任何不小于 6 的偶数都是两个奇素数的和，虽然我不能证明它，但我确信无疑地认为它是完全正确的定理。"

图 11-7 欧拉

第（1）个结论称为"偶数的哥德巴赫猜想"，第（2）个结论称为"奇数的哥德巴赫猜想"。

1937 年，苏联著名数学家维诺格拉朵夫（见图 11-8）证明了：每一个充分大的奇数都可表示为 3 个素数之和，即存在一个比较大的正整数 C，使得每个大于 C 的奇数均可表示成 3 个素数之和。这个大数 C 有多大呢？有人算出它大约等于 $e^{e^{16.038}}$，其中 $e=2.718\cdots$，为自然对数的底数。虽然这个数太大了，但只要对小于它的奇数验证结论（2）成立，即是把奇数的哥德巴赫猜想的完整证明归结为验证 C 以内的奇数。在此意义上讲，维诺格拉朵夫解决了"奇数的哥德巴赫猜想"。从此，哥德巴赫猜想就专指结论（1）了。

图 11-8 维诺格拉朵夫

▶▶ 11.2.2 求证哥德巴赫猜想的历程

哥德巴赫猜想的叙述如此简单，但是连欧拉这样的大数学家也不能证明，因而立即引起了世界上许多数学家的注意。

1. 验证阶段

数学家们首先考虑的是验证。不少人做了很多具体的验证工作，他们对大于 4 的偶数一一进行验证，一直到不超过 330000000 的偶数，都表明猜想是正确的，没有哪个猜想用这么多数验证过，然而即使验证更大的数也不能算是证明。从哥德巴赫猜想的提出直到 19 世纪结束的 100 多年间，数学家们的研究几乎没有取得任何进展。

1900 年，德国著名数学家希尔伯特在巴黎召开的第二届国际数学家大会上发表了意义深远的 23 个数学难题，哥德巴赫猜想是作为第 8 个难题提出来的。

2. 求证阶段

由于哥德巴赫猜想证明的艰巨性，1912 年，德国数学家朗道在英国剑桥召开的第五届国际数学大会的报告中曾悲观地说："即使要证明下面较弱的命题：任何不小于 6 的整数都能表示成 C（C 为一个确定的整数）个素数之和，这也是现代数学力所不及的。"

1921 年，英国数学家哈代在哥本哈根的数学大会的一次讲座中认为：哥德巴赫猜想可能是没有解决的数学问题中最困难的一个。哥德巴赫猜想用式子表示如下：

若偶数 $N \geqslant 6$，则总可以找到两个奇素数 P_1，P_2，使

$$N = P_1 + P_2 \quad\quad\quad (*)$$

我们把式（*）理解成一个方程，把 P_1，P_2 限制在素数的范围内对偶数 N 进行求解，当 N 给定时，解可能不只 1 种，如当 $N=10$ 时，我们有 $10=5+5$，$10=3+7$，还有

$$N=14=7+7=3+11, \quad N=16=3+13=5+11, \quad N=18=5+13=7+11, \quad N=20=3+17=7+13,$$

$$N=22=3+19=5+17=11+11, \cdots$$

因此，我们只要能证明当偶数 $N \geqslant 6$ 时，方程（*）的解的种数大于 0 即可。后来人们发现，要直接求证解的种数大于 0，是难以达到的。数学家们采用了两种削弱问题的条件，然后用逐步逼近猜想的证明方法去达到目的。这两种方法都取得了许多鼓舞人心的成果。

一条路径是先证明对每一个充分大的偶数都能表示为一个不超过 a 个素因子的数的积和一个不超过 b 个素因子的数的积的和，那么我们就说（$a+b$）成立。当证得 $a=b=1$ 时，猜想（1+1）便成立了。1920 年，挪威数学家布朗用他自己创造的一种"筛法"证明了 (9+9)，即一个大偶数都可表示成一个素因子不超过 9 个数与另一个素因子不超过 9 个数的积之和。

沿着布朗所开辟的新路，各国数学家不断改进这个结果：

1924 年，德国的拉特马赫证明了（7+7）。

1932 年，英国的埃斯特曼证明了（6+6）。

1937 年，意大利的蕾西先后证明了（5+7）（4+9）（3+15）和（2+366）。

1938 年，苏联的布赫夕太勃证明了（5+5）；1940 年，布赫夕太勃又证明了（4+4）。

1948 年，匈牙利的瑞尼证明了（1+c），其中 c 是一很大的自然数。

1956 年，我国的王元证明了（3+4）；1957 年，又先后证明了（3+3）和（2+3）。

包围圈越来越小，越来越接近（1+1）了。但是以上许多的证明中都有一个弱点，就是其中的两个数没有一个肯定为素数的。于是数学家开辟了另一条路径，即每一个充分大的偶数都能表示为一个素数与另一个不超过 C 个素数的积之和。

早在 1938 年，我国数学家华罗庚证明了几乎所有偶数都可表示成一个素数和另一个素数的方幂之和，即（1+P^e）。

1948 年，匈牙利数学家瑞尼首先证明了（1+6），即每一个大偶数都可表示成一个素数和一个素因数不超过 6 个数的积之和。

沿此路径，我国数学家取得了可喜的成果。

1962 年，我国数学家潘承洞证明了（1+5），接着王元、潘承洞和苏联的巴尔班恩又各自独立地证明了（1+4）。

1965 年，苏联的布赫夕太勃和小维纳格拉朵夫及德国的朋比利证明了（1+3）。

1966 年，我国著名数学家陈景润证明了（1+2）。直到现在为止，仍然是在证明哥德巴赫猜想的历史过程中所取得的最好成绩。

3. 徐迟的报告文学——《哥德巴赫猜想》

1978 年，《人民文学》在第一期上发表了著名作家徐迟的报告文学《哥德巴赫猜想》。随后，《人民日报》《光明日报》《解放军报》等都予以转载并加了编者按。紧接着，全国许多家报纸和电台都相继转载和连播了这篇报告文学。一时间"哥德巴赫猜想"一词在全国千家万户传播。那个身体瘦弱、其貌不扬、憨厚实在的书生陈景润成了家喻户晓的"明

星"、知识分子的楷模与民族的英雄。

当时正值我国的"文化大革命"刚刚结束，为了尽快把人们的思想解放出来，引导一种实事求是、踏实肯干的作风，积极投入到经济、科研当中去，就迫切需要文化上的指引。陈景润的工作和徐迟的报告文学，就起到了这样一个解放思想的文化引导作用。在当时形成了一股科学热，为推动我国学术繁荣起了重要的作用。陈景润不仅在科学研究上做出了巨大的贡献，而且在文化上起到了积极的典范作用。他坚忍不拔、勇于面对科学难题、勇于克服种种困难的精神将永垂史册，永远激励着千千万万的后来者。

11.3 四色猜想

11.3.1 问题的由来

1852年，一位刚从伦敦大学毕业的英国人弗朗西斯·古斯里，来到一家科研单位搞地图着色。他在对英国地图着色时，发现一个十分有趣的现象：

> 如果给相邻的地区涂上不同的颜色，那么只用四种颜色就足够了。

他把这一消息告诉了他的胞兄弗里德里·古斯里，并且画了一个图（见图11-9），这个图最少要用四种颜色，才能把相邻部分分辨开，颜色的数目再不能减少。

哥哥相信弟弟的发现是正确的。兄弟二人为证明这一问题费了很大的劲，但是都没能证明这一结论，也解释不出其中的原因。哥哥就这一问题的证明请教他的老师、著名数学家德·摩尔根。摩尔根一时也找不出解决这一问题的途径，当天写信给他在三一学院的好友、著名数学家哈密顿。摩尔根在信中这样写道：

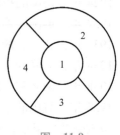

图 11-9

"今天，我的一位学生让我说明一个事实的道理，这是我以前未曾想到而现在仍然难以解释的一个事实。他说，任意划分一个图形，并对其各个部分染上颜色，使得任何具有共同边界的部分具有不同的颜色，那么只需要四种颜色就够了。我觉得这是显然正确的结论。如果您能举出一个简单的例子来否定它，那就说明我像一头蠢驴，我只好做斯芬克斯（希腊神话中的狮身人面怪兽）啦。"

这是历史上有关四色猜想的第一次书面记载。摩尔根相信才华横溢的哈密顿能帮他解决此问题。哈密顿对四色猜想进行了论证，然而直到1865年哈密顿去世，问题也未能获得解决。

1872年，英国当时最著名的数学家凯莱正式向伦敦数学会提出了这个问题；1878年，他把这个问题公开通报给伦敦数学会的会员，征求证明。于是，四色猜想成了世界数学界关注的问题。

11.3.2 转化为数学问题

"每幅地图都可以用四种颜色着色，使得有共同边界的国家着上不同的颜色。"用数学语言表示，即"将平面任意地细分为不相重叠的区域，每一个区域可以用1，2，3，4这四个数字之一来标记，而不会使相邻的两个区域标记相同的数字"（见图11-10）。

这个结论能不能在数学上加以严格证明呢？作为一个数学问题，我们研究的不是哪一张具体的地图，而是一个概括所有地图的着色问题，即国家的数目可以是任意给定的，国家的边界可以是各式各样的，可以是直的、弯的或绕来绕去的，人们见过的或没有见过的，想得出来的或没有想到的，等等。总之，它可以是随便画的或是任意编造的地图。

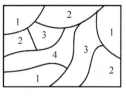

图 11-10

地图有正规地图和非正规地图之分。所谓"正规地图"需满足下列两个条件：

（1）地图中的每个国家必须连成一片。

（2）地图中两个国家的边界必须是线条（直线、曲线都可以，但是不能是一点）。

图 11-11 不符合第（1）条，图 11-12 不符合第（2）条，而四色猜想中的地图指的都是正规地图。

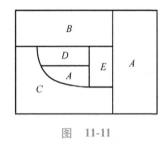

图 11-11

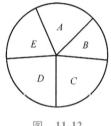

图 11-12

我们现在把地图着色问题转化成数学问题：

（1）图：在正规地图的每一个区域当中画一个小圆圈，我们称为"顶点"，如果两个区域相邻，我们就用一条线把两个顶点连接起来，这样我们就得到数学上的一个"图"。

（2）k 可染（k 是大于 1 的正整数）：如果一个图中的每个顶点可用 k 种不同的颜色之一来涂，使得相邻顶点（一条线相连的两个顶点）具有不同的颜色，则称这个图是"k 可染"。如果一个图是 k 可染，而不是（k-1）可染，我们就说这个图的染色数是 k。

（3）平面图：从地图转变出来的数学图，在数学上称为平面图。它是指那些顶点可以画在平面上，且没有两条线是相交的（指不是公共端点的交点）。

（4）平面图的判断：（1930 年波兰数学家库拉托斯基发现的一个简单判别法则）如果一个图不包含图 11-13 中的两种图为子图（即图的一部分），那么这个图是平面图。

图 11-13

现在地图四色猜想就转化为如下问题：是否地图包含的所有平面子图都是 4 可染？

如图 11-14a，b，c 都是平面图，但图 11-14d 不是平面图。图 11-15a 也许你认为不是平面图，因为线 AC 和 BD 相交，但是如果将 BD 线画成图 11-15b 一样，那么就是平面图了。

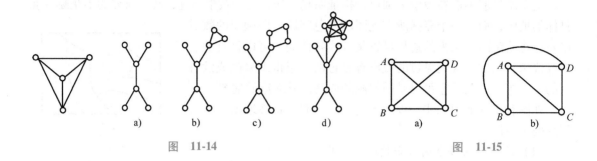

图 11-14   图 11-15

11.3.3 五色定理

英国数学家希渥特几乎是终其一生研究四色猜想，在工作的 60 年里，他先后发表了 7 篇有关四色猜想的重要论文，直至 78 岁时才退休。85 岁时，他又向伦敦数学会递呈了最后一篇关于四色猜想的论文。希渥特虽然在世时没有解决四色猜想，但他证明了地图五色问题是对的。他那种老而弥坚、孜孜不倦、顽强攻关的精神是值得我们学习的。

证明五色问题关键的一步是证明："在平面图里找到一个顶点，它最多只能和其他 5 个顶点相邻。"这可利用平面图的欧拉公式：

$$V-E+F=2$$

其中，V 表示平面图顶点的个数，E 表示图中所连线数，F 表示由顶点及线所围的区域的个数（这里把图外的一大块区域也算进去）。

由欧拉公式可以推出不等式 $3V-6 \geqslant E$，再用反证法可证得"平面图里一定是一个顶点最多只能和其他 5 个顶点相邻"，然后用归纳法证得所有的平面图是五色可染。

11.3.4 证明四色猜想的历程

自从 1878 年 6 月凯莱宣布"我一直没有得到这个证明"后，四色猜想成了当时数学界的一道难题，许多数学家都加入到证明四色猜想的队伍中。1879 年，凯莱的一名学生、时任律师的肯普声称他证明了四色猜想，立即震惊了整个数学界。他的证明发表在美国的一份数学杂志上。肯普的证明极为巧妙，引入了大量的基本思想，并得到了凯莱等数学家的认可。与此同时，另一位数学家泰勒也宣称证明了四色猜想。当时大家都认为四色猜想已经解决了。谁知在 11 年后的 1890 年，数学家希渥特以自己精确的计算指出了肯普证明的错误。不久，泰勒的证明也被否定了。但泰勒的一处错误论断直至 1946 年才被加拿大数学家托特举出反例所否定，这距论文发表已有 60 多年。越来越多的数学家为此绞尽了脑汁，但一无所获。于是这个貌似简单的四色猜想成了又一道世界难题，数学又一次向人类的智力和毅力提出了挑战。

肯普虽然没有证明四色猜想，但是他提出的"构形"与"可约"两个概念成为 20 世纪数学家证明四色猜想的重要依据。美国数学家富兰克林于 1939 年证明了 22 国以下的地图可以用四色着色。

1968 年，数学家奥尔将 35 国增加到 39 国。他是关于这一问题唯一专著《四色猜想》的作者。

1975 年有报道称，52 国以下的地图四色定理成立。

证明过程进展非常缓慢，问题仍然是采用肯普的方法。1936 年，数学家希西认为肯普所走的路子是对的，只需把情形细分到可以证明的地步就行。但要达到这种地步，必须分 10000 多种情形才行，这样的工作量是人力所不及的。人工证明四色猜想遇到了严重的挑战。

11.3.5　机器证明

计算机的出现开辟了机器证明的新方法，促使了更多的数学家投入到四色猜想的研究。从 1950 年起，数学家希西与他的学生丢莱一直做着用计算机来检查图形是否是"可构""可约"形的工作。但是检查一个哪怕是不太复杂的情形也要用上百小时，对于更复杂的图形，当时的计算机也都不能承受（在时间和存储上）。因此，用计算机来证明四色猜想也是一项非常艰巨的任务。直至 1970 年以后，由于现代电子计算机的出现，大大提高了演算速度，同时，人们又极大改进了证明四色猜想的方案，因此，就为机器证明四色猜想创造了条件。1972 年，美国伊利诺斯大学的哈肯与阿佩尔改造希西的技巧获得了成功。他们两人一方面从理论上继续简化问题，另一方面利用计算机的试算获得了有益的信息。

1976 年 6 月，哈肯与阿佩尔在美国伊利诺斯大学的三台不同的高速电子计算机上，用了 1200 多小时，完成了人约 200 亿个逻辑判定，终于完成了四色猜想的证明，使历时 124 年之久的世界难题得以解决。为了纪念这一历史性的时刻，在当天，伊利诺斯大学邮局加盖了"四种颜色足够了！"的邮戳以庆祝这一难题的解决。

1976 年 9 月，《美国数学会通告》宣布了一件震撼全球数学界的消息："美国伊利诺斯大学两位教授阿佩尔和哈肯利用电子计算机证明了四色猜想是正确的！"同年 10 月 1 日，英国杂志《新科学人》刊登了一篇由阿佩尔撰写的解决这个问题的经过的文章。那一期杂志的封面使用了有红、黄、蓝、绿顶点的图片。

阿佩尔和哈肯实际上是把地图的无限种可能情形简约为 1936 种构型，后来又简约成 1476 种构型。1996 年，数学家罗伯森又进一步简约为 633 种构型，再用计算机验证。2004 年，数学家沃纳和冈席尔用通用的数学证明验证程序，对罗伯森的工作进行了验证，肯定了其证明的正确性。至此，人们对计算机证明的最后一点疑问也消除了。

需要说明的是，虽然电子计算机的工作使得四色猜想成了四色定理，但是人们总期待有一种简洁、明快的人工证明的方法出现，因为这毕竟不是传统意义上的数学证明。时至今日，仍有许多数学家，甚至业余数学爱好者并不满足于计算机所取得的成就，仍在寻求一种四色问题的传统的逻辑证明。

11.4　数学名题的文化意义[⊖]

数学名题是数学科学的宝藏。每一个数学名题，其本身所具有的意义可能并不是非常大，但它们的发展过程成为数学研究、发展的催化剂，促进了数学的发展，具有重要的历史文化意义与启发作用。

⊖　易南轩、王芝平：《多元视角下的数学文化》，科学出版社，2007，第 176-198 页。

11.4.1 数学名题是数学发展的动力之一

数学问题是数学发展的动力之一。没有数学问题，就不会有数学真正的发展，而数学名题由于其难度与影响力而更是成为推动数学发展的重要原因。

例如，300多年来，数学家们在攻克费马大定理的过程中，产生了许多新的数学理论和方法，建立了许多数学工具，如分圆整数、理整数、椭圆曲线、模形式、费赖曲线、蒙德尔猜想、谷山-志村猜想、伽罗瓦表示论、素因子唯一分解问题、科利瓦金-弗莱契方法等。这些理论和方法，不仅在证明费马大定理时有用，在数论中有用，而且在许多其他数学领域也有用处。这些问题的研究对数学的发展和推动远非一个定理所能比拟。

11.4.2 数学名题的研究促进了整个科学技术的进步

数学名题的研究过程，不仅推动了数学的进步，而且往往影响到许多相关学科的进步。

例如，由研究费马大定理而发展出来的技术，已被广泛地应用到各种科学技术之中，特别是编码理论、加密学和各种电脑计算技术。再如，在四色定理的证明过程中引入机器证明，开辟了一条现代科学计算、计算机模拟的道路，为现代科学技术的进步提供了新的方法与工具。

11.4.3 数学名题的研究体现了人类的智力与毅力

每一道数学名题的研究过程都是对人类智力与毅力的极大挑战。在应对这些极其困难的数学问题的过程中，人类坚持不懈，并以极大的智慧来挑战种种困难。在解决这类问题的过程中，人类极大地发挥了聪明才智与应对困难的毅力，取得了一个又一个的胜利。同时，在这种挑战过程中，人类也极大地提高了智力水平。

我国著名数学家齐民友说："费马大定理犹如一颗光彩夺目的宝石，藏在深山绝谷的草丛之中，偶然的机遇被人看见，由于它的美丽，吸引了不少人想去取得它，不少人甚至为此跌到深渊下。但是在征服它的路上，人们找到了丰富的矿藏。这种矿藏不是阿拉丁的宝库，里面的东西也不一定都是光辉灿烂的宝石，但是它可以带来一个新的产业部门。没有这种矿藏，这颗宝石可以成为价值连城的珍宝，但是有了这种矿藏，连同其他的矿藏，却成了人类文明的一部分。"这是对所有数学名题进行研究的极为中肯的评价。

*11.5 希尔伯特的23个数学问题及其影响

1900年8月，在巴黎第二届国际数学家大会上，希尔伯特发表了题为《数学问题》的著名讲演，提出了23个悬而未决的数学问题，使这届大会成为数学史上的一个里程碑，为20世纪数学的发展掀开了光辉的一页。希尔伯特的23个问题分属四大块：第1到第6个问题是数学基础问题；第7到第12个问题是数论问题；第13到第18个问题属于代数和几何问题；第19到第23个问题属于数学分析问题。在这些问题中，有些已得到圆满解决，有些至今仍未解决。下面我们简单地提一下这些数学问题及研究进展的简况。

（1）康托的连续统基数问题。

（2）算术公理系统的无矛盾性。

(3) 只根据合同公理证明等底等高的两个四面体的体积相等（已做否定解决）。

(4) 两点间以直线为距离最短线问题（在对称距离情况下问题获得解决）。

(5) 拓扑群成为李群的条件（已经解决）。

(6) 物理学各分支的公理化。

(7) 某些数是无理数或超越数的证明（有重大进展）。

(8) 素数分布问题，包括黎曼猜想、哥德巴赫猜想等。

(9) 一般互反律在任意数域中的证明（已解决）。

(10) 丢番图方程可解性判定（已做否定解决）。

(11) 一般代数数域内的二次型论（获重大进展）。

(12) 阿贝尔域上的克罗内克定理推广到任意代数有理域。

(13) 不可能用只有两个变量连续函数的组合解一般七次代数方程。

(14) 某些完备函数系的有限证明（已做否定解决）。

(15) 建立代数几何学的基础（有重大进展）。

(16) 代数曲线与曲面的拓扑研究（有重大进展）。

(17) 半正定形式的平方和表示（已解决）。

(18) 由全等多面体构造空间（有重大进展）。

(19) 正则变分问题的解是否总是解析函数（基本解决）。

(20) 研究一般边值问题（有重大进展）。

(21) 具有给定单值群的线性微分方程解的存在性（已解决）。

(22) 用自守函数将解析函数单值化（有重大进展）。

(23) 发展变分学方法的研究（有重大进展）。

希尔伯特的 23 个问题总结了 19 世纪及其以前数学研究中未能解决的重大问题，并提出了一些新的重大问题，是 20 世纪数学研究的纲领性文件，代表了 20 世纪数学研究的主流方向，推动了整个 20 世纪数学的进展。现在，希尔伯特的部分问题依然是数学研究的重点问题，如 8，12，16，18 等问题。

 思考题

1. 你是如何理解数学名题在数学发展中的作用与意义的？

2. 从这些数学名题的研究过程中，你得到什么启发？

第 12 章　数学与艺术

数学当成一门艺术来看时最近似于绘画，二者在两种目标间维持一种张力。在绘画中，既要表达可见世界的形状与色彩，又要在一块二维的花布上构造出赏心悦目的图案；在数学中，既要研究自然的规律，又要编织出优美的演绎模式。

——拉克斯

作为人类文明发展的产物，数学与艺术在它们的创造中都凝聚着美好的理想和实现这种理想的孜孜追求。一般人们可能认为，数学与艺术是风马牛不相及的事情。艺术虽然也反映世界，但更重视其精神反映。数学家德恩认为：数学家研究的事物比起自然科学家来更偏重于精神方面，而比起人文学家则更偏重于可感知的内容。[一]但是，数学与艺术之间确实存在着十分密切的关系。黄秦安博士认为：数学与艺术在本质上有着极为类似的东西。一方面，两者皆构建在物质世界基础之上，以现实世界中的物与人为蓝图或素材，勾勒出能够反映规律或本质的画卷；另一方面，两者都以其特有的形式表现了人在精神、意志、理性、感性、情感、心灵诸方面的追求与观念。"[二]在这一章中，我们介绍一些数学与艺术，如音乐、绘画的关系，两者之间的交流与相互的影响，特别是数学对艺术的影响，以使读者进一步理解数学的文化意义。

12.1　数学与音乐

数学与音乐的联系可以说是源远流长的。在古时候，音乐可以说是数学的一部分或说是数学的一个分支。

古希腊的毕达哥拉斯与他的弟子们都认真研究过音乐，他们发现，单弦音质的变化（音调和乐音）与单弦弦长之间存在比例关系：两根绷得一样紧的弦，若一根长是另一根长的 2 倍，则产生谐音，而且两个音正好相差八度。若两弦长之比为 3：2，则产生另一种谐音，此时短弦发出的音比长弦发出的音高五度。事实上，产生每一种谐音的各种弦的长度都成正整数比，即音乐现象可以用数得到解释。毕达哥拉斯学派关于谐音的研究对其核心观念——"万物皆数"的形成起到了十分重要的作用。毕达哥拉斯把音乐解释为宇宙的普遍和谐，认为这种美丽旋律不过是数学美的一种体现。

欧几里得也写过音乐方面的著作，研究过谐音的配合，制定过音阶。音乐成为古希腊灿烂文化的重要组成部分，并与数学紧密联系在一起。

　⊖　德恩：《数学译林》，1987（1），第 73 页。

　⊜　黄秦安：《数学哲学与数学文化》，陕西师范大学出版社，1999，第 277 页。

我国明代数学家朱载堉在一个八度音程内算出了十二音程值相等的半音，创造了"十二平均值"，成为基本的音乐理论。

在中世纪的欧洲，其所谓的"音乐"比今天的"音乐"范围要广得多，其意义可表述为"全宇宙的秩序"，而普通音乐则为器乐的音乐。

到文艺复兴时期，希腊文化的这种精神在欧洲传播。不只是艺术家，欧洲近代以来的众多科学家、数学家都关心音乐。作为卓越的哲学家、数学家，笛卡儿有一部著作名为《音乐概论》。莱布尼茨认为音乐是一种无意识的数学运算，这更直接地把音乐与数学联系起来。从某种意义上讲，这也是后来出现的用数学结构分析音乐的思想先驱。

1732 年，丹尼尔·伯努利在对弦乐器的研究中得到一个二阶常微分方程：

$$a \frac{\mathrm{d}}{\mathrm{d}x}\left(x \frac{\mathrm{d}y}{\mathrm{d}x}\right) + y = 0$$

它的解乃是一个零阶贝塞尔函数。

欧拉也曾利用二阶常微分方程做过类似的研究。丹尼尔·伯努利和欧拉还对各种管乐器（包括圆形的、锥形的）做过研究，碰到的大都是二阶偏微分方程，甚至是涉及 3 个、4 个变量的偏微分方程。铃是一种敲击乐器，欧拉对铃的声音的研究还导致出了复杂的四阶偏微分方程。作为有史以来最杰出的数学家之一，欧拉对音乐有过许多的深入研究。他有一部著作叫作《建立在确切的谐振原理基础上的音乐理论的新颖研究》，在 18 世纪 30 年代创立了一种新的音乐理论。[⊖]

在 18 世纪的数学家中，除丹尼尔·伯努利、欧拉之外，泰勒、拉格朗日、约翰·伯努利等都研究过音乐。长笛、风琴、各种形式的管乐器、小号、军号、铃，以及许多的弦乐器也被研究。至 19 世纪，相关研究仍不乏其人，著名的数学家、物理学家亥姆霍兹即是其一，其中最突出的当属傅里叶。

傅里叶是 19 世纪初法国的一位数学家。他的研究从热的传导开始，建立了三角级数。可是，他对乐谱的分析却与三角级数联系了起来。他证明了所有的声音，不管是复杂的还是简单的，都可以用数学公式进行全面描述，即美妙的音乐乐句也能表示成数学公式，他得到这样一个定理：

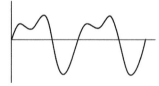

定理 任何周期性声音（乐音）都可表示为形如 $a\sin bx$ 的简单正弦函数之和。

图 12-1

图 12-1 表示小提琴奏出的声乐，它的数学公式是

$$y = 0.06\sin 180000t + 0.02\sin 360000t + 0.01\sin 540000t$$

音乐声音的数学分析具有重大的实际意义。在再现声音的仪器中，如电话、无线电收音机、电影、扬声器系统的设计方面，起决定作用的是数学。

傅里叶等人的工作还有重要的哲学意义：艺术中最抽象的领域——音乐可以转化为最抽象的科学——数学。最富有理性的学问和最富有感情的艺术有着密切的联系。[⊖]

⊖ 查中伟：《数学与艺术》，http://jwc.sanxiau.net/200932023221197.ppt。
⊖ 张顺燕：《数学的思想、方法和应用》，北京大学出版社，1997，第 267 页。

数字 $\dfrac{1+\sqrt{5}}{2}$ 被称为黄金分割率⊖。这个数字已经勾起艺术家的想象几千年了，与我们的美学观念紧紧地联系在一起。下面我们来欣赏一下音乐家德彪西利用数学中的黄金分割来创造的乐曲，让我们用耳朵来感受一下这个迷人数值的美丽。克劳德·德彪西着迷于黄金分割率，并力求在他的音乐作品中抓住这个数。例如，在他的《牧神的午后前奏曲》⊖中，如果我们仔细听，就能在音调、节奏和力度强弱中听到黄金分割率在向我们召唤。

音乐的节拍为八分音符单位。如果度量《牧神的午后前奏曲》的八分音符，我们就能注意到一些有趣的模式。德彪西以 19 和 28 小节作为强音（ff，非常高）。如果把这两个值加起来，我们就发现自己到了下一个强音：47 小节。这样我们就在德彪西的音乐作品中发现了斐波纳契模式（见图 12-2）。事实上，对这张图表示的音乐力度强弱的研究揭示了许多其他这样的斐波纳契模式。

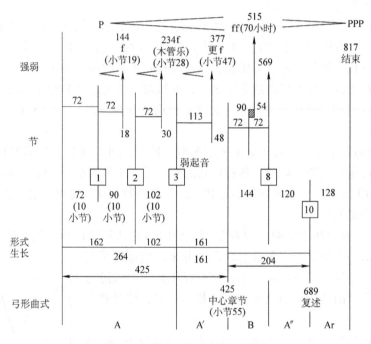

图 12-2　德彪西作品的八分音符

注：144f＋234f＝377f

这一部分在 70 小节达到有力的极强音，然后逐渐转向非常轻柔的乐章（PPP，非常低）。整个前奏曲的长度是 129 秒，从作品的开始到第 70 小节是美妙的极强音，长度是 81 秒。将这两个量相除得到 1.592…，相当地接近黄金分割率 1.618。有意表现黄金分割率是德彪西作品的美和优雅的部分来源吗？虽然我们不能确定这一点，但可以确定周围到处都是美，并且一旦与之调谐，我们就可以用眼睛、耳朵和头脑欣赏它。

⊖ 黄金分割率有两个形式：$\dfrac{\sqrt{5}-1}{2}$ 与 $\dfrac{\sqrt{5}+1}{2}$，这里采用了后者，而第 12.2 节所说的黄金分割则是前者。

⊖ 爱德华·伯格、迈克尔·斯塔伯德：《数学爵士乐》，湖南科学技术出版社，2007，第 120-121 页。

现代音乐与数学的联系更紧密。由于艺术创作都涉及整体与部分的关系，因此，表达这些关系不可避免地要采取数学方法，或者进一步的艺术构思要涉及更精细的数学模型。例如，20 世纪中后期的"先锋派"中的序列音乐（serial）就是采用数学方法进行音乐创作的一个代表。序列音乐是西方现代主义音乐流派之一，亦称序列主义。他们将音乐的各项要素（称为参数）事先按数学的排列组合编成序列，再按此规定创作音乐。序列音乐的技法摒弃了传统音乐的各种结构因素（如主题、乐句、乐段、音乐逻辑等），是 20 世纪 50 年代以后西方重要的作曲技法之一。最早、最简单的序列音乐应属 A. 勋伯格所创立的十二音音乐。十二音音乐的音列就是将音高次序列成一定的序列，然后按数学的优选方法利用计算机创作乐曲。进一步走向序列音乐的是勋伯格的弟子韦贝恩。他在 1936 年所写的《钢琴变奏曲》第二乐章中使用了音高在各音区分布的序列，以及发声与休止交替的序列。第二次世界大战后，P. 布莱兹、O. 梅西昂、K. 施托克豪森、L. 诺诺等一批作曲家逐步将韦贝恩的方法加以扩展，使节奏、时值、力度、密度、音色、起奏法、速度等都形成一定的序列，产生了整体序列主义或全序列主义。在这方面进行理论探讨的人还有 M. 巴比特、H. 普瑟尔。I. F. 斯特拉文斯基晚年也应用了一些序列主义的手法，但比较自由。序列音乐在电子音乐中也得到进一步的运用，各种参数常被编成序列通过电子计算机输入到电子合成器中。该派代表人物、法国作曲家梅西安认为，音乐创作可用数学记号、方程、计算来完成。他的代表作《时值和力度的列式》《节奏习作》等，都有意识地把音高、力度、时值、音色等全部音乐因素予以序列化，纳入计算，从而产生了所谓的"全面序列音乐"。

另一个例子是所谓的"分形音乐"（有关分形的概念及芒德勃罗集可见本章 12.3 节），是由一个算法的多重迭代产生的，利用自相似原理来构建一些带有自相似小段的合成音乐。主题在带有小调的三番五次的反复循环中重复，在节奏方面可以加上一些随机变化。它所创造的效果听起来非常有趣。

有人甚至将著名的芒德勃罗集（M 集）转化为音乐，取名为《倾听芒德勃罗集》。他们在芒德勃罗集上扫描，将其得到的数据转换成钢琴键盘上的音调，从而用音乐的方式表现出芒德勃罗集的结构，极具音乐的表现力。分形音乐现已成为新音乐研究最令人兴奋的领域了。

上面我们谈的是数学对音乐的影响，而音乐对数学与科学也有重要影响。据传，天文学家开普勒就坚信音乐与数学的和谐性可以帮助他发现行星运行规律，对他提出著名的"开普勒三定律"有深刻的影响。另一个例子是薛定谔的波动力学。1926 年，薛定谔决定根据物理学家德布罗意的物质波学说，对原子和电子运动做数学描述。由于这一理论与实验完美地相吻合，因此，他于 1933 年获得了诺贝尔物理学奖。在此，我们强调的是薛定谔从古代数学家毕达哥拉斯的音乐与数之间的联系得到了启示。德布罗意的思路是相对论式的，而薛定谔的思路则是音乐式的。人们早已知道，琴弦、风琴管的振动符合类似形式的波动方程。一个波动方程，只要附加一定的数学条件，便会产生一些数列。薛定谔根据这种见解创立了电子的波动方程：

$$\frac{\partial^2 \varphi}{\partial x^2}+\frac{\partial^2 \varphi}{\partial y^2}+\frac{\partial^2 \varphi}{\partial z^2}+\frac{8\pi^2 m}{h^2}\ (E-V)\varphi=0$$

这是一个关于 x，y，z 的二阶偏微分方程，其解称为波函数。式中 m 表示电子的质量，E 是总能量，V 是势能，h 是普朗克常数。式中 m，E，V 体现着电子的微粒性，φ 体现着电子的波动性，与电子的波粒二象性完美地结合起来，完满地解释了微观粒子的运动，就像牛顿方程完满地解释了宏观运动那样。我们可以说，音乐孕育了一批杰出的科学家。

我国现代数学家、安徽师范大学原数学系系主任雷垣教授，不仅精通数学，而且精通音乐。他早年曾在上海一所音乐学校读过三年音乐，后来才去美国学习数学，并曾做过著名钢琴家傅聪的钢琴启蒙老师。他说，之所以从音乐改数学，是因为数学与音乐的关系最为密切，它们在对真善美的追求上是一致的。

12.2　数学与绘画

在古希腊文化中，毕达哥拉斯、柏拉图所提倡的数学理性精神就使其艺术发展受到了数学的深刻影响，并在注入数学的精神后展现出了独特的魅力。数学所表现的美好、和谐使古希腊的艺术无论是雕刻还是绘画都表现出一种形态匀称、举止恬静、和谐安详的特点。在绘画艺术上，数学的理性更要求画家们按照数量关系结构来表现事物的特征。例如，古希腊绘画特别提倡按照毕达哥拉斯提出的"黄金律"来表现事物和人物的关系，因为按照毕达哥拉斯的观点，所说的"黄金分割"（"神圣分割"）可以给人们一种特别的美感。由具体的考察可以看出，这一特定的审美标准在古希腊人那里得到了十分广泛的应用，如绘画中人体的比例、绘画材料的长与宽的比例，甚至身体中各个细小部分，都利用了"黄金分割"这一审美的数学要求。

在中世纪严格的思想控制下，希腊、罗马艺术中美丽的维纳斯竟被看成是"异教的女妖"而遭到毁弃。到了文艺复兴时期，艺术则更多的是为了"丰富人"和"愉悦人"，向往古典文化的意大利人觉得这个从海里升起来的女神是新时代的信使，把美带到了人间。佛罗伦萨的画家波提切利（1444—1510）于 1484 年创作了《维纳斯的诞生》（见图 12-3），体现了一种时代感。裸体的维纳斯像一粒珍珠一样，从贝壳中站起，升上海面，翱翔在天上的风神们鼓起翅膀把它吹向岸边——据说，维纳斯最初的落脚点是塞浦路斯岛。画的右方是迎接维纳斯的山林女神，从林中走出，展开手中的长衫以覆盖维纳斯的裸体。波提切利笔下的维纳斯具有特殊的风姿，是美术史上最优雅的裸体。

图 12-3　维纳斯的诞生

⊖　克莱因：《西方文化中的数学》，张祖贵译，复旦大学出版社，2004，第 128-139 页。

文艺复兴时期的绘画与中世纪绘画的本质区别在于引入了第三维，也就是在绘画中处理了空间、距离、体积、质量和视觉印象。三维空间的画面只有通过光影、透视体系的表达方法才能得到。这方面的代表是 14 世纪初的杜乔（1255—1319）和乔托（1276—1336），他们作品中出现的几种方法成为射影几何（或透视几何）数学体系发展过程中的一个重要方面。

杜乔和乔托把欧几里得几何带回美术界，画面上的景物有了一定的质量和体积，而且彼此相关，构成了一个整体，平面被缩小了，光线和阴影用来暗示体积。杜乔和乔托都注意到，在构图上应把视点放在一个静止不动的点上，并由此引出一条水平轴线和一条竖直轴线。

技巧和观念上的进步应归功于洛伦采蒂（1323—1348）。他画中的线条充满生机，画面健康、活泼，富有人情味。到 15 世纪，西方画家们终于认识到，必须从科学上对光学透视体系进行研究。绘画科学是由布鲁内莱斯基创立的，他建立了一个透视体系。第一个将透视画法系统化的是阿尔贝蒂（1404—1472）。他的《绘画》一书于 1435 年出版。他认为做一个合格的画家先要精通几何学，并认为，借助数学的帮助，自然界将变得更加迷人。阿尔贝蒂抓住了透视学的关键，即"没影点"（艺术上称为"消失点"）的存在。他大量地使用了欧几里得几何的定理，以帮助其他艺术家掌握这一新技术。关于投影点发现的意义，鲁塞尔这样评论："透视原理把只有唯一一个视点作为第一要素，这便使视觉体验建立在一个稳定的基础上。于是在混沌中建立了秩序，使相互参照实现了精密化和系统化。"

数学透视体系的基本定理和规则是什么呢？假定画布处于通常的垂直位置，从眼睛到画布的所有垂线，或者到画布延长部分的垂线都相交于画布的一点上，这一点就是主投影点。主投影点所在的水平线称为地平线。如果观察者通过画布看外面的空间，那么这条地平线将对应于真正的地平线。

下一个重要的透视学家是 15 世纪最重要的数学家之一的弗朗西斯卡。在《绘画透视论》一书中，他极大地丰富了阿尔贝蒂的学说。他写了三篇重要论文，证明利用透视学和立体几何原理可以从数学中推出可见的现实世界。从此，这门新科学得到了广泛的普及和应用。

当时用于绘画的焦点透视法，事实上是几何知识和光学知识的一种结合。运用这一方法，艺术家们准确地解决了景物在画面中的大小比例关系。远处的物体在画面中较小，近处的物体在画面上较大，这一切都可以用焦点透视系统中给出的数学方法做出科学的处理。另外，相应的基本原理又都建立在数学的严格演绎论证之上。因此，在绘画的焦点透视系统中绘画与数学就得到了完美的结合，而后者则又可以看成文艺复兴时期对古希腊文化中数学理性热切追求的一个直接结果。

从文艺复兴运动的历史进行考察，绘画与文艺复兴的发展有着十分重要的联系。例如，意大利的著名画家、雕塑家、建筑家和工程师列奥纳多·达·芬奇（1452—1519）就是文艺复兴时期的一个重要代表人物，而数学的方法、数学的理性则又可以被看成是推动达·芬奇走向艺术和事业顶峰的重要动力。他对透视学做出了最大贡献。他认为视觉是人类最高级的感觉器官，人观察到的每一种自然现象都是知识的对象。他用艺术家的眼光去观察和接近自然，用科学家孜孜不倦的精神去探索和研究自然。深邃的哲理和严密的逻辑使他在艺术和科学上都达到了顶峰。他通过广泛而深入地研究解剖学、透视学、几何学、物理学和化学，为从事绘画做好了充分的准备。他对待透视学的态度可以在他的艺术哲学中看出来。他用一句话概括了他的《艺术专论》的思想："欣赏我的作品的人，没有一个不是数学家。"

达·芬奇坚持认为，绘画的目的是再现自然界，而绘画的价值就在于精确地再现。因此，绘画是一门科学，和其他科学一样，其基础是数学。他指出，任何人类的探究活动也不能成为科学，除非这种活动通过数学表达方式和经过数学证明为自己开辟道路。

透视学的诞生和使用是艺术史上的一个革命性里程碑。艺术家从一个静止点出发去作画，便能把几何学上的三维空间以适当的比例安排在画面上。这就使二维提升到了三维空间。

达·芬奇创作了许多精美的透视学作品。这位真正富有科学思想和绝伦技术的天才，对其每幅作品都进行过大量的精密研究。他最优秀的杰作都是透视学的最好典范。《最后的晚餐》（见图 12-4）一画描绘出了真情实感。一眼看去，墙、楼板和天花板上后退的光线不仅清晰地衬托出了景深，而且经仔细选择的光线集中在耶稣头上，从而使人们将注意力集中于耶稣。耶稣与 12 个门徒共进晚餐，12 个门徒分成 4 组，每组 3 人，对称地分布在耶稣的两边；耶稣本人被画成

图 12-4　最后的晚餐

一个等边三角形，这样描绘的目的在于表达耶稣的情感和思考，并且身体处于一种平衡状态（图 12-5 给出了原画的数学结构图）。达·芬奇的构图是使他们全部面向观众，一字排开，坐在正中的耶稣头部正好受到中间亮光的衬托，精心构思的光线效果使中心位置的耶稣成为整个画面的中心。这幅作品挂在米兰圣玛丽亚教堂餐厅的正面墙壁上，画面屋顶和墙壁的透

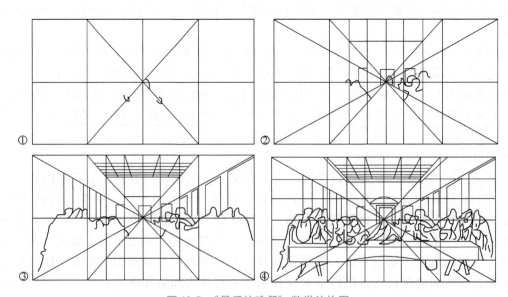

图 12-5　《最后的晚餐》数学结构图

视线与餐厅建筑的实际透视相衔接，使人感觉到耶稣正平静地说出那句惊人的话："你们之中有一个人出卖了我。"以耶稣头部后面的一点为焦点，长长的画面构成了一个完整的焦点透视系统。透视学的方法在这里得到了准确的运用，画面把人物的情感、形态、心理准确地融为一体，不仅表现了每个门徒的神态差异，而且十分集中地表现了耶稣身上的美和善与叛徒身上丑和恶的冲突、对比。

拉菲尔的《雅典学院》也是一幅水平极高的透视画（见图 12-6）。

图 12-6　雅典学院（拉菲尔）

对数学透视体系表达最清楚的是荷兰著名风景画画家霍贝玛（1638—1709）的《林荫道》（见图 12-7）。在图 12-7 中，我们标出了主投影点和地平线。这是一幅平凡中见奇拙的作品，构图极具匠心。在一条不宽的乡村大道上，有两排尚未成荫的幼树，主投影点正好在两行树的中间，近大远小的透视变化十分明显，但这种画法难以画得正确，又很容易流于呆板。霍贝玛把林荫路的位置略为左移，并使幼树的间隔疏密不同，弯曲摇曳的姿态各异，使一个本来非常匀齐的画面，变得生动多姿（图 12-8 是这些概念的直观化，表示观察者所看到的林荫过道，其眼睛的位置处于与画面垂直，且通过点 P 的垂线上。点 P 是主投影点，D_1PD_2 就是地平线。）。

图 12-7　林荫道

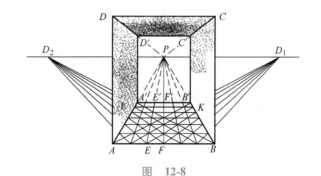

图　12-8

关于透视绘画有几个重要的定理：

定理 1   景物中所有与画布所在平面垂直的水平线在画布上画出时，必须相交于主投影点。

例如，在图 12-8 中，AA'、EE'、DD' 和其他类似的直线都在点 P 相交，也就是所有实际上平行的线都应该画成相交，这与我们的日常经验符合吗？当然符合。大家知道，两条铁轨是相互平行的，但是在人眼看来相交于无穷远处，这就是为什么把点 P 叫作投影点。但是现实的景物中没有一个点与之相应。

一幅画应该是投影线的一个截景。从这条原理出发可以得到另一个定理：

定理 2   任何与画布所在平面不垂直的平行线束，画出来时与垂直的平行线相交成一定的角度，且它们都相交于地平线上的一点。

在水平平行线中有两条线非常重要。在图 12-8 中，AB' 和 EK 在现实世界中是平行的，并且与画布所在的平面成 45°角。AB' 和 EK 相交于点 D_1，这个点称为对角投影点。PD_1 的长度等于 OP 的长度（从眼睛到主投影点的距离）。类似地，水平线 BA' 和 FL 在现实世界中与画布成 135°角，画出来时，必须相交于第二个对角投影点 D_2，而且 PD_2 的长度也等于 OP 的长度。实际景物中上升或下降的平行线被画出来时，也必须相交于相应的地平线上的上方或下方的点。这个点将位于从眼睛发出的平行于所讨论的穿过画布的那条线上。

定理 3   景物中与画布所在平面平行的平行水平线，画出来是水平平行的。

数学对绘画艺术做出了贡献，绘画艺术也给数学以丰厚的回报。画家们在发展聚焦透视体系的过程中引入了新的几何思想，并促进了一个全新的数学方向——射影几何的发展。限于篇幅与知识，我们就不再对射影几何做进一步的介绍。

12.3 分形艺术

2000 多年以来，人们一直用欧几里得几何的对象和概念（诸如点、线、平面、空间、三角形、正方形、圆等）来描述我们这个生存的世界。进入 20 世纪以来，人们常常发现自然界的许多随机现象已经很难用欧氏几何来描述了，如对植物形态的描述、对晶体裂痕的研究，还有对海岸线、山脉、星系分布、云朵聚合物、大脑皮层褶皱、肺部支气管分支及血液微循环管道等。我们需要新的数学方法。

1967 年，美国《科学》杂志发表了一篇标题是《英国的海岸线有多长，统计自向相似性与分数维》的文章，作者是美籍法国数学家、计算机专家 B. B. 芒德勃罗。他认为，无论你做得多么认真、细致，你都不能得到英国海岸线有多长的正确答案，因为根本就没有准确答案。

海岸线是陆地与海洋的交界线。芒德勃罗指出："事实上任何海岸线在某种意义上都是无穷的长，从另一种意义上说，答案取决于你所用的尺的长度。如果用 1km 的尺子沿海岸测量，那么小于 1km 的那些弯弯曲曲就会被忽略掉；如果用 1m 的尺子去测量，测得的海岸线长就会增加，但 1m 以下的弯弯曲曲又会被忽略掉；如果用 1cm 的尺子去测量，那么测得的海岸线长又会增加，但那些 1cm 以下的曲折又会被忽略掉。如果让一只蜗牛沿海岸线爬过的每一个石子来看，那么这海岸线必然会长得吓人。"因此，通常我们谈论的海岸线长度只是在某种标度下的度量值。芒德勃罗以此为突破口进行了艰难的探索，在前人研究的基础上，于 1973 年在法兰西科学院讲课时，首先提出了分维和分形几何的思想。芒德勃罗创立了分形几何，并于 1975 年以《分形：形状、机遇和维数》为名出版了他的划时代专著，第一次系统地阐述了分形几何的内容、意义、方法和理论。在数学史上，一门独立的学科——分形几何诞生了。

"分形（fractal）"一词源于拉丁文形容词 fractus，对应的拉丁文动词是 frangere（破碎、产生无规则碎片），意是不规则的、破碎的、分数的。芒德勃罗是想用此词来描述自然界中传统欧几里得几何学所不能描述的一大类复杂无规则的对象。它于 20 世纪 70 年代末传到中国，被译为分形。

例如，弯弯曲曲的海岸线、起伏不平的山脉、粗糙不平的断面、变幻无常的浮云、九曲回肠的河流、纵横交错的血管、令人眼花缭乱的满天繁星等，它们的特点是极不规则或极不光滑的，直观而粗略地说，这些对象都是分形。

一棵大树与这棵树上的各层次的枝杈，在形状上是相似的，这种形状关系在几何学上称为自相似关系。数学分形正是揭示、研究这种现象的数学方法，是研究无限复杂但具有一定意义的自相似图形和结构的几何学，是又一种试图描述大自然的几何学。芒德勃罗于 1982 年出版的《大自然的分形几何学》正是这一学科的经典著作。

就像很难对"数学"下严格的定义，我们也很难对"分形"下明确的定义。一般做如下描述：

（1）分形集都具有任意小尺度下的比例细节，或者说它具有精细的结构。

（2）分形集不能用传统的几何语言来描述，既不是满足某些条件的点的轨迹，也不是某些简单方程的解集。

（3）分形集具有某种自相似形式，可能是近似的自相似或统计的自相似。

（4）一般地，分形集的"分形维数"严格大于它相应的拓扑维数。

（5）在大多数令人感兴趣的情形下，分形集由简单的方法定义，可以变换的迭代产生。

在欧氏空间中，人们习惯把空间看成三维的，平面看成二维的，直线看成一维的，认为点是零维的。还可以引入高维空间，但通常人们习惯于整数维数。而分形理论把维数视为分数。既然线是一维的，面是二维的，那么一根锯齿形的直线是多少维呢？在分形领域，一根锯齿形的直线的维数位于 1 和 2 之间，也就是说，分形的维数可以是整数，也可以是分数。

一个典型的分形图形是科赫雪花曲线（见图 12-9）。这个图形的出发点是一个等边三角形，然后在每条边上插入另外一个等边三角形，其边长是原等边三角形的 1/3，这样就得到一个六角形。如此重复下去，就形成了科赫雪花曲线。可知科赫雪花曲线是由把全体缩小成 1/3 时若干个相似形构成的。

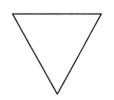   

图 12-9　科赫雪花曲线

欧氏几何学总是把研究的对象想象成一个个规则的形体，而我们生活的世界却是不规则的，与欧氏几何图形相比，拥有完全不同层次的复杂性。分形几何则提供了研究这种不规则复杂现象中的秩序和结构的新方法。例如，一棵参天大树与它自身上的树枝及树枝上的枝杈，在形状上没有什么大的区别，大树和树枝这种关系在几何形状上称为自相似关系（见图 12-10）。

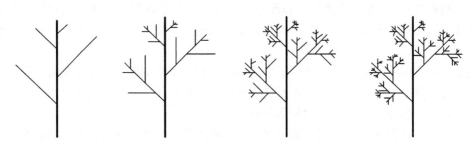

图　12-10

平面上决定一条直线或圆锥曲线只需数个条件，那么决定一片蕨叶需要多少条件？如果把蕨叶看成是由线段拼合而成，那么确定这片蕨叶的条件数相当可观。然而当人们以分形的眼光看这片蕨叶时，可以把它认为是一个简单的迭代函数系统的结果，而确定该系统所需的条件数相比之下要少得多。这说明用待定的分形拟合蕨叶比用折线拟合蕨叶更为有效。

下面我们介绍几个典型的分形图形及分形艺术。

例 1　芒德勃罗集（简称 M 集）

芒德勃罗集是 1980 年发现的。它被公认为迄今为止发现的最复杂的形状，是人类有史以来最奇异、最瑰丽的几何图形。它是由一个主要的心形图与一系列大小不一的突起圆盘"芽苞"连在一起构成的（见图 12-11）。由其局部放大图可看出，有的地方像日冕，有的地方像燃烧的火焰，那心形圆盘上饰以多姿多彩的荆棘，上面挂着鳞茎状下垂的微小颗粒，仿佛是葡萄藤上熟透的累累硕果，每一个局部都可以演绎出美丽的、梦幻般仙境的图案。它们像旋涡、海马、发芽的仙人掌、繁星、斑点，乃至宇宙的闪电，因为不管你把它的局部放大多少倍，都能显示出更加复杂与更令人赏心悦目的新的局部。这些局部既与整体表现出不同，又有某种相似的地方，好像梦幻般的图案具有无穷无尽的细节和自相似性。这种放大可以无限地进行下去，使你感到这座具有无穷层次结构的雄伟建筑的每一个角落都存在着无限嵌套的迷宫和回廊，催生出你无穷探究的欲望。难怪芒德勃罗自己称 M 集为"魔鬼的聚合物"。图 12-12 是 M 集的多局部放大。

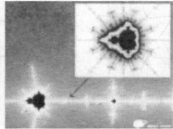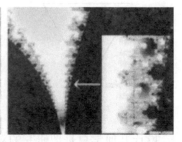

图 12-11　芒德勃罗集（M 集）的局部放大图

图 12-12　M 集的多局部放大图

例 2　朱利亚集（简称 J 集）

在复二次多项式 $f(z) = z^2 + c$ 中固定参数值 c 进行迭代，就形成一个朱利亚集。取不同的参数值 c，便形成了不同的朱利亚集。它们的形状简直复杂得难以置信，兔子、海马、宇宙尘、玩具风车……花样繁多，层出不穷（见图 12-13），甚至使画家"掷笔兴叹，顶礼膜拜"。

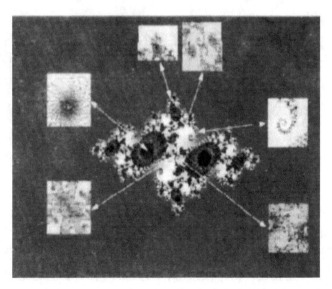

图 12-13　J 集的多局部放大图

例 3　美丽的四季与自然图集（见图 12-14）

例 4　分形服装与分形 IC 卡

高精度的分形彩色图形用于建筑中作装饰，可获得很好的装饰效果；作为包装材料的图

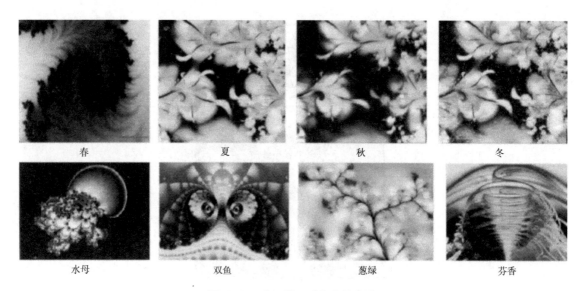

| 春 | 夏 | 秋 | 冬 |
| 水母 | 双鱼 | 葱绿 | 芬香 |

图 12-14　美丽的四季与自然图集

案，效果新颖；可制作成各种尺寸的分形挂历、台历、贺卡、明信片、扑克等；可用于纺织、陶瓷的分形纹样设计；可设计分形时装（见图 12-15）；还可利用分形图形制成加密防伪的 IC 卡（见图 12-16）。

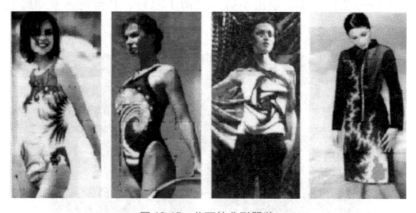

图 12-15　美丽的分形服装

　　我国科学家利用分形理论取得了杰出成就。例如，将分形理论用于纤维制造及其应用中，北京服装学院的高绪珊教授等人完成的多维高仿真 SFY 产品一条龙加工技术的开发，创造了一个新化纤品种，使化纤从本质上实现了天然化，呈现天然纤维的形态、风格和手感。合成纤维实现了"龙缠柱"的本质形态，与天安门前华表上的龙缠柱为一样的盘绕角度，如天作之合。目前该纤维及其织物已批量生产并出口，新增效益超亿元。高绪珊教授等人因此而荣获北京市科技进步奖一等奖。

　　分形观念的引入并不只是一个描述手法上的改变，从根本上讲，分形反映了自然界中某些规律性的东西。这种按规律分裂的过程可以近似地看成是递归、迭代过程，与分形的产生极为相似。在此意义上，人们可以认为一种植物对应一个迭代函数系统，人们甚至可以通过

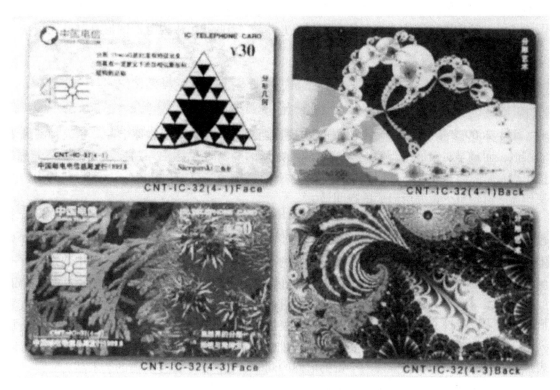

图 12-16 分形 IC 卡

改变该系统中某些参数来模拟植物的变异过程。

作为多个学科的交叉，分形几何对以往欧氏几何无能为力的复杂曲线（如科赫雪花曲线等）的全新解释，是人类不断认识世界的必然结果。分形几何深化了对客观世界的认识，是描述各种复杂曲线等自然现象的几何学。

从美学的观点看，分形图形可以体现出许多传统美学的标准，如平衡、和谐、对称等，但更多的是超越这些标准的新的表现。分形图形的平衡是一种动态的平衡，是一种画面中各个部分在变化过程中相互制约的平衡；分形图形的和谐是一种数学上的和谐，每一个形状的变化，每一块颜色的过渡都是一种自然的流动，毫无生硬之感；分形图形的对称，既不是左右对称，也不是上下对称，而是画面局部与整体的对称。分形图形中那种分叉、缠绕、不规整的边缘和丰富的变换，给我们一种纯真、追求野性的美感，一种未开化、未驯养过的天然情趣。一件真正的艺术品不只是满足美的经典定义，而是要能激发兴趣，给人以启迪深思。显然，这些刺激都来自创新，也就是我们的视觉器官看到新的以往没有看到过的现象时的一种感觉。从这个意义上说，分形正在形成一种新的审美理想和一种新的审美情趣。

从分形图形的结构上看，它既不崇尚简单，也不崇尚混乱，而是崇尚混乱中的秩序，崇尚统一中的丰富。分形图形结构是复杂的，总是有无穷的缠绕在里面，每一个局部都有更多的变化在进行。然而，它杂而不乱，里面有内在的秩序，有自相似的结构，即局部与整体的对称。整个画面从平衡中寻找着动势，使人处于跃跃欲试的激动之中，同时在深层次上又有着普遍的对应与制约，使与这种狂放的自由不至于失之交臂。

分形图形中蕴含着无穷的嵌套结构。这种结构嵌套性带来了画面极大的丰富性，仿佛里面蕴藏着无穷的创造力，使欣赏者不能轻而易举、一览无余地看出里面的所有内涵。正如法国印象派大师雷诺所说的"一览无余则不成艺术"。因此，可以说分形图形是一种深层次的艺术。

12.4 镶嵌艺术

距今 2600 多年前，最早的镶嵌画是出现在西亚美索布达米亚平原上苏美尔人神殿墙上的镶嵌，而最早对镶嵌的观察是自然界的六角形的蜂窝（见图 12-17）。事实上，公元前 4 世纪古希腊数学家帕普斯观察到蜜蜂只用正六边形就能制造它们的巢室，这种形状的构造会使所需的材料最少，而所形成的空间最大。

7、8 世纪，镶嵌工艺在建筑领域兴起。无论是室内、室外镶嵌工艺都把建筑点缀得无比华丽，让人目不暇接，其中最著名的当属西班牙的阿尔罕布拉宫。这体现了优雅的建筑艺术的精粹。它从地板到天花板都布满了绝妙的几何图案。这些复杂的图案只是用圆规和直尺画出来的，因此，这些图案倾向于从中心向外辐射。阿尔罕布拉宫的墙更是用一种令人惊讶的变化图案来装饰的。从那里可以看到诸如对称、反射、旋转、几何变换、明暗一致等数学概念。艺术家发现并运用这些概念以寻求扩展他们的艺术形式。由于伊斯兰艺术中限制绘制人与艺术家们刻苦钻研数学，在装饰品中尽量使用复杂的几何图形。这些艺术家在运用几何表达他们对服从于数学和推理的宇宙的信仰的同时，创造出了许多美丽的艺术品。

平面镶嵌图案的设计可远溯至 15 世纪，最早的当是德国画家阿尔布雷特·丢勒。丢勒对分形与镶嵌都有过研究，曾绘制出最早的五边形和正五边形与菱形的平面镶嵌图（见图 12-18）。

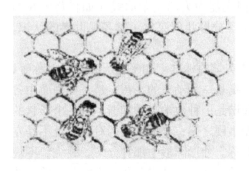

图 12-17

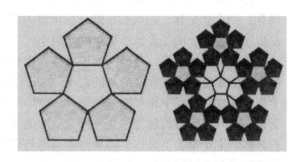

图 12-18

12.5 埃舍尔艺术欣赏

莫里茨·科内里斯·埃舍尔，1898 年 7 月 17 日出生在荷兰北部雷瓦登城一个富有的水利工程师的家里。1919 年，埃舍尔到哈勒姆的一所建筑与美术学院学习建筑。这所学校传授从陶瓷制作到房屋设计的一切课程。对建筑的学习，不仅丰富了他的物理和数学知识，同时也奠定了他精严的描绘技能。

埃舍尔是一位著名的镶嵌图形研究者。他对平面图形镶嵌的兴趣是从 1936 年开始的。

那年他旅行到西班牙的阿尔罕布拉宫，在那里他花了好几天的时间勾画那些镶嵌图案，过后宣称这些"是我所遇到的最丰富的灵感资源"。埃舍尔在他的镶嵌图形中正是利用了基本几何图案，并利用几何学中的反射、平移、旋转与变换来获得更多的图案，而且突破了几何图形的设计，使这些基本图案扭曲变形为鱼、鸟、爬虫、人物、天使、恶魔和其他的形状。这些改变有时不得不通过三次、四次，甚至六次的对称变换以得到镶嵌图形。这样做的效果既是惊人的，又是美丽的。可以看出在埃舍尔的作品和他的一些设想中充满了现代数学的气息。下面我们就来欣赏一些埃舍尔的数学艺术作品。

埃舍尔

　　人们称埃舍尔为"错觉大师"。他像拿着一面魔镜，让我们从镜中看到一个离奇的世界。这是一个神秘莫测的谜和一个现实中难以实现的梦境。埃舍尔追求的目标不仅是"美"，更是"奇"，追求别人从未表现过的东西。他把许多用语言无法表达的思想形象地表现出来，把一些现实生活中不可能存在的事物用他的思想描绘出来。

　　1. 《手与反光镜》

　　《手与反光镜》（见图 12-19）可以说是埃舍尔的自画像。球反射出举着球的画像、画家的书房。最妙的是从反光中又看到了球的本身。其中镜成了一个被重点注意和再次审视的媒介。镜的功能被放大，但我们仍然是通过被镜处理过的影像来重新发现镜的魔力。我们看到球内、球外有些变形，正好表现了数学上的度规张量。

　　2. 《圆的极限Ⅲ》（四色木刻）

　　在彩色木版画《圆的极限Ⅲ》（见图 12-20）中，各系列的所有点都有相同的颜色，并且沿着一条从一边到另一边的圆形多线首尾相连游动。离中心越近，变得越大。为了使每一行都与其周围形成完全对比，需要四种颜色。当所有这些成串的鱼像来自无穷远距离的火箭从边界射出，并再次落回到它射出的地方时，没有单个的鱼能到达边缘，因为边界是"绝对的虚无"。然而，如果没有周围的空虚，这个圆形的世界也就不存在。这实际上就是一个双曲线空间。

图 12-19　《手与反光镜》

图 12-20　《圆的极限Ⅲ》

3.《圆的极限Ⅳ》（双色木刻）

作品《圆的极限Ⅳ》（见图12-21）是埃舍尔心目中的l^2空间。这是一幅P模型画。图中黑色的魔鬼与白色的天使嵌满了整个P平面。这些魔鬼看起来大小不同，但按P的长度都是相同的，天使也一样。

图12-21 《圆的极限Ⅳ》

数学家证明过，罗巴切夫斯基几何中没有相似形，凡相似者必合同，这一点从埃舍尔的画里看得很清楚。罗巴切夫斯基的世界是个无穷大的世界，而在埃舍尔的《圆的极限Ⅳ》中，每个魔鬼都有相等的罗巴切夫斯基面积，并有无穷多个魔鬼。

4.《蛇》

木版画《蛇》（见图12-22）所表现的空间更不寻常。在缠绕和缩小的环的表现下，空间既向边界也向中心延伸，并且无穷无尽。如果人在这个空间里，那么将是什么模样？

《蛇》是介绍纽结理论的一件完美艺术品。图形的整体和部分在结构上是相似的，虽然存在一定程度的变形和扭曲。埃舍尔利用这种思想又创作了《鱼和鳞》（见图12-23）。当然，这种鱼和鳞的相似性只有用一种抽象的方式来看才是相似的。自我相似是我们的认知世界互相反映和互相交错的结果，因为我们身体上每一个细胞都以DNA形式携带着我们个体的完整信息。

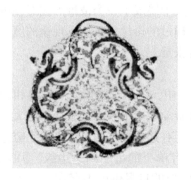
图12-22 《蛇》

图12-23 《鱼和鳞》

5.《观景楼》

《观景楼》（见图12-24）这幅画别有一种"恐怖"的魅力：地牢里囚禁着一个"犯人"，正在绝望地探头向外，三楼上站着一位贵妇人悠然自得地眺望远景。乍看上去，这幅画是"写实"之作，没有什么差错。其实，不合理的地方很多。例如，柱子扭得很厉害，原先在内侧的柱子，其下端却移到了外侧，而原来在外侧的柱子的上端又移到了内侧。二楼和二楼的建筑物竟然扭转了90°。还有画面中心的梯子的脚在房子里面，而其上端却明明架在房子的外面。更要注意画面下面的人，他手里拿着一个东西，这是一个不可能钉成的木框立方体。埃舍尔对平面镶

图12-24 《观景楼》

嵌图案的奇妙创造，远远胜过传统的平面镶嵌图案。他给予镶嵌的对象以运动和生命。

6. 《白昼和黑夜》

《白昼和黑夜》（见图 12-25）是一件博得广泛称誉的作品。作品下方是黑白相错的菱形土地，目光引向上方，土地变成了鸟，黑鸟和白鸟互相填补。左边的白昼风景正好是右边黑色风景的反射。从左至右，是白昼和黑夜的渐变过程；从上到下，是飞鸟到土地的渐变过程。在这幅版画中，我们同时看到由白天渐变成黑夜、由天地渐变为飞鸟的过程。十分巧妙的是白鸟和黑鸟的外轮廓互相连接、紧密排列，并各自向相反的方向飞去。对称的图形颇有装饰味，画面既美又耐人寻味。我们从这里领悟到了生物与土地不可分割的关系，以及自然嬗变的交替与循环。

7. 《另一个世界》（异度空间）

《另一个世界》（见图 12-26）似乎是在宇宙飞船看到的时空景象，但又像置身于一间梦幻般的古旧建筑物中。房子有三个不同的视点，房间中心点既像房间上半部的底点，又像房间下半部的顶点。从三个不同的角度看房子外面的景色，好像是月球上的环形山及宇宙星空。窗口的人头鸟和类似牛角的东西更增添了画面的神秘感。画中以面面相同的形式来表现真实和不真实的世界。

图 12-25 《白昼和黑夜》

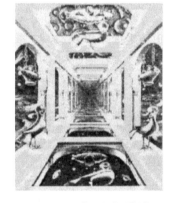

图 12-26 《另一个世界》

这幅画蕴含的内容很多：宇宙时空、史前鸟、海螺、星空、内外空间与时间的凸凹等。埃舍尔向我们展示了一个神奇的世界和一个神秘莫测的谜。

8. 《画廊》

《画廊》（见图 12-27）是埃舍尔的一幅经典名画。连埃舍尔也认为《画廊》是他最好的作品。画里讲述一个故事：一座在河边的城市，城市里有一个画廊，画廊里的第一幅画就是这座城市本身，里面是一位年轻人正在欣赏这幅画。画面上是一座水城，一艘汽船正在水上行驶，岸上有两三个人正在驻足观看。一位妇女正扒在窗台上向外眺望。离奇的是，这位妇女的楼下就是那位看画的年轻人所在的画廊。画

图 12-27 《画廊》

面将整个画廊和那位看画的年轻人都包括在画内。这位看画的年轻人是现代人——世界图景的时代的一个象征，世界通过科学被展现在我们的面前，就像一幅画一样。其实在船坞上，有一家小店，在店里面是一个艺术画廊及一个年轻人，正朝着海边的小镇一角望去。在某种程度上，埃舍尔把空间由二维变成了三维，通过有限的二维平面表达无限的空间，使人感觉到那个年轻人同时既在画内又在画外。

请注意画面中央一块白色的区域，这个区域本来是可以画实的，但这里没有画实，使这幅画的怪圈更富意味。它传达了两点思想：一是表明画是未完成的，即"世界"难以自圆其说；二是它在这块空白处，签上了埃舍尔的名字，意思是说，这幅未完成的，但形式上已经完成了的画，是由埃舍尔这个人"造"出来的。这个空白处隐藏着这幅画的真正秘密，也是这幅画的诞生地。

9. 《瀑布》（永恒运动）

埃舍尔用他的奇异风格描述与取笑自然规律，在作品《瀑布》（见图 12-28）中，他巧妙地改变了建筑物轮廓的形状，结果呈现给我们的是一种荒诞的情景：一股水流沿着一条封闭的环形道无止境地流着，当水从三层楼流下时，推动着作坊的轮子转动——一种以自身能量为能源的机器。水从左上方倾倒下来，推动了轮子，落在底层的水池，然后水在曲折的水渠里继续流动。是往上流，不，又好像是平着流。终于水又意外地回到了原地，再次从上面倾泻下来推动了轮子在做"永恒的运动"。

图 12-28 《瀑布》

10. 《上升和下降》

在作品《上升和下降》（见图 12-29）中，埃舍尔精心地使用了透视画法规律，画出一队爬上楼梯的僧侣，沿着一个不可能的台阶一直往上爬，结果却发现他们又回到了出发点。僧侣们好像在说："是的，我们往上爬呀，我们想象我们在上升；每一级约 10 英寸高，十分使人厌倦——它到底会把我们带到哪里？哪里也没有去，我们一步也没有去。我们一步也没有走远，一步也没有升高。"

11. 《高与低》

与《画廊》一样，《高与低》（见图 12-30）这幅画也是埃舍尔的一件精品。不仅作品的意图以高超的技巧表达了出来，而且画面本身也非常漂亮。如果一个人从右下方的地窖走出来，就会自然穿过石拱门，沿着廊柱向上跳跃。在画面的左侧，我们可以爬上楼梯登上房子的二楼，发现窗边有一个姑娘正向下看着，与坐在下面楼梯上的男孩在进行对话。房子似乎坐落在街角，与画外左侧的房子相连。在画面未遮盖部分的顶部正中，我们可以看见镶着瓷砖的天花板就处在我们的正上方，其中心点就是我们的天顶。所有上升的曲线都指向这个点。

现在，让我们将那张遮挡画面上部的纸下移到遮住画面的下半部分。我们看到同样的场景再次出现——同样的广场、棕榈树、街角的房子、男孩与女孩、楼梯和那座塔。正如我们开始情不自禁地向上看，现在不由自主地向下看。最初的天花板变成了地板，天顶也成了天底。我们发现，《高与低》充满了许多难以说清的秘密。

图 12-29 《上升和下降》

图 12-30 《高与低》

12. 《有序和无序》

我们知道正多面体只有五种：正四面体有 4 个三角形的表面，正方体有 6 个正方形的表面，正八面体有 8 个三角形的表面，正十二面体有 12 个正方形的表面，正二十面体有 20 个三角形的表面。埃舍尔常常把几种正多面体匀称地交叉，并且使它们呈半透明状，也常把几何体的每一面都由表面为三角形的金字塔形来代替。通过这种变换，使多面体变成了一个尖锐、三维的星形几何体。在《有序和无序》中，一个星形十二面体隐现在水晶球中（见图 12-31）。

下面我们从数学、哲学、文化等角度讨论一下埃舍尔作品的特点与意义。[一]

第一，埃舍尔的许多作品源于数学悖论、幻觉和双重意义。他努力追求图景的完备性，同时又创造出许多

图 12-31 《有序和无序》

不一致性，或说让那些不可能同时在场者同时出场。借此他创造了一个颇具魅力的"不可能世界"。他所构造的世界，每一种形象都是经过严密计算的结果。数学是埃舍尔艺术的灵

[一] 易南轩、王芝平：《多元视角下的数学文化》，科学出版社，2007，第 234-280 页。

魂，这包括数学家们对其作品数学意义的认同，以及埃舍尔对数学知识的渴望，是一种典型的艺术与数学的融合。

埃舍尔的作品通常归类为"视错觉艺术"，也有人归类为"数学艺术"。他那看似秩序却又混乱的作品，超越了艺术与数学之间的界限，甚至融合了物理学与哲学等的概念。埃舍尔在透视、反射、周期性平面分割、立体与平面、"无穷"概念、正多面体等方面的表现都做了大量探索，而这些都与数学、光学等有关。如果我们从不同的角度来理解埃舍尔的画，就会觉得他的画没有那么难理解了；而理解了他的画，似乎又觉得数学这个高深、艰涩的领域也就不那么让人畏惧了。

第二，埃舍尔利用非欧几何与拓扑模型创造了许多美丽的双曲线空间的作品。例如，木版画《圆的极限Ⅲ》居然把双曲几何的庞加莱模型刻画得如此深刻。当你从它的中心走向图像的边缘时，你会像图像里的鱼一样缩小，从而到达你移动后实际的位置，这似乎是无限度的，而实际上你仍然在这个双曲线空间的内部，你必须走无限的距离才能到达欧几里得空间的边缘，这一点确实不是显而易见的。空间的弯曲使缠绕成为可能，使"有限无界"成为可能。埃舍尔把一个世界描述为"这个无限而有界的平面世界的美"。埃舍尔的另一幅著名的版画《画廊》探索了空间逻辑与拓扑的性质。该画在某种程度上把空间由二维变成了三维，使人感觉到那个年轻人"既在画内，又在画外"。画中间的空白可以说是数学上的"奇异点"。有数学家说："《画廊》完全可以作为黎曼曲面的一个范例。"

第三，透视与射影几何知识运用得淋漓尽致。在《高与低》的透视作品中，埃舍尔总共设置了五个消失点（上方的左边、右边，底部左边、右边及中心）。其结果如下：作品下半部的观众往上看，但作品上半部的观众往下看，为了强调图画效果，埃舍尔把上半部和下半部合成一幅完整的作品。

第四，错觉与不可能图形成为埃舍尔作品的一大特征。《瀑布》是一幅典型的数学艺术。瀑布经过几折又回到源头，自我关联自我生成，成了一个封闭的系统，能使作坊的车轮像一台永动机一样连续地转动，这就违背了能量守恒定律。而在《上升与下降》中，两队僧侣一队往上走，一队往下走，他们感觉是各自永远地上行和下行着，然而却没有一个尽头。因为他们最后又"自然而然"地回到了原来的"低处"和"高处"。在这两幅"不可能"的画中，一方面，对我们的视觉提出了挑战；另一方面，体现了埃舍尔的一种无穷、矛盾与冲突的思想。

第五，以自我复制的手法表现了自相似与分形的思想。《互绘的双手》与《鱼和鳞》表现了埃舍尔的一个核心概念——自我复制。这两幅画用不同的方法表达了这个思想。前者的自我复制是直接、概念化的。在这里，自我和自我复制是连接在一起的，也是相互等同的。在《鱼和鳞》这幅画中，自我复制具有更大的功能，在这里描述的不仅是鱼而是所有的有机体，是更深层次的一种自我相似（或分形），是认知世界互相反映和相互交错的结果。

第六，创造性地运用平面镶嵌手法与无限的概念。埃舍尔对平面镶嵌具有浓厚的兴趣。他开拓性地使用了一些基本的图案，并应用了反射、平移、旋转等数学方法，获得了许多优美的镶嵌图形，其中不仅有正多边形，还有由基本图案扭曲变形为动物、鸟和其他的形状。

埃舍尔使无穷大的概念活了起来，不需要用什么话来给它下定义，他的作品就说明了无限的意义。例如，《圆的极限》是庞加莱有界而又无限的非欧几何的理想模型；《蛇》表现的空间是既向边界也向中心无穷无尽延伸的。这正如著名数学家希尔伯特所言："没有任何问题可以像无穷那样深深地触动人的情感，很少有别的观念像无穷那样激励理智产生固有成果的思想，然而也没有任何其他的概念，能像无穷那样需要加以阐明。"

第七，艺术与科学的交汇。当著名物理学家杨振宁发现《黑白骑士》所蕴含的意境与他写的《基本粒子发现简史》的内容相符时，便将此图作为该书的封面；生物学家则可以从《鱼和鳞》中看到一片鱼鳞是如何"演化"成一只龟的。埃舍尔的画让艺术与科学交汇。这使他的作品首先为科学家所接受，因为他们在作品中可看到某些定理的再现。

埃舍尔的作品反映的是他的思想、他的感情。他的每一幅作品都是他思想探索的一个记录和总结。他的作品，用埃舍尔自己的话说："是为了传达思维的一条特殊的线索——这是主宰我们周围世界的自然法则，通过观察的结果，最终使艺术步入数学领域。"

 思考题

1. 你是如何理解数学与音乐的关系的？
2. 数学与绘画在射影几何中是如何互相影响的？
3. 埃舍尔的作品有什么意义？

第 13 章　数学与人文社会科学

> 音乐能激发或抚慰情怀，绘画能使人赏心悦目，诗歌能动人心弦，哲学使人获得智慧，科学可改善物质生活，但数学能给予以上的一切。

> ——克莱因

在前几章中，我们多次讨论过数学与自然科学、哲学的关系。数学不仅是与自然科学、哲学有密切的关系，而且对人文社会科学也有重要影响。马克思曾经说过，一门学科，如果还没有应用数学，就称不上科学。这句话，也许部分读者觉得有点偏颇，但马克思主要强调的是数学的重要性。1971 年，哈佛大学的多伊奇与另外两位同事在美国权威的《科学》（*Science*）杂志上发表了一项研究报告，列举了从 1900 年到 1965 年的 62 项重大社会科学成果，1980 年又补充了 77 项，他们得出的结论是大部分与数学有关。

本章中，我们就来讨论数学与经济、语言、政治、教育等人文社会科学的联系。

13.1　数学与经济[⊖]

经济活动包含各类产业的生产活动、商业活动、经济管理、金融财政与税收、经济学等。广义地说，任何经济活动都离不开数学。经济活动越发展，经济规模越大，经济水平越高，就越需要数学。例如，各类产业的生产活动离不开数学，管理科学离不开数学，金融财政税收整天都在与数字、数学打交道。没有数学语言的帮助，具有复杂组织的商业就会延缓发展，甚至停止发展。在管理科学中也同在其他科学中一样，数学成为进步的条件[⊖]。下面我们重点说说数学在经济学领域的应用。

经济学系统运用数学方法最早的例子，通常都认为是 17 世纪中叶英国古典政治经济学的创始人佩蒂的著作《政治算术》。实际上，数学与经济学真正紧密联系起来还是始于近代数学已经大量发展起来的 19 世纪中叶。1838 年，数学家拉普拉斯和泊松的学生古诺发表了一部经济学著作《财富理论的数学原理研究》，著作中有许多数学符号与对经济运行的分析。例如，其中记市场需求为 d，市场价格为 p，需求作为价格的函数记为 $d=f(p)$。

19 世纪中叶之后，勒翁·瓦尔拉斯和杰文斯提出名为"边际效用理论"的经济学。戈森和门格尔也是这一理论的奠基者。实际上这一理论中的"边际"就是数学中的"导数"或"偏导数"。因此，这一理论的出现意味着微分学和其他高等数学已进入经济学领域，虽然门格尔并不清楚 200 年前牛顿、莱布尼兹已建立了微分学。瓦尔拉斯于 1874 年前后又提

　张楚廷：《数学文化》，高等教育出版社，2003，第 317-327 页。
⊜　Kapur J N.：《数学家谈数学本质》，王庆人译，北京大学出版社，1989，第 108 页。

出了另一种颇有影响的"一般经济均衡理论",用联立方程组来表达一般均衡理论,但是他的数学论证是不可靠的。严格证明一般均衡理论的数学工作一直到1954年才由数学博士阿罗和德布罗完成。1959年,德布罗发表了著作《价值理论,经济均衡的一种公理化分析》,标志着运用数学公理化方法的经济数学的诞生。

20世纪60年代以后,德布罗把数学的公理化方法引入经济学,为数学在经济学领域开辟了广阔的应用范围,使数学本身也得到益处。经济学不断根据自身的需要向数学提出问题。在这里出现的是一个被称为商品空间的线性空间框架。在这个空间活动的经济活动者,都由该空间的集合及其上的函数或关系来刻画,即生产者由生产集来刻画,消费者由消费集及其上的偏好关系或效用函数来刻画。这里,出现了集值函数,一对一的单值函数被发展成一对多的集值映射。

在英国边际效用学派[⊖]的第二代中有两位代表人物:埃奇沃思和马歇尔。埃奇沃思写了一部名为《数学心理学》的经济学著作,使用抽象的数学来刻画边际效用理论。马歇尔是在剑桥学数学的,是经济学"剑桥学派"的宗师。今天的微观经济学著作中那些既直观易懂、又不失数学严谨性的曲线图像多半出自马歇尔之手。

由瓦尔拉斯开创的洛桑学派的第二代的著名代表是帕累托。他是把数学思想与方法引入经济理论最多的人。描述社会收入不均和帕累托法则的是一个幂函数表达式

$$N = Ax^{-\alpha}$$

"数理经济学"这一名称最初也是由帕累托提出的。

美国的边际效用学派是由克拉克奠定的。这个学派的第二代代表中的欧文·费歇尔是耶鲁大学的一位数学教授。他在货币理论方面的研究被凯恩斯视为精神上的祖父。

著名经济学家、马歇尔的学生约翰·梅纳德·凯恩斯是宏观经济学的创始人,是对西方经济政策影响最大的人。凯恩斯是以数学家的身份开始其学术研究的。1921年,他有一部数学著作《概率论》,是那个时代最重要的概率论著作之一。该书体现了他深邃的哲学思想和高超的逻辑演绎能力。1929年,资本主义世界爆发了有史以来最严重的经济危机,凯恩斯发表了《利息就业和货币通论》(以下简称《通论》),解释危机发生的根本原因及其解决办法,引发了一次经济思想革命,史称"凯恩斯革命"。该著作的主要观点如下:

凯恩斯

第一,突破了传统的就业均衡理论,建立了一种以存在失业为特点的经济均衡理论。传统的新古典经济学以萨伊法则为核心提出了充分就业的假设,认为可以通过价格调节实现资源的充分利用,从而把研究资源利用的宏观经济问题排除在经济学研究的范围之外。《通论》批判萨伊法则,承认资本主义社会中存在非自愿失业,正式把资源利用的宏观经济问题提到日程上来。

⊖ 边际效用学派的理论基础是边际效用价值论。这个理论指出,商品价值是一种主观现象,表示人对物品满足人的欲望能力的感觉和评价;价值来源于效用,又以物品稀缺性为条件;价值尺度是边际效用;不能直接满足人的欲望的生产资料的价值,由其参与生产的最终消费品的边际效用决定;物品市场价格是买卖双方对物品效用主观评价、彼此均衡的结果,如果其他商品价格不变,那么某一商品价格只由该商品供求双方的主观评价来调节,并由能使供求达于均衡边际评价来决定;如果考察所有商品在相互影响和制约条件下的价格决定,那么各商品的价格之比应等于它们边际效用之比。

第二，把国民收入作为宏观经济学研究的中心问题。《通论》的中心是研究总就业量的决定，进而研究失业存在的原因。认为总就业量和总产量关系密切，而这些正是现代宏观经济学的特点。

第三，用总供给与总需求的均衡来分析国民收入。《通论》认为有效需求决定总产量和总就业量，又用总供给与总需求函数来说明有效需求。在此基础上，他说明了如何将整个经济的均衡用一组方程式表达出来，如何能通过检验方程组参数的变动对解方程组的影响来说明比较静态的结果，即利用总需求和总供给的均衡关系来说明国民收入的决定因素和其他宏观经济问题。

第四，建立了以总需求为核心的宏观经济学体系。采用了短期分析，即假定生产设备、资金、技术等是不变的，从而总供给是不变的，来分析总需求如何决定国民收入，把存在失业的原因归结为总需求的不足。

第五，对实物经济和货币进行分析的货币理论。通过总量分析的方法把经济理论和货币理论结合起来，建立了一套生产货币理论。用这种方法分析了货币、利率的关系及其对整个宏观经济的影响，从而把两个理论结合在一起，形成了一套完整的经济理论。

第六，批判了萨伊法则，反对放任自流的经济政策，明确提出国家直接干预经济的主张。有些古典经济学家和新古典经济学家赞同放任自流的经济政策，而凯恩斯却提倡国家直接干预经济。他论证了国家直接干预经济的必要性，提出了比较具体的目标。他的这种以财政政策和货币政策为核心的思想后来成为整个宏观经济学的核心，甚至可以说后来的宏观经济学都是建立在凯恩斯的《通论》的基础之上的。

马克思作为思想家、政治家、经济学家，他在许多地方运用了数学的思想及其表达方式。马克思在给恩格斯的一封信中曾说："在制订政治经济学原理时，计算的错误大大地阻碍了我，失望之余，只好重新坐下来把代数迅速地温习一遍，算术我一向很差，不过间接地用代数方法，我很快又会正确计算的。"[注] 马克思、恩格斯都具有极高的数学水平。这对他们在哲学、经济学上取得巨大成就无疑有重大作用。

作为20世纪最伟大的数学家之一，冯·诺伊曼与经济学家摩尔根斯长期合作，进行了有关对策论及其在经济学中应用的研究，于1944年写成了最重要的数学经济学巨著《对策论与经济行为》。这部书一问世就被人认为是20世纪上半叶人类最伟大的科学成就之一。

计量经济学是从具体数据出发，用数理统计的方法建立经济现象的数学模型；数理经济学是从一些经济假设出发，用抽象数学方法建立经济机理的数学模型。前者是用归纳法，后者用的则是演绎法。例如，一般经济均衡理论就是数理经济学的机理模型。这两种经济学的界线并非处处都是很明确的。计量经济学真正独立于数理经济学是从20世纪20年代开始的。雷格纳·安东·季特尔·弗瑞希（1895—1973）在考尔斯委员会的资助下创办《计量经济学》杂志并任主编长达22年之久。计量经济学反过来推动了数理统计学的发展，成百上千个方程组成的计量经济模型的运用，为数理统计学家提出了许多新课题。数学渗入到经济学，经济学也推动数学前进。美籍奥地利著名经济学家熊彼特（1883—1950）对经济学中使用数学方法也起了极大的推动作用。他于1930年成立了计量经济学会，1932年出版《计量经济学》杂志。这些开创性的工作都与熊彼特的工作分不开。他在1932年移居美国

⊖　马克思、恩格斯：《马克思恩格斯全集（第20卷）》，人民出版社，2007，第247页。

之后，对美国的几代经济学家都有重要影响。1937—1941 年，他当选为美国经济学会主席。

投入产出方法是一种数量经济分析方法，是通过编制投入产出表、建立数学模型、运用计算机来研究经济活动的投入与产出之间的数量依存关系。这种方法既可用来分析整个国民经济，也可用来分析地区及部门和企业内部的各种经济关系。投入产出方法是进行计划管理和经济预测的一种有效工具。这一方法是由俄裔美国经济学家列昂惕夫于 20 世纪 30 年代首先提出，并成功地建立了研究国民经济投入产出的数学模型。这一方法以其重要的应用价值迅速为世界各国经济学界和决策部门所采纳。列昂惕夫也因此于 1973 年获得了诺贝尔经济学奖。

下面简要介绍一下投入产出方法。[注]

1. 投入产出表和平衡方程组

投入产出表也叫作部门联系平衡表。在一个经济系统中，各部门（或企业）既有消耗又有生产，或者说既有投入又有产出。一个部门生产的产品供给各部门和系统外以满足需求，同时也消耗系统内各部门所提供的产品（当然，还有其他的诸如人力消耗等），消耗的目的是为了生产，生产的结果必然要创造新的价值，以支付工资和获得利润。显然，对每一个部门来讲，物资消耗和新创造的价值等于它生产的总产值。这就是投入和产出之间的平衡关系。

设一个经济系统有 n 个部门。以 $x_i(i=1, 2, \cdots, n)$ 表示第 i 个部门在一个生产周期（如一年）的总产值；以 $x_{ij}(i, j=1, 2, \cdots, n)$ 表示第 j 个部门在生产过程中消耗第 i 个部门的产品数量，称为部门流量或中间产品，当 $i=j$ 时，x_{ij} 表示第 i 个部门留作本部门的生产消耗产品；以 $y_i(i=1, 2, \cdots, n)$ 表示第 i 个部门的最终产品（包括消费、积累和净出口）；以 v_j、m_j 分别表示第 j 个部门的劳动报酬和社会纯收入。于是，我们可以得到表 13-1。

表 13-1　投入产出表

投入		产出									总产品
		消耗部门				最终产品					
		1	2	$\cdots$	n	消费	积累	出口	合计		
生产部门	1	x_{11}	x_{12}	$\cdots$	x_{1n}					y_1	x_1
	2	x_{21}	x_{22}	$\cdots$	x_{2n}					y_2	x_2
	$\vdots$	$\vdots$	$\vdots$		$\vdots$					$\vdots$	$\vdots$
	n	x_{n1}	x_{n2}	$\cdots$	x_{nn}					y_n	x_n
新创造价值	劳动报酬	v_1	v_2	$\cdots$	v_n						
	社会纯收入	m_1	m_2	$\cdots$	m_n						
	合　计	z_1	z_2	$\cdots$	z_n						
总　产　值		x_1	x_2	$\cdots$	x_n						

在表中把它分成四部分，按照左上、右上、左下、右下的次序称为第一、二、三、四象限。第一象限是基本部分，反映了各物质生产部门之间的生产与分配联系；第二象限是反映各物质生产部门的总产品中，可供社会最终消费的产品数量；第三象限是反映各物质生产部

○　薛有才：《线性代数》，机械工业出版社，2010，第 134-143 页。

门新创造的价值；第四象限是反映国民收入的再分配（这里我们暂不讨论）。

从表中的每一行来看，任何一个部门的总产品，按其用途的分配情况可以分为三部分：一是留作本部门生产消费的产品；二是提供给其他部门用于中间消费的产品；三是直接提供人们消费、储备和出口用的最终产品，即

$$\text{中间产品} + \text{最终产品} = \text{总产品}$$

由此，可以得到如下线性方程组：

$$\begin{cases} x_{11} + x_{12} + \cdots + x_{1n} + y_1 = x_1, \\ x_{21} + x_{22} + \cdots + x_{2n} + y_2 = x_2, \\ \quad\vdots \\ x_{n1} + x_{n2} + \cdots + x_{nn} + y_n = x_n \end{cases} \tag{13-1}$$

或简写为

$$\sum_{j=1}^{n} x_{ij} + y_i = x_i \, (i = 1, \ 2, \ \cdots, \ n)$$

方程组（13-1）称为分配平衡方程组。

同样，从表的每一列来看，任何一个部门的总产品（从价值形成角度来看）也分为三部分：一是各部门提供的生产性消耗；二是该部门劳动者必要劳动所创造的价值；三是该部门为社会的劳动所创造的价值，即

$$\text{中间消耗} + \text{净产值} = \text{总投入}$$

由此，又可得到如下线性方程组：

$$\begin{cases} x_{11} + x_{21} + \cdots + x_{n1} + z_1 = x_1, \\ x_{12} + x_{22} + \cdots + x_{n2} + z_2 = x_2, \\ \quad\vdots \\ x_{1n} + x_{2n} + \cdots + x_{nn} + z_n = x_n \end{cases} \tag{13-2}$$

或简写为

$$\sum_{i=1}^{n} x_{ij} + z_j = x_j \, (j = 1, \ 2, \ \cdots, \ n)$$

方程组（13-2）称为消耗平衡方程组（或投入平衡方程组）。

从表 13-1 中，还可以得到如下平衡关系式：

$$\sum_{i=1}^{n} y_i = \sum_{j=1}^{n} z_j$$

即各部门最终产品的总和等于各部门新创造价值的总和。

2. 直接消耗系数

为了从数量上来确定各部门之间的生产技术联系，我们引入部门间直接消耗系数的概念。第 j 部门生产单位产品直接消耗第 i 部门的产品数量，称为第 j 部门对第 i 部门的直接消耗系数，记作 a_{ij}，即

$$a_{ij} = \frac{x_{ij}}{x_j} \, (i, \ j = 1, \ 2, \ \cdots, \ n) \tag{13-3}$$

直接消耗系数主要是由部门的生产技术条件决定的，在一定时期内是相对稳定的，通常也称生产技术系数。各部门间的直接消耗系数可以排成一个 n 阶方阵，记为 $\boldsymbol{A}$，即

$$A = \begin{pmatrix} a_{11} & a_{12} & \cdots & a_{1n} \\ a_{21} & a_{22} & \cdots & a_{2n} \\ \vdots & \vdots & & \vdots \\ a_{n1} & a_{n2} & \cdots & a_{nn} \end{pmatrix}$$

例 1　设有一个包含三个经济部门的经济系统在一个生产周期内的投入产出表如表 13-2 所示。求出各部门间的直接消耗系数矩阵，以及各部门的最终产品和净产值。

表 13-2　投入产出表

投入		产出				
		消耗部门			最终产品	总产品
		1	2	3		
生产部门	1	100	25	30		400
	2	80	50	30		250
	3	40	25	60		300
新创造价值						
总 产 值		400	250	300		

解　由 $a_{ij} = \dfrac{x_{ij}}{x_j}$，得

$$a_{11} = \frac{100}{400} = 0.25, \quad a_{12} = \frac{25}{250} = 0.10, \quad a_{13} = \frac{30}{300} = 0.10$$

$$a_{21} = \frac{80}{400} = 0.20, \quad a_{22} = \frac{50}{250} = 0.20, \quad a_{23} = \frac{30}{300} = 0.10$$

$$a_{31} = \frac{40}{400} = 0.10, \quad a_{32} = \frac{25}{250} = 0.10, \quad a_{33} = \frac{60}{300} = 0.20$$

所以直接消耗系数矩阵为

$$A = \begin{pmatrix} 0.25 & 0.10 & 0.10 \\ 0.20 & 0.20 & 0.10 \\ 0.10 & 0.10 & 0.20 \end{pmatrix}$$

由分配平衡方程组（13-1）和消耗平衡方程组（13-2），可得

$$y_1 = 400 - (100 + 25 + 30) = 245$$

$$y_2 = 250 - (80 + 50 + 30) = 90$$

$$y_3 = 300 - (40 + 25 + 60) = 175$$

以及

$$z_1 = 400 - (100 + 80 + 40) = 180$$

$$z_2 = 250 - (25 + 50 + 25) = 150$$

$$z_3 = 300 - (30 + 30 + 60) = 180$$

由式（13-3），得

$$x_{ij} = a_{ij} x_j \quad (i, j = 1, 2, \cdots, n)$$

代入分配平衡方程组（13-1），得

$$\begin{cases} a_{11}x_1 + a_{12}x_2 + \cdots + a_{1n}x_n + y_1 = x_1, \\ a_{21}x_1 + a_{22}x_2 + \cdots + a_{2n}x_n + y_2 = x_2, \\ \qquad\qquad\qquad \vdots \\ a_{n1}x_1 + a_{n2}x_2 + \cdots + a_{nn}x_n + y_n = x_n \end{cases}$$

或

$$x_i = \sum_{j=1}^{n} a_{ij}x_j + y_i \, (i = 1, \ 2, \ \cdots, \ n) \tag{13-4}$$

写成矩阵形式为

$$AX + Y = X$$

或

$$Y = (E - A) \ X \tag{13-5}$$

其中

$$A = \begin{pmatrix} a_{11} & a_{12} & \cdots & a_{1n} \\ a_{21} & a_{22} & \cdots & a_{2n} \\ \vdots & \vdots & & \vdots \\ a_{n1} & a_{n2} & \cdots & a_{nn} \end{pmatrix}, \quad X = \begin{pmatrix} x_1 \\ x_2 \\ \vdots \\ x_n \end{pmatrix}, \quad Y = \begin{pmatrix} y_1 \\ y_2 \\ \vdots \\ y_n \end{pmatrix}$$

A 为直接消耗系数矩阵，X 称为产出向量，Y 称为最终需求向量。

由于

$$0 \leqslant a_{ij} \leqslant 1, \ \sum_{i=1}^{n} a_{ij} \leqslant 1 \ (i, j = 1, \ 2, \cdots, \ n)$$

在此条件下，矩阵 $E - A$ 是满秩的，在式（13-5）两边左乘 $(E-A)^{-1}$，又可得到

$$X = (E - A)^{-1} Y \tag{13-6}$$

式（13-5）和式（13-6）的意义是，当直接消耗系数为已知时，我们可以由最终产品 Y 通过式（13-6）求总产品 X。进一步还可由下式：

$$\begin{pmatrix} x_{11} & x_{12} & \cdots & x_{1n} \\ x_{21} & x_{22} & \cdots & x_{2n} \\ \vdots & \vdots & & \vdots \\ x_{n1} & x_{n2} & \cdots & x_{nn} \end{pmatrix} = \begin{pmatrix} a_{11} & a_{12} & \cdots & a_{1n} \\ a_{21} & a_{22} & \cdots & a_{2n} \\ \vdots & \vdots & & \vdots \\ a_{n1} & a_{n2} & \cdots & a_{nn} \end{pmatrix} \begin{pmatrix} x_1 & & & \\ & x_2 & & \\ & & \ddots & \\ & & & x_n \end{pmatrix}$$

求出各部门间的中间流量；或由总产品 X 通过式（13-5）求最终产品 Y。

将

$$x_{ij} = a_{ij}x_j \ (i, \ j = 1, \ 2, \ \cdots, \ n)$$

代入消耗平衡方程组（13-2），得

$$\begin{cases} a_{11}x_1 + a_{21}x_1 + \cdots + a_{n1}x_1 + z_1 = x_1, \\ a_{12}x_2 + a_{22}x_2 + \cdots + a_{n2}x_2 + z_2 = x_2, \\ \qquad\qquad\qquad \vdots \\ a_{1n}x_n + a_{2n}x_n + \cdots + a_{nn}x_n + z_n = x_n \end{cases}$$

或

$$x_j = \sum_{i=1}^{n} a_{ij} x_j + z_j \quad (j = 1,\ 2,\ \cdots,\ n) \tag{13-7}$$

写成矩阵形式为

$$DX + Z = X \quad 或 \quad Z = (E - D)X \tag{13-8}$$

其中

$$D = \mathrm{diag}\left(\sum_{i=1}^{n} a_{i1},\quad \sum_{i=1}^{n} a_{i2},\quad \cdots,\quad \sum_{i=1}^{n} a_{in} \right),\quad Z = (z_1,\ z_2,\ \cdots,\ z_n)^{\mathrm{T}}$$

Z 称为新创价值向量。

式（13-8）的意义是，若直接消耗系数为已知，则方程组中每一个方程里只含有两个变量 x_j，z_j，可以由其中一个的值求出另一个的值。例如：

若已知 x_j，则

$$z_j = \left(1 - \sum_{i=1}^{n} a_{ij} \right) x_j \quad (j = 1,\ 2,\ \cdots,\ n)$$

若已知 z_j，则

$$x_j = \frac{z_j}{1 - \sum_{i=1}^{n} a_{ij}} \quad (j = 1,\ 2,\ \cdots,\ n)$$

例 2   已知某企业三个生产部门间在一个生产周期内的直接消耗系数及最终产品（货币单位）如表 13-3 所示。试求：

（1）各部门的总产品；

（2）各部门之间的流量。列出平衡表，计算各部门的新创价值。

表 13-3   例 2 的投入产出表 1

生产部门、价值	消耗部门、产品				
	甲	乙	丙	最终产品	总产品
甲	0.25	0.40	0.20	70	
乙	0.20	0.20	0.40	40	
丙	0.10	0.10	0.10	55	
新创造价值					

解   （1）由已知，直接消耗系数矩阵和最终需求向量分别为

$$A = \begin{pmatrix} 0.25 & 0.40 & 0.20 \\ 0.20 & 0.20 & 0.40 \\ 0.10 & 0.10 & 0.10 \end{pmatrix},\quad Y = \begin{pmatrix} 70 \\ 40 \\ 55 \end{pmatrix}$$

所以

$$E - A = \begin{pmatrix} 0.75 & -0.40 & -0.20 \\ -0.20 & 0.80 & -0.40 \\ -0.10 & -0.10 & 0.90 \end{pmatrix}$$

可以求得

$$(E-A)^{-1} = \begin{pmatrix} 1.6915 & 0.9453 & 0.7960 \\ 0.5473 & 1.6296 & 0.8458 \\ 0.2488 & 0.2861 & 1.2935 \end{pmatrix}$$

代入式（13-6），可得

$$\begin{pmatrix} x_1 \\ x_2 \\ x_3 \end{pmatrix} = \begin{pmatrix} 1.6915 & 0.9453 & 0.7960 \\ 0.5473 & 1.6296 & 0.8458 \\ 0.2488 & 0.2861 & 1.2935 \end{pmatrix} \begin{pmatrix} 70 \\ 40 \\ 55 \end{pmatrix} = \begin{pmatrix} 200 \\ 150 \\ 100 \end{pmatrix}$$

所以三个部门的总产品分别为 200，150 和 100。

（2）各部门间的流量为

$$\begin{pmatrix} x_{11} & x_{12} & x_{13} \\ x_{21} & x_{22} & x_{23} \\ x_{31} & x_{32} & x_{33} \end{pmatrix} = \begin{pmatrix} 0.25 & 0.40 & 0.20 \\ 0.20 & 0.20 & 0.40 \\ 0.10 & 0.10 & 0.10 \end{pmatrix} \begin{pmatrix} 200 & & \\ & 150 & \\ & & 100 \end{pmatrix} = \begin{pmatrix} 50 & 60 & 20 \\ 40 & 30 & 40 \\ 20 & 15 & 10 \end{pmatrix}$$

再由

$$z_j = x_j - \sum_{i=1}^{3} x_{ij} \quad (j = 1, 2, 3)$$

求得各部门的新创价值分别为 90，45 和 30，如表 13-4 所示。

表 13-4　例 2 的投入产出表 2

投入	产出				
	1	2	3	最终产品	总产品
1	50	60	20	70	200
2	40	30	40	40	150
3	20	15	10	55	100
新创造价值	90	45	30		

3. 完全消耗系数

在生产过程中，部门 j 除需要直接消耗部门 i 的产品之外，还要通过其他部门间接消耗部门 i 的产品，形成对部门 i 的产品的间接消耗。例如，一家汽车制造厂除直接消耗电力之外，还要消耗其他部门的产品，如钢材、电子仪表等，而生产钢材和电子仪表也要消耗电力，这些电力对汽车制造厂来说就是间接消耗。这种只经过一个中间环节实现的消耗称为一次间接消耗。炼钢厂和仪表厂除直接消耗电力之外，还通过其他部门间接消耗电力，这样就形成汽车制造厂对电力的二次间接消耗……我们把直接消耗与全部间接消耗的和称为完全消耗。

完全消耗应当怎样计算呢？我们考虑矩阵：

$$C = (E-A)^{-1} - E \tag{13-9}$$

其中，矩阵 A 为直接消耗系数矩阵，$C = (c_{ij})_{n \times n}$，根据矩阵 A 的性质，可知矩阵 C 的元素非负。

假定第 j 部门最终产品为 1，其他部门最终产品为 0，即

$$Y = (0, \cdots, 0, 1, 0, \cdots, 0)^{\mathrm{T}}$$

那么有

$$X = (E-A)^{-1}Y = (C+E)Y = CY+Y$$

即

$$\begin{pmatrix} x_1 \\ \vdots \\ x_{j-1} \\ x_j \\ x_{j+1} \\ \vdots \\ x_n \end{pmatrix} = \begin{pmatrix} c_{11} & c_{12} & \cdots & c_{1n} \\ \vdots & \vdots & & \vdots \\ c_{j-1,1} & c_{j-1,2} & \cdots & c_{j-1,n} \\ c_{j1} & c_{j2} & \cdots & c_{jn} \\ c_{j+1,1} & c_{j+1,2} & \cdots & c_{j+1,n} \\ \vdots & \vdots & & \vdots \\ c_{n1} & c_{n2} & \cdots & c_{nn} \end{pmatrix} \begin{pmatrix} 0 \\ \vdots \\ 0 \\ 1 \\ 0 \\ \vdots \\ 0 \end{pmatrix} + \begin{pmatrix} 0 \\ \vdots \\ 0 \\ 1 \\ 0 \\ \vdots \\ 0 \end{pmatrix} = \begin{pmatrix} c_{1j} \\ \vdots \\ c_{j-1,j} \\ c_{jj}+1 \\ c_{j+1,j} \\ \vdots \\ c_{nj} \end{pmatrix}$$

由此可知第 k 部门的总产品为 $c_{ij}(i \neq j)$ 或 $c_{jj}+1(i=j)$。也就是说，为了第 j 部门多生产单位产品，第 i 部门应该多生产中间产品 c_{ij}，c_{ij} 就定义为第 j 部门生产单位产品对第 i 部门的完全消耗系数。它的意义是，第 j 部门生产单位产品时，直接消耗和通过其他部门间接消耗第 i 部门的产品量为 c_{ij}，我们把矩阵 C 称为完全消耗系数矩阵。

由式（13-9），可得

$$(E-A)^{-1} = C+E$$

代入式（13-6），有

$$X = (C+E)Y \tag{13-10}$$

即

$$x_i = \sum_{j=1}^{n} c_{ij}y_j + y_i \quad (i=1, 2, \cdots, n) \tag{13-11}$$

由式（13-4）和式（13-11），得

$$\sum_{j=1}^{n} a_{ij}x_j = \sum_{j=1}^{n} c_{ij}y_j \quad (i=1, 2, \cdots, n) \tag{13-12}$$

式（13-12）两边的数值表示的是第 i 个部门的中间产品。此式表明第 i 个部门的中间产品可以表示为各个部门总产品的加权和，权数依次为 a_{i1}，a_{i2}，$\cdots$，a_{in}，也可以表示为各部门最终产品的加权和，权数依次为 c_{i1}，c_{i2}，$\cdots$，c_{in}。

对一个经济系统来说，在一个生产周期开始之前，通常都要制订生产计划，即编制投入产出平衡表。这时直接消耗系数矩阵 A 作为稳定的技术性数据认为是已知的，外界对各部门产品的最终需求可以根据市场信息获得。有了这些数据就可以如例 2 那样求出各部门的总产品数值和新创价值，以及各部门之间的流量，从而编制出平衡表。这种平衡表称为计划期投入产出表。

在一个生产周期结束之后，通常要根据实际统计数据再编制一个平衡表，以便向主管部门报告生产计划的实际情况。这种平衡表称为报告期投入产出表。我们根据各部门的实际总产品量和各部门间的流量，可以如例 2 那样求出各部门的最终需求、新创价值和实际的直接消耗系数矩阵，将报告期的数据与计划期的数据做比较，就可以了解生产计划的实际情况和这个系统的实际情况。例如，某部门的直接消耗系数的降低意味着该部门人员技术水平的提高。

报告期平衡表的数据为制订下一个生产周期的生产计划提供了十分可靠的依据。例如，已知报告期的完全消耗系数及外界对各部门产品的最终需求，可由式（13-10）求出下一个生产周期的各部门的总产品量。

特别是由于个别部门的最终需求的改变而要重新计算各部门的总产品量时，用式（13-10）就很方便。

例3 已知某个包含三个部门的经济系统在一个生产周期内的完全消耗系数矩阵及最终需求分别为

$$C=\begin{pmatrix} 0.318 & 0.207 & 0.339 \\ 0.207 & 0.318 & 0.339 \\ 0.169 & 0.169 & 0.186 \end{pmatrix},\quad Y=\begin{pmatrix} 75 \\ 120 \\ 225 \end{pmatrix}$$

试求：

（1）各部门的总产品；

（2）如果第一个部门的最终需求的计划改为100，那么各部门的总产品应增加多少，才能满足计划要求？

解 （1）由式（13-10），有

$$\begin{pmatrix} x_1 \\ x_2 \\ x_3 \end{pmatrix}_1 = \begin{pmatrix} 1.318 & 0.207 & 0.339 \\ 0.207 & 1.318 & 0.339 \\ 0.169 & 0.169 & 1.186 \end{pmatrix}\begin{pmatrix} 75 \\ 120 \\ 225 \end{pmatrix}=\begin{pmatrix} 200 \\ 250 \\ 300 \end{pmatrix}$$

（2）把 $Y=(100，120，225)^T$ 代入式（13-10），得

$$\begin{pmatrix} x_1 \\ x_2 \\ x_3 \end{pmatrix}_2 = \begin{pmatrix} 1.318 & 0.207 & 0.339 \\ 0.207 & 1.318 & 0.339 \\ 0.169 & 0.169 & 1.186 \end{pmatrix}\begin{pmatrix} 100 \\ 120 \\ 225 \end{pmatrix}=\begin{pmatrix} 233 \\ 255 \\ 304 \end{pmatrix}$$

所以各部门的总产品的增加量约为

$$\begin{pmatrix} x_1 \\ x_2 \\ x_3 \end{pmatrix}_2 - \begin{pmatrix} x_1 \\ x_2 \\ x_3 \end{pmatrix}_1 = \begin{pmatrix} 233 \\ 255 \\ 304 \end{pmatrix}-\begin{pmatrix} 200 \\ 250 \\ 300 \end{pmatrix}=\begin{pmatrix} 33 \\ 5 \\ 4 \end{pmatrix}$$

下面我们简要介绍几位诺贝尔经济学奖获得者的工作，以使读者更好地理解数学在经济学中的应用。

在诺贝尔奖中，原来既没有数学奖也没有经济学奖。1969年，由瑞典中央银行出资，以诺贝尔的名义设立了诺贝尔经济学奖。1969年的首届诺贝尔经济学奖授予了弗瑞希和丁伯根。弗瑞希就是计量经济学的创始人之一，不仅运用数学研究经济，而且他的研究成为经济学推动数学发展的出色例子。丁伯根是一位物理学博士，把物理和数学的方法带进了经济学，并与弗瑞希一道成为计量经济学的奠基人。

1970年的获奖者是萨缪尔森。他在1937年作为学位论文写出而在1947年才正式出版的成名作《经济分析基础》，是一部用严格的数学理论总结数理经济学的划时代著作。

1972年的诺贝尔经济学奖得主是阿罗和希克斯。希克斯的著作《价值与资本》创立了新的数理经济学分支——公共选择、社会选择。社会选择理论中的"阿罗不可能性定理"其实完全是一条适用于经济学的数学定理。

1973 年的诺贝尔经济学奖为列昂惕夫获得。他的投入产出方法现在几乎成了经济学常识。

1975 年的得奖者是苏联著名数学家康托洛维奇与美籍荷兰经济学家库普曼。从 1938 年起，康托洛维奇因对经济问题有兴趣而研究线性规划，于 1942 年写成《经济资源的最优利用》一书。库普曼的工作与康托洛维奇非常相似，即他们都是运用数学规划理论来研究资源的最优利用和经济的最优增长。

1976 年的米尔顿·弗里德曼、1978 年的赫伯特·西蒙、1980 年的劳伦斯·克莱因、1981 年的詹姆士·托宾、1982 年的乔治·斯蒂格勒、1983 年的罗拉尔·德布罗、1984 年的理查德·约翰·斯通、1985 年的佛兰克·莫迪利阿尼、1987 年的罗伯特·索洛、1989 年的特利夫·哈维尔莫等人，都有极高的数学修养，他们多是数学家兼经济学家。因此，经济学与数学是在一种极高的水平下联系着的。

2003 年的诺贝尔经济学奖授予美国经济学家罗伯特·恩格尔和英国经济学家克莱夫·格兰杰，以表彰他们在"分析经济时间序列"研究领域所做出的突破性贡献。恩格尔在 20 世纪 80 年代创立了一种被经济学界称为"自动递减条件下的异方差性"（又称"自回归条件异方差过程"），简称"ARCH 模型"的经济理论模式，提出了根据时间变化的变易率进行经济时间序列分析的方式。瑞典皇家科学院称赞恩格尔的分析方式对经济学研究具有"重大的突破性意义"，而且他的 ARCH 模式已成为经济学界用来进行研究，以及金融市场分析人士用来评估价格和风险的必不可少的工具。格兰杰对经济学研究的突出贡献是发现非稳定时间序列的特别组合可以呈现出稳定性，从而可以得出正确的统计推理。他称此是一种"共合体"（学术上译为"协整"）现象，并提出了根据同趋势进行经济时间序列分析的方式。瑞典皇家科学院称格兰杰的发现对研究财富与消费、汇率与价格，以及短期利率与长期利率之间的关系具有非常重要的意义。

现在，经济学中所有的数学方法已经是非常高深的。例如，冯·诺伊曼在 1928 年创立对策论的时候已经注意到，对经济学来说，更重要的不是各自的最优，而是相互间的对策。冯·诺伊曼为经济学准备了一系列的新的数学工具，如凸集理论、不动点理论等，形成了在经济学中一系列与微分学很不相同的数学方法，数学上常将其归入非线性分析范畴。再如，为了刻画有大量经济活动参与者而个别参与者作用不大的经济现象，运用了"无原子的测度空间"概念，有人则使用"非标准无限大"的概念。为了刻画带有不确定性的经济现象，由于每一步骤都有多种可能出现，以一个出发点为根部，可演变出一个能反映出所有可能的树形图，因此，图论的知识必不可少。在有无限种不确定情形时，商品的种类就可看成有无穷多种，对应的商品空间也变成无穷维的了，因此，泛函分析成了必然的工具。为了刻画政策对经济的作用，做出一个最优控制的模型是必要的；为了刻画多层次的经济体中的信息流通，信息论的必要性是显而易见的。甚至，获得过菲尔兹奖的数学家斯梅尔，这位以研究动力系统著称的拓扑学家首先致力于把阿罗和德布罗的研究"动力系统化"回到微分方程的形式上来，接着又与德布罗一起把经济学"光滑化"，提出了"正则经济学"。在这种经济学中，所涉及的函数、映射等都是正则的，从而经典的数学分析工具都能加以运用，微分拓扑、代数拓扑等都能用上。这使得在经济学领域所使用的数学可与物理学相提并论。这种状况表明，理解今天如此复杂的经济活动已不是一件容易的事了。

13.2　数理语言学

▶▶ 13.2.1　关于语言文字的统计研究

运用数学方法研究语言，包括对字频、词频的研究，对语音的研究，对方言的研究，对写作风格的研究等，可从所运用的数学方法门类的不同而分别称为代数语言学、统计语言学、应用数理语言学等。在我国，首先将数理语言学作为一门课程来开设的学校是北京大学。

我们先来看看如何运用统计方法研究字频。

东汉，许慎编撰的《说文解字》，收集单字 9353 个；晋朝，吕忱编撰的《字林》，收集单字 12824 个；南北朝时期，顾野王编撰的《玉篇》，收字 16917 个；宋朝，陈彭年编撰的《广韵》，收字 26194 个；明朝，梅膺祚编撰的《字汇》，收字 33179 个；清朝，陈廷敬等编撰的《康熙字典》，收字 47035 个；1971 年，张其昀主编的《中文大辞典》，收字 49888 个；1990 年，徐仲书主编的《汉语大字典》，收字 54678 个。

我们看到，随着时代推移，字典所收汉字越来越多，形成了庞大的字符集合。面对如此庞大的字符集合，必须回答的一些问题：哪些字是最基本、常用、通用的？识字量的大小与阅读能力的关系如何？这对语言教学有什么启示？

回答以上问题的基础工作是进行汉字使用频率（简称"字频"）的统计。我国最早进行的字频统计是由著名教育家陈鹤琴主持的。1928 年出版的《语体文应用字汇》中反映了陈鹤琴的成果。他的第一次统计包括了 554468 个汉字的语料，其不同的汉字共 4261 个。陈鹤琴所用语料包含了以下 6 类：儿童用书，127293 个字；报刊（以通俗报刊为主），153334 个字；妇女杂志，90142 个字；小学生课外作品，51807 个字；古今小说，71267 个字；杂类，60625 个字。

在《语体文应用字汇》书末附有"字数次数对照表"，即按各汉字出现的绝对频率排列的表。这种频率大小之不同就表明在数以万计的汉字中，各个字用途大小的不同，频率越高的字表明其通用性越强。晏阳初根据这一研究成果编制了《平民千字课》。

1946 年，四川省教育科学院根据陈鹤琴的研究和杜佑周、蒋成望的《儿童与成人常用字汇之调查与比较》，选出最常用的字 2000 个，编成《常用字选》。

1974 年 8 月，中国科学院、新华通讯社、原四机部（原电子工业部）、原一机部（原机械工业部）等联名申请"汉字信息处理系统工程"，原国家计划委员会批准了这一被称为"748 工程"的项目。该工程的成果之一是用两年时间把从各单位收集来的共 3 亿多字的出版物，分成科学技术、文学艺术、政治理论、新闻通讯四类，并从中选出 86 部著作、104 种期刊、7075 篇论文，合计 21657039 个字，作为统计研究的样本，对四类语料分别进行频率统计，最后汇总成一份综合资料，从这 21657039 个汉字样本中，统计出不同的汉字 6347 个，编成了《汉字频度表》。

我国用电子计算机开始进行语言研究，首先是从原北京航空学院计算机科学工程系开始的。他们根据 1977 年至 1982 年出版的社会科学和自然科学文献共 138000000 个字的语料，抽样 10688059 个字进行统计，语料来源包括报纸、期刊、教材、专著、通俗读物等。抽样语料分为社会科学、自然科学两大类，每大类又各分为五个科目。

其中，社会科学的五个科目分别如下：①社会生活，包括服装、食谱、旅游、集邮等，所抽取语料含字577024个汉字，其中不同汉字为4210个；②人文科学，包括历史、哲学、心理学、教育学、美学、社会学等，所抽取语料含字131694个汉字，其中不同汉字为5402个；③政治经济，包括财贸、统计、管理等，所抽取语料含字1644659个，其中不同汉字为4889个；④新闻报道，包括报纸、杂志上的各种新闻，所抽取语料含字1798467个，其中不同汉字为4913个；⑤文学艺术，包括小说、散文、戏剧、说唱文学等，所抽取语料含字2953903个，其中不同汉字为6501个。

自然科学的五个科目分别如下：①建筑运输邮电，所抽取语料含字264408个，其中不同汉字为3010个；②农林牧副渔，所抽取语料含字552761个，其中不同汉字为3688个；③轻工业，包括电子、日用化工、塑料、食品、纺织等，所抽取语料含字901003个，其中不同汉字4502个；④重工业，包括矿山、冶金、机械、能源等，所抽取语料含字684376个，其中不同汉字3916个；⑤基础科学，包括数学、物理、化学、生物、地理、天文等，所抽取语料含字1179764个，其中不同汉字4426个。

以上研究于1985年完成。这一研究工作不仅为现代汉字的定量分析提供了有用的数据，而且对汉语言文学教学、汉字的机械处理和信息处理的研究也有重要参考价值。

原北京语言学院曾对十年制语文课本做了字频统计研究，并在此基础上制定了《按出现次数多少排列的常用汉字表》。语料总数为520934个字，按出现频度由高至低排列，排前100个字出现230946次，占总语料量的44.33%；前1000个字出现409305次，占总语料量的78.57%。这样，在语文教学中，最先应让学生学的100个字是哪些、1000个字是哪些就比较好确定了（当然，不可能完全从出现频度的高低来确定教什么字，还要考虑其他一些因素，但字频肯定是考虑的重要因素之一）。这也就有利于加快识字速度、提高阅读能力、提高教学质量。

实际编制常用汉字表时考虑以下四个方面的因素：

①根据其出现频率，优先选取出现频率较高的字；②在出现频率相同的情况下，选取学科分布广（即多学科中出现）和使用度高的字（关于使用度，另有计算方法）；③根据汉字的构词和构字能力，选取构词、构字能力较强的字；④根据汉字的其他使用情况进一步斟酌取舍（如有的汉字在书面语言中较少出现，却在日常用语中出现较多，对这样的字也需适当选取）。

根据统计研究及以上四个方面的综合考虑，编制出了《现代汉语常用字表》（以下简称《字表》），总共3500个字，其中常用字2500个、次常用字1000个。

山西大学计算科学系抽样2011076个字的语料，对常用字表进行检验。其结果如下：

①在2011076个字的语料中，不同汉字为5141个。在5141个字中含《字表》中3500个字的3464个，覆盖率高达99.48%；②在3464个不同汉字中，含《字表》中2500个常用字的2499个，覆盖率达99.96%；③在3464个不同汉字中，含《字表》中1000个次常用字的965个，覆盖率达96.5%。

这一检验结果进一步表明《现代汉语常用字表》的收字是合理、实用的。

以上的研究及有关的工作可以回答认识多少汉字可达到何等程度的阅读能力？反之的问题：要达到某种程度的阅读能力，至少需要认识多少字？对于后一问题，我国学者也进行过研究。

先按字出现的频率大小排号（称为"序号"）1，2，…，j，序号为1，2，…，j的字的频率依次记为 p_1，p_2，…，p_j，显然有

$$\sum_{j=1}^{\infty} p_j = 1$$

实际上，从某个 n 之后，$p_j = 0$（$j = n+1$，$n+2$，…）。

或者说，前 n 个序号的频率累计和为1，即

$$\sum_{j=1}^{n} p_j = 1$$

当要求读某一类（如政治类）作品时，90%的字能认识，那么可求 n，使

$$\sum_{j=1}^{n} p_j \geqslant 0.9$$

研究结果表明，就政治类作品而言，$n = 650$；就文艺类作品而言，$n = 860$。如果要能认识99%的字，那么对于政治类作品，$n = 1790$；对于文艺类作品，$n = 2180$，如表13-5所示。由表13-5可以看出，阅读综合类书刊所需认识的字最多，其次是科技类的。

表13-5 阅读各类作品所需认识的字

频率累计和 $\sum_{j=1}^{n} p_j$	作品类别（n 值）				
	政治	文艺	新闻	科技	综合
0.50	102	96	132	169	163
0.90	650	860	780	900	950
0.99	1790	2180	2080	2250	2400
0.999	2966	3204	3402	3710	3804
0.9999	3917	3808	4575	5116	5265
1.0000	4356	3965	5084	5711	6399

此外还可看出，大约掌握了1000个常用汉字后，能看懂一般作品的90%（只在识字的意义上）；大约掌握了2500个常用汉字之后，能看懂一般作品的99%。而掌握了约6000个汉字的人则可称为"活字典"了。

13.2.2 关于计算风格学

语体风格是人们在语言表达活动中的个人言语特征，是人格在语言活动中的某种体现。这种风格可在一定程度上通过数量特征来刻画。例如，句长和词长可以代表人们遣词造句的风格。句长是句子中的单词数，词长是词中的音节数。反映作者风格的不是单个词的词长和单个句子的句长，而是以一定数量的语料为基础的平均句长和平均词长。平均句长即语料中单词总数与句子总数之比，平均词长即语料中音节总数与单词总数之比。它们的公式分别为

$$M_w = \frac{L_w}{N_w}, \quad M_s = \frac{N_w}{N_s}$$

式中，M_w，M_s 分别表示平均词长与平均句长；L_w 代表语料中的音节总数；N_w 代表语料中的单词总数；N_s 代表语料中的句子总数。从而有

$$M_s = \frac{N_w}{N_s} = \frac{L_w}{M_w N_s}$$

或

$$L_w = M_w N_s M_s$$

曾有人对 20 位德语作者的 22 部著作计算过平均词长（M_w）和平均句长（M_s）。表 13-6 中列出了 20 位作者的作品的平均词长和平均句长，其中 19 位作者均以一部著作为基础进行计算，唯有对歌德取了三部著作，因此，歌德的名字出现 3 次，并按平均句长从小到大排列。其中，马克思是取其著作《资本论》，黑格尔则是取其著作《逻辑学》，但在表中不再列出这些著作的名称。表中，后面的一些作者大部分是出现在 18、19 世纪的，如歌德、埃森多夫、黑格尔、马克思、施里曼等。前面的大部分是出现在 20 世纪的，如凯斯特奈、法拉达、托马斯·曼、里尔克、海斯、爱因斯坦等。从材料中可见，德语书面语言的句子有变短的趋势。此外，从 20 位作者的情况看，人文科学和社会科学家的句子比小说家的长。例如，黑格尔、马克思和考古学家施里曼的平均句长是小说家法拉达、文学家凯斯特奈的平均句长的 3~5 倍。我们还可看到，平均句长对平均词长的影响不大。运用上述写作风格特征数字方法研究语言学的，我们称为"计算风格学"，可以被应用来解决"作者考证"的问题。下面我们看几个例子。

表 13-6　20 位作者的作品的平均词长和平均句长

作者	M_s	M_w	作者	M_s	M_w
凯斯特奈	8.432	1.732	索墨菲尔德	21.597	2.100
里尔克	8.747	1.451	绍尔	22.600	2.270
法拉达	10.676	1.530	歌德（1）	22.724	1.715
封丹奈	14.440	1.724	歌德（2）	22.825	1.575
施托姆	18.825	1.631	普朗克	23.531	2.019
托马斯·曼	18.850	1.804	霍夫曼	24.868	1.721
沙米索	19.754	1.612	埃森多夫	24.900	1.556
海斯	20.011	1.716	歌德（3）	29.100	1.686
海森堡	20.530	1.919	黑格尔	31.381	1.836
豪夫	20.700	1.645	马克思	32.668	2.021
爱因斯坦	21.097	1.929	施里曼	42.134	1.892

1964 年，美国统计学家摩斯泰勒和瓦莱斯考证了 12 篇未知作者的文章，可能的作者是两个人，一位是美国开国政治家汉密尔顿，另一位是美国第四任总统麦迪逊。究竟是哪一位呢？统计学家在进行分析时发现汉密尔顿和麦迪逊在已有著作中的平均句长几乎完全相同。这使得这一能反映写作风格特征的数据此时失效了。于是，统计学家转而从用词习惯上来找出这两位作者有区别性的风格特征，而且终于找到了两位作者在虚词的使用上有明显的不同。汉密尔顿在他已有的 18 篇文章中，有 14 篇使用了"enough"一词；而麦迪逊在他的 14 篇文章中根本未使用"enough"一词；汉密尔顿喜欢用"while"，而麦迪逊总是用"whilst"；汉密尔顿喜欢用"upon"，而麦迪逊很少用。然后，再把两位可能的作者的上述风格特征指标，与未知的 12 篇文章中表现出来的相应的风格特征进行比较。结果发现作者

就是美国第四任总统麦迪逊。这样就了结了这一考据学上长期悬而未决的公案。两位统计学家所使用的数学方法也得到了学术界的好评。

另一大公案是关于《静静的顿河》的作者的考证。《静静的顿河》出版时署名作者为著名作家肖洛霍夫。出版后即有人说这本书是肖洛霍夫从一位名不见经传的哥萨克作家克留柯夫那里抄袭来的。数十年之后，一匿名作者在法国巴黎发表文章，断言克留柯夫才是《静静的顿河》的真正作者，肖洛霍夫充其量是合作者罢了。

为了弄清楚谁是《静静的顿河》的真正作者，捷泽等学者采用计算风格学的方法进行考证。具体办法是把《静静的顿河》四卷本同肖洛霍夫、克留柯夫这两人的其他在作者问题上没有疑义的作品都用计算机进行分析，获得可靠的数据，并加以比较，以期澄清疑问。捷泽等学者从《静静的顿河》中随机地挑选出 2000 个句子，再从肖洛霍夫、克留柯夫的各一篇小说中随机地挑选 500 个句子，总共 3 组样本、3000 个句子，输入计算机进行处理。处理的步骤如下：

（1）计算句子的平均长度（M_s），结果 3 组样本十分接近，于是再按不同的长度细分成若干组，对 3 组样本中对应的句子组进行比较，发现肖洛霍夫的小说与《静静的顿河》比较吻合，而克留柯夫的小说与《静静的顿河》相距甚远。

（2）进行词类统计分析。从 3 组样本中各取出 10000 个单词，用 χ^2 分布的方法，求出词类在 3 个样本中的分布。结果发现，除代词之外，有 6 类词肖洛霍夫的小说都与《静静的顿河》相等，而克留柯夫的小说则与之不相符。

（3）考察处在句子中的不同位置的词类状况。有人曾经研究过，对于俄语这样词序相当自由的语言，词类在句子中的不同位置可以很好地表现文体的风格特点，特别是句子开头的两个词和句子结尾的 3 个词往往可以起到区分文体风格的作用。捷泽等学者统计了 3 组样本中句子开头的词类和句子结尾的词类，发现肖洛霍夫的小说与《静静的顿河》十分接近，而克留柯夫的小说则与之有相当大的距离。

（4）进行句子结构的分析，统计 3 组样本中句子的最常用格式。结果发现，肖洛霍夫的小说与《静静的顿河》的最常见句式都是"介词+体词"起始的句子，而克留柯夫的小说的最常见句式是以"主词+动词"起始的句子。

（5）统计 3 组样本中频率最高的 15 种开始句子的结构，发现肖洛霍夫小说中有 14 种结构与《静静的顿河》相符，而克留柯夫小说中只有 5 种结构出现在《静静的顿河》中。

（6）统计 3 组样本中频率最高的 15 种结尾句子的结构，发现肖洛霍夫小说中 15 种结构与《静静的顿河》完全相符，而克留柯夫小说中结尾句子的结构与《静静的顿河》完全不符。

根据以上几个方面的统计结果与分析，捷泽等人已可以下结论：《静静的顿河》的真正作者是肖洛霍夫。然而，捷泽等人对这样一部世界名著，这样一个世界文学界的重大疑案，采取了十分谨慎的态度，为了精益求精，他们在更大规模基础上进行研究。至 1977 年，他们已分析了取自 3 组样本中的 140000 个单词。直至此时，捷泽等学者才下了一个稳健的结论：《静静的顿河》确是肖洛霍夫的作品，他在写作时或许参考过克留柯夫的手稿。后来，苏联文学研究者从另外一些方面又进一步证实了肖洛霍夫是《静静的顿河》的真正作者。

我国学者对《红楼梦》的作者也有所争议。因此，从数学语言学的角度来研究这个问题几乎是不可避免的了。用语言统计法研究《红楼梦》作者的有以下几位：

（1）高本汉　1954 年，瑞典汉学家高本汉参考了 38 个虚字在《红楼梦》前 80 回和后 40 回出现的情况，认为前后作者为同一人。

（2）赵刚、陈忠毅　赵刚、陈忠毅夫妇用"了""的""若""在""儿"五个字出现的频率分别做均值的 t 检验，认为前 80 回和后 40 回明显不同。

（3）陈炳藻　1981 年，首届国际《红楼梦》研讨会在美国召开，美国威斯康星大学讲师陈炳藻独树一帜，宣读了题为《从词汇上的统计论〈红楼梦〉作者的问题》的论文，首次借助计算机进行《红楼梦》的研究，轰动了国际"红学界"。陈炳藻从字、词出现的频率入手，通过计算机进行统计、处理、分析，对《红楼梦》后 40 回为高鹗所作这一流行看法提出了异议，认为这 120 回均系曹雪芹所作。

（4）陈大康　1983 年，华东师范大学的陈大康开始对《红楼梦》全书的字、词、句做全面的统计分析，并发现了一些专用词，如"端的""越性""索性"在各回中出现的情况，得出前 80 回为曹雪芹一人所写，后 40 回为另外的人所写，但后 40 回的前半部分含曹雪芹的残稿。

（5）李贤平　值得人们关注的是 1987 年复旦大学数学系李贤平教授的工作。李贤平用陈大康对每个回目所用的 47 个虚字出现的次数（频率），作为《红楼梦》各个回目的数字标志，输入计算机，然后将其使用频率绘成图形，从中看出不同作者的创作风格。据此，他提出了《红楼梦》成书新说：是轶名作者作《石头记》，曹雪芹批阅十载，增删五次，将自己早年所作《风月宝鉴》插入《石头记》，定名为《红楼梦》，成为前 80 回书。后 40 回是曹雪芹的亲友将曹的草稿整理而成，其中宝黛故事为一人所写。而程伟元、高鹗为整理全书的功臣。

13.3　数学在创新教育中的功能分析[⊖]

如何发挥数学在创新教育中的作用，是数学教育应该认真思考的问题。建立一个集数学理论、数学建模与应用、数学实验于一体的数学创新教育模式，利用数学教育在创新意识、创新素质与创新能力等方面的教育功能，切实提高学生的思维能力、应用数学解决问题等创新能力。

13.3.1　创新能力的意义[⊜]

一般来说，创新能力是由创新意识、素质、能力组成的一个多维动态系统。

创新意识的构成要素主要包括人格品质与意识品质。创新人格品质主要由与创新有关的情感、理想、心理、意志等方面构成，当然也包括个人的天赋；创新意识品质主要指有强烈的创新欲望，包括对知识的渴求、好奇心、探索意识、批判意识、思想观点等。

创新素质的构成要素主要包括人文素养与知识素养。人文素养包个人的人生观、价值观、审美能力、道德水平等方面；知识素养主要指受教育者的各种知识背景及构成，当然也包括其学习的能力，特别是自主学习的能力。

⊖　中国科学院数学物理部：《今日数学及其应用》，《自然辩证法研究》，1994（1），第 3-4 页。
⊜　薛有才：《线性代数课程创新教学模式的实践》，《浙江科技学院学报》，2013，25（3），第 232-236 页。

创新能力的构成要素主要有观察能力、注意能力、想象能力、记忆能力、思维能力、质疑与批判能力创造能力等。其中，创造能力主要由方法能力、应用能力、解决问题能力等构成。

▶▶ 13.3.2　数学教育的价值与创新能力培养

数学教育在创新教育中具有重要的功能，主要表现在数学教育具有重要的人格品质教育价值、思想方法教育价值、科技语言教育价值、美育价值、应用价值和文化价值。

数学教育的人格品质教育价值主要体现在数学的批判精神和心理意志培养等方面。由于在数学中我们只相信"证明"了的东西，而不相信"直观"或"权威"，因此，在数学的学习与研究中就为建立人类的理性"批判精神"提供了最为直接的训练，使人相信科学、相信理性。在数学训练中，由于许多命题的证明、计算除需要科学的方法等之外，还需要耐心、认真与坚持的精神，有时即使是一个一般的问题，也需要在坚持中才能完成。因此，数学教育同样也提供了人类心理意志方面的训练，培养人类的坚韧、耐心、认真等非智力素养。数学教育的思想教育价值体现在数学的"定量化的思想与研究方法""抽象化的思想与研究方法""批判的精神与开放的思维"等"数学理性"对人类的影响。定量分析的方法或从定性到定量的研究思想是科学研究的重要方法。中国科学院数学物理学部在其咨询报告《今日数学及其应用》中曾指出："所谓定量思维是指人们从实际中提炼数学问题，抽象化为数学模型，用数学计算求出此模型的解或近似解，然后回到现实中进行检验。"

创新，除知识和技能的原因之外，创新意识与创新精神起着很重要的作用，而数学的批判意识、求实精神和创新精神对人的创新意识起着潜移默化的教育作用。数学的理性精神除上面所说的之外，还表现在以下方面：①严密的逻辑推理和证明。数学中的每个定理、公式、结论都给出了符合逻辑的证明，每步推理都有切实的根据。②严谨、简明的数学语言。数学语言（符号）是科学语言，所表达的数学概念、命题、推理和证明，符合逻辑规则，意义明确无误，不允许模棱两可。③把握事物本质，揭示规律性。数学是脱离具体事物的抽象理论，只研究事物的数量关系和空间形式，从量的角度把握事物的本质，揭示客观世界的基本规律。这正是理性精神的核心。

数学的这种理性精神代表着人类思想的最高境界，是培养学生和一般人理性精神的源泉。人有了这种理性精神，就能够在遇到问题时"数学地思考"，实事求是，抓住问题的本质科学地解决。特别是在人们通过这些训练后，能够养成一种"理性精神"：待人接物时，能心平气和、沉着冷静、以理服人；说话办事时，能条理分明、简明扼要，能从全局考虑，分清轻重缓急，按程序办事；解决问题时，能抓住本质，发现规律，如果条件不成熟，就努力创造条件，达到事半功倍的效果；遇到困难时，能坚忍不拔，想尽一切办法克服困难。

实事求是、求实求真、勇于创新、勇于面对困难、坚韧执着，数学教育中的这些学习过程对培养学生的非智力因素具有非常重要的作用，也就是我们常说的素质教育。这是其他学科教育所无法比拟的，不可避免地影响到每一名受教育者的思想和品格。

数学研究发明了抽象化、形式化、公理化的研究方法，这些是人类最重要的科学研究方法。所谓"数学化"，主要指如何运用数学的概念、符号等去表现事物对象及其关系，即我们应当善于从数学的角度去观察世界，分析研究各种事物和现象，解决问题。著名教育家弗莱登指出："学习数学，不如说是学习数学化。"

数学教育的科技语言教育价值体现在数学的语言观，即认为数学事实上是为科学的认识活动提供了必要的语言，也即必要的概念框架。爱因斯坦曾指出："人们总想以最适当的方式来画出一幅简化和易领悟的世界图像，于是他就试图用他的这种世界体系来代替经验的世界，并来征服它。……理论物理学家的世界图像在所有这些可能的图像中占有什么地位呢？它在描述各种关系时要求尽可能达到最高标准的严格精确性，这样的标准只有用数学语言才能达到。"数学不仅揭示了客观世界的量性规律，而且数学的语言功能对人类的认识活动和实践活动具有重要意义。正如庞加莱所指出的："没有这种语言，事物的大多数密切的类似对我们来说将会是永远的未知。而且，我们将永远不了解世界内部的和谐。"从这样的角度分析，数学的学习也就可以被看成是一种语言的学习，而数学教学也就如斯托尼亚尔指出的——"就是数学语言的教学"。

数学教育具有重要的科学美育功能。数学的对称美、简洁美、统一美、奇异美等都体现了科学的抽象美。科学研究的一个重要标准是美学的标准。例如，早期对于日心说的承认，一个重要原因就在于它所具有的数学简洁美。在数学教育过程中，我们应注意做到数学美育与知识教育的最佳结合。

首先，数学教育具有的方法论价值体现在问题解决上。问题解决是数学学习和数学研究活动的一个基本形式。因此，这也就为人们学习解题策略和解题思想方法提供了一条有效的途径。其次，现代数学发展的特点已经由具有明显、直观背景的量化模式扩展到了可能的量化模式，从而数学为人类的创造性的充分发挥提供了最为理想的场所。事实上，现代数学包括了对研究对象的重新"建构"，"一般化""特殊化""公理化"等数学方法为创造新的数学模式提供了最为重要的方法。所有这一切都说明，数学研究方法的特殊性对人类创造性才能的训练和发挥具有特别重要的意义。日本著名数学家、数学教育家米山国藏先生曾指出："人类具有发明发现和创意创新的能力，而要启发人类独有的这种最高贵的性能，莫过于妥善利用数学教育。"

我们常说到智慧或灵感。数学智慧或灵感，是指在数学活动——实际问题的数学解决中表现出来的智慧与灵感。数学是思维的科学，是人们特别是青少年思维的"体操"。因此，数学学习是提高思维能力、激发灵感思维、培养智慧的重要途径。一般来说，在解决数学难题时，要综合运用多方面的知识，采用各种方法和手段，探索解决问题的多种途径，进行艰苦、长期、紧张的思维和动手试验过程。这样才有可能出现灵感，产生创造性的智慧。前面我们讲过哈密尔顿在解决四元数问题、怀尔斯在解决费马大定理时经过长期的艰苦探索，最终突然豁然开朗，获得解决问题的灵感或智慧。因此，灵感不是天生的，而是在经过长期的训练与对问题的深入思考中产生的智慧火花。再如，我国古代数学家祖冲之巧测冬至点、刘徽的牟合方盖创造，古希腊数学家阿基米德解决数学问题的力学方法、欧几里得的公理化方法，近代数学家欧拉"图"解哥尼斯堡的"七桥问题"、哈代用统计方法解决困惑人们的"色盲遗传"难题，等等。历史是一面镜子。数学智慧的这些精彩事例，虽然不能重复，不能模仿，但是可以给后人以极大的启示。在学习过程中，我们要借鉴古人和前人的经验。对于科学史上运用智慧解决难题的成功之例，我们要仔细思考，悉心体会这些伟大的数学家解决问题的思想和方法、活用知识的窍门，学习他们锲而不舍的精神、攻克难关的勇气和实事求是的科学态度，以及他们不囿于前人成法、独辟蹊径的创造精神，从而激发和提高我们创新思维的意识和能力，增长解决问题的勇气和能力。这对我们都有重要的启智作用。与其他学科中的问题相比，数学中的难题最多，因而最具有吸引力。正因为如此，在数学学习和研究中激发人们灵感思维的机会也就最多。学习数学，运用数学思想和数学方法来解决问题，特别是那些困难问题的数学解决，是人们增长智慧的最好、最为简便、最为有效的方法。

数学教育的应用价值不仅仅是指数学具有重要的应用性，更重要的是如上所指的数学对人的发展具有的重要意义。如下所述，数学的文化价值突出地表现在它对人类理性精神的发展有着十分重要的影响，使人们相信世界是有规律的（合乎理性的），并可（借助于数学工具）得到认识。进一步地，数学理性还表现在对感性经验的超脱，而借助于理论思维达到对事物本质更为深刻的认识。

上面我们所说的"问题解决"，除纯粹数学问题求解之外，更重要的是指实际问题——社会生产和生活中现实问题的解决。这些实际问题原本不是数学问题，但要用数学观点和数学方法来解决它们，先就要将其数学化，使之转化为一个数学问题。这就是人们常说的"数学建模"。

从结绳记事到数的位值制，从经验数学到演绎数学，从欧氏几何到各种非欧几何，从普通几何到解析几何，从微积分的创立到分析数学理论的严密化，从赌博问题的提出到概率论的建立，从集合论的诞生到电子计算机的发明，如此等等，无不体现了数学的创新。重温这些创新过程，无不对我们的创新思维产生极大的启迪。

下面我们不妨再以数学中几何概念的发展来说明一下数学创新与对我们的启迪。众所周知，在欧几里得《几何原本》写出之后，人们都认为其所描写的几何理论与现实空间那样地吻合，因此，在2000多年中大家都一直把欧几里得几何看成绝对真理，以至于人们把现实空间直呼为"欧几里得空间"。但是，高斯、鲍耶、罗巴切夫斯基等提出了非欧几何；之后，黎曼又提出一种椭圆几何；再后来，高斯与黎曼提出曲面几何的概念：任何一张曲面都对应一种几何，而欧氏几何与非欧几何都不过是曲面几何的特例，它们所对应的曲面的曲率都是常数。欧氏几何所对应的是平面（曲率是1），罗氏几何所对应的曲面的曲率为小于1的常数，黎曼几何所对应的曲面的曲率为大于1的常数。于是，欧氏几何和非欧几何在曲面几何的意义下又统一起来了。1899年，德国数学家希尔伯特的《几何基础》出版。他从修改欧几里得几何的公理体系入手，提出由五组由20个公理组成的公理体系，使欧几里得几何的公理体系达到了非常完善的地步。原来，一组公理就对应一种几何学，欧几里得几何和非欧几何不同，就是因为它们对应的公理体系不同。几何中的基本元素——点、线、面，不再需要对应现实世界中的实体，它们是抽象的，可以是任何一个集合中的元素；公理，则是关于集合的元素之间的某些关系的规定；公理组之间，则只要符合相容性和独立性原则就可以了。于是，可以这样来构建几何学：先选定一个非空集合 V，在其元素之间规定一组符合要求的公理，也可以定义一些运算，并由此推导出来一些命题，合起来就构建出一种几何学。这种构建了元素关系的集合，就可以称为"空间"——抽象空间。这样一来，人们关于空间的观念就大大地扩展了，从现实空间扩展到抽象空间，彻底打破了人们几千年来关于空间的传统观念，使人们的眼界大为扩展，极大地促进了人们的思维转化。

13.3.3 数学创新教学模式的实践探索

鉴于以上认识，我们在数学教育上积极探索"集数学理论、数学建模与应用、数学实验、数学文化教育于一体的创新教育课程模式"取得了比较好的教学效果。主要做法如下：

1. 数学课程教学模式

由于传统的数学教育重理论轻应用、重计算技巧轻科学计算、重模仿轻创造、重知识轻素质，因此，使得数学教育不尽如人意。我们在学习与借鉴国内外数学教育成功经验的基础上，把数学理论、数学建模与应用、数学实验、数学文化教育融为一个有机的整体，并在教学中互相渗透、互为支撑，取得了较好的效果。

问题是数学的灵魂。可惜的是经过多年的"精心"选编，大多数数学教材成为一个"概念、定理、例题、习题"的知识集合，而很难看到知识来源背景，即使有一些应用问题，也是数学知识的简单模仿。教学中，我们先以问题为龙头，并结合数学建模进行教学内容的重组。我们采用问题情景发现式教学法：首先，在教学过程中提出问题，分析解决问题可能应用的数学方法，然后与学生一起重复知识的发现过程，建立相应的模型或探讨处理问题的方法。其次，对于数学定理的证明，凡是涉及比较重要方法理论的，我们一定要花力气把它讲清楚，让学生明白其中的道理，掌握其方法。对于一般的定理，我们经常采用证明提要的方法进行教学，并作为作业要求学生把证明补充完整，以提高学生的能力。

随着现代科学计算软件的大量使用，传统数学教育中的许多计算技巧失去了教育意义，代之而起的是数学的科学计算方法与实验。因此，我们在教学中增加了科学计算的内容与相应的实验，取得了积极的教学效果。

教学中，我们结合数学知识穿插介绍数学史、数学家的经历、数学的创造与发现过程、数学的方法意义、中西方数学文化的对比等，起到了很好的文化教育作用。

2. 数学教学方法

第一，采用问题情景发现式教学法。所谓问题情景发现式教学法，就是在重复知识的发现过程中重温数学的创造与发现过程，并从中学习数学的方法，培养学生的创新思维。创新思维包括的形式很多，结合数学教学内容，我们在教学中主要注意了以下几个方面：①归纳思维训练。数学中许多重要的概念及推理过程都用到了归纳思维。教学中在引出重要概念之前，我们都要列举大量实际问题，最后再与学生一起归纳抽象出相关的概念，给出数学上严格的定义。这对学生正确理解这些基本概念，认识它的内涵和外延，提高能力非常有效。②类比思维训练。我们在教学中注意引导学生进行类比。例如，把空间解析几何有关问题与平面解析几何有关问题类比，把多元函数的积分与定积分类比，把格林公式、高斯公式、斯托克斯公式与牛顿-莱布尼茨公式类比，把复变量函数与实变量函数类比等，不仅复习了原有的知识，而且教会学生运用类比去编织一条发现新知识的道路，同时强调新旧知识的不同点，培养学生善于联想与类比、由此及彼的创新能力。③发散思维训练。教学中我们经常使用"一题多解""一题多变"等方式引导学生发散式地思考问题，并要求学生运用这种方法解决一些课后习题。这样不仅倡导了学生养成发散思维的习惯，而且也使他们的发散思维能力得到培养和训练。④逆向思维。在教学中，我们经常预先设计一些问题对学生进行逆向思维的训练，这样不仅有助于对数学知识的掌握，而且培养了思维的批判性。

第二，采用讨论式习题课教学法。对理论性比较强、需要深刻理解的内容，单纯依靠课堂教学、课后作业及习题课难以达到教学要求。因此，有针对性地安排一定学时的讨论课，把教学中的部分问题交给学生自己研究，并在习题课中讨论与交流。教师要精心设计每次讨论课，其中包括提前选择适当的讨论内容，拟定有分量、具有启发性和代表性、有一定难度的讨论题目，学生认真准备并分组讨论，以及课堂讨论、教师总结。讨论不仅加深了学生对抽象数学理论的理解，同时极大地激发起他们的求知、创新欲望。

第三，采用单元小结复习教学法。坚持在每一章教学完成之后让学生就知识、方法、问题进行归纳与总结，并写出学习体会。这样，既及时复习了知识，又使学生对提出问题与解决问题的方法进行了系统整理，不仅提高了数学能力，还提高了自学能力。

第四，增设数学建模的"大作业"。给学生布置一些涉及知识面广，需要查阅大量资料并深入钻研才能解决的题目，或者由学生自己提出一些问题进行研究、讨论，建立模型、上机实验解决问题，写出小论文等，提高解决问题的能力和创新能力。

第五，现代应用数学软件的学习与使用，让学生在实验中进行讨论、分析。这不仅让学生学到了应用现代科学技术解决数学问题的方法，而且在实验中学生们团结互助、互相学习，提高了兴趣，克服了部分学生对数学的畏惧情绪。

实践证明，创新教育是可行的，能够极大地提高学生们的学习积极性，发展智力，提高分析与解决问题的能力。

13.4　数学与生物科学

下面我们仅仅通过两个例子来说明数学在生物科学中的应用。

13.4.1　理解生命的新工具——数学模型

对于今天的生物学者，数学的价值应该体现在"模型化"方面。通过模型的构建，那些看上去杂乱无章的实验数据将被整理成有序可循的数学问题，所要研究的问题的本质将被清晰地揭示出来。研究者的实验不再是一种随意探索，而是通过"假设驱动"的理性实验。以人类发现的第一个肿瘤抑制基因 P53 来说，直接与 P53 相互作用的蛋白质就已多达数十种，新的相互作用的蛋白质还在不断发现中，现在人们看到的 P53 已经是一个相当复杂的调控网络。显然，没有数学模型的帮助，要理解和分析 P53 的功能将不是一件容易的事。如今，发现 P53 的生物学家之一莱文尔和数学家一起，已建立了一个解释 P53 的调控线路的数学模型。

其实，数学不仅能帮助人们从已有的生物实验和数据中抽象出模型和进行解释，还可以用于设计和构建生物学模型，也许这些生物学模型在自然状态下是根本不存在的。在 21 世纪初，美国普林斯顿大学的科学家设计了一个自然界不存在的控制基因的表达网络。与此同时，波士顿大学的生物学家也进行着类似的工作。这两项工作共同的特点是应用了某种微分方程进行推导和设计，然后再根据其设计去进行生物学实验。这种网络的理性设计可以导致新型的细胞工程和促进人们对自然界存在的调控网络的理解。

13.4.2　DNA 螺旋的数学解释

DNA 和蛋白质是两类最重要的生物大分子，它们通常都是由众多的基本元件（碱基、氨基酸）相互连接而成的长链分子。但是，它们的空间形状并非是一条平直的线条，而是一个规则的"螺旋管"。尽管在 20 世纪中叶，人们就发现了 DNA 双螺旋和蛋白质 X 螺旋结构，但为什么大自然要选择螺旋作为这些生物分子的结构基础呢？当美国和意大利的一组科学家利用离散几何的方法，研究了致密线条的"最大包装"问题后，便得到答案："在一个体积一定的容器里，能够容纳最长线条的形状是螺旋形，而天然形成的蛋白质正是这样的几何形状。"

显然，由此能够窥见生命选择螺旋作为空间结构基础的数学原因：在最小空间内容纳最长的分子。生物大分子的包装是生命的一个必要过程。由于作为遗传物质载体的 DNA，其线性长度远远大于容纳它的细胞核的直径，因此，通常都要对 DNA 链进行多次的折叠和包扎，使长约 5cm 的 DNA 双螺旋链变成大约 $5\mu m$ 的致密染色体。由此可以认为，生命遵循"最大包装"的数学原理来构造自己的生物大分子。细胞是生命的基本组成单元和功能单元，而细胞分裂是细胞最基本和最重要的活动，完成一次细胞分裂称为一个细胞周期。不同的细胞周期的长短是不一样的，有着严格的调控，而这个调控是通过数量控制实现的。如果古希腊著名数学家毕达哥拉斯

DNA 螺旋

"万物皆数"的观点是正确的话，那么作为大自然的杰作——生命，一定也是按照数学方式设计的。因此，数学不仅仅能够提升生命科学研究，而且是揭示生命奥秘的必由之路。

数学与人文社会科学的许多学科都有紧密的联系，如数学在体育科学中的广泛应用、数学在历史学中的应用等。限于篇幅，此处不再赘述。有兴趣的读者可以参阅参考文献〔41〕、〔67〕等。

 思考题

1. 简述你对数学与经济的关系的认识。
2. 简述你对数理语言学的认识。
3. 为什么说学习数学能促进人的创新思维？

第14章　数学美

纯数学是一门科学，同时也是一门艺术。

——诺瓦利

数学园地处处开放着美丽花朵，是一片灿烂夺目的花果园。

——徐利治

数学的美感、数和形的和谐感、几何学的雅致感，这是一切真正的数学家都知道的审美感。

——庞加莱

一般地，人们都会认为数学是枯燥乏味的。但事实是数学不仅不是枯燥乏味的，而且是处处充满了美。许多数学家就是由于留恋于数学的美，才在数学领域做出了巨大的贡献。进一步地讲，许多重大的科学发明都与数学的美有关。本章我们就来讨论一下数学的美及其在数学与科学中的作用。

14.1　数学美的特征

由于美是一种意识，因此，对什么是美，每个人都有不同的理解。在《美学大观》一书中有中外美学家对美的本质的多种看法。例如，美是和谐；美即有用；美在于将零散的因素结合成统一体；美与真、善相统一；美在于完善；美是关系；美是直觉，即成功的表现；美是典型；美是主客观的统一；美是人的本质力量对象化；等等。人们对美本身也有许多形容，如壮美、俊美、秀美、优美、奇异、简洁、对称等，不同的形容方式反映了人们对美的不同理解和感觉，反映了美的多样性。我们讨论的数学美，属于科学美，也有其多样性，也可适当分类。一些学者把数学美归结为简洁美、对称美、和谐美和奇异美。我们分别就这四方面做一些讨论和分析。

14.1.1　简洁美

数学以简洁著称。数学的简洁性并不是指数学内容本身简单，而是指数学表达形式与数学理论体系的结构简洁。它主要表现在其表达的形式上、符号上、语言上、方法上。

简洁美不只存在于数学中，在艺术设计中也以简洁为基本要求之一。建筑物的外装饰一般强调简洁的线条；标志性设计也强调笔法的简洁。当然，在简洁之中亦希望尽可能有深刻的寓意，富于想象力。徽标、图案等皆如此。例如，著名的工商银行徽标（见图14-1）。

数学的简洁美首先表现在数学中最基本的位值制上。0，1，2，3，4，5，6，7，8，9

这 10 个符号是全世界普遍采用的，表达了全部的（任何大小的）数，书写、运算也都十分方便。18 世纪法国一位著名数学家曾说过："用不多的记号表示全部的数的思想，赋予它除形式上的意义之外，还有位置上的意义，它之所以如此绝妙非常，正是由于这种简易的难以估量。"这里，关于"位置上的意义"，指的就是数字的进位表达或说是位值制。而且，不管是多大或多小的数字，表达起来都十分方便与简洁。例如，10^{25} 这样巨大的数字，一般语言就说不太清楚了，更不要说像 10^{56950} 等更大的数字了；而 10^{-25} 则是非常非常小的数字。比起 0，1，2，3，4，5，6，7，8，9 这 10 个符号来，仅有 0 和 1 这两个符号的数字表示系统似乎更简洁了。但这要做具体分析。一方面，符号虽大大减少了，但实

图 14-1

际书写时，用二进制反而不如十进制简单。例如，在十进制中的两位数 89，用二进制表示时却变为一个 7 位数 1011001，可见书写时反而复杂了，而像十进制数字 1015，用二进制书写就更不方便、不简洁了。另一方面，仅有 0 和 1 这两个符号的系统对电子计算机的运算却又是最合适不过的了。今日计算机的广泛应用，二进制功不可没。因此，简洁的概念有时也是相对的，我们不能绝对地去想象它。

数学的简洁美还表现在其他数学符号上。数学符号有许多种，前面已提到了一些数字符号，还有代数的符号、几何的符号、集合的符号、运算的符号、函数的符号等。例如，字母 x，y，z 代表任何的变数，△表示三角形，⊙表示圆，等号是 =，∥是平行关系符号，⊥表示垂直关系等，既简单又明了，不仅简洁，而且反映了事物最内在的本质，减轻了想象的任务。再如，$\int dy = y + C$ 这样优美的式子，是在莱布尼茨符号下才能出现的，优美且有效，理想与现实紧密相连在一起。

数学符号是数学语言的基本成分，而数学语言是科学的语言，其独特之处在于普通语言是无法替代它的。现代科学离开了数学语言，就无法表达自己。越来越多的科学用数学语言表述自己，这不仅是因为数学语言的简洁，而且是因为数学语言的精确及其思想的普遍性与深刻性。例如，下面几个著名的定律：

（1）$F = 0 \Rightarrow v = C$

（2）$F = \dfrac{d}{dt}(mv)$

（3）$F = k\dfrac{m_1 m_2}{r^2}$

（4）$E = mc^2$

（5）$F_1 X_1 = F_2 X_2$

第一、二两个式子分别是牛顿第一定律（惯性定律）和第二定律，第三个式子是万有引力定律（见图 14-2）。惯性定律说的是，在没有外力的条件下，物体保持原来的运动（或静止）

图 14-2 万有引力定律

状态，然而简洁的数学式子 $F = 0 \Rightarrow v = C$，就表达了定律的实质。牛顿第二定律说的是，力和

质量及加速度成正比，数学式子 $F=\dfrac{\mathrm{d}}{\mathrm{d}t}(mv)$ 表达了明确的比例关系；而当质量是常数的时候，式子可写为 $F=m\dfrac{\mathrm{d}v}{\mathrm{d}t}$；若用 a 表示加速度，则又可表述为 $F=ma$。万有引力定律说的是，任何两个物体之间都有引力存在，其大小与两物体质量之积成正比，与距离的平方成反比，式子 $F=k\dfrac{m_1m_2}{r^2}$ 是多么有力且简洁地刻画了这一思想。那个偶然从树上掉下来的苹果，却成了人类思想史的一个转折点，促使牛顿发现了对人类具有划时代意义的万有引力定律。第四个式子是爱因斯坦的质能公式（见图 14-3），简洁而深刻地描述了质量与能量之间的关系，是现代原子科学的基础。第五个式子是阿基米德的杠杆原理（见图 14-4），难怪阿基米德自豪地说："给我一个支点，我就能撬动地球。"

图 14-3　质能公式

图 14-4　杠杆原理

　　如上分析，应当说数学的简洁美最主要的表现是它对复杂的自然现象的简洁描述。从人类的认识与实践活动的过程来看，经常有这样的现象：起初，人们以为某一事物比较复杂，甚至觉得其杂乱无章，当然也就更无美感可言，但随着认识的深入，特别是当用简洁的数学公式表述出它时，就会发现其结构、原理并不复杂，就更会感觉到它所蕴含的意义，甚至越看越觉得简单，而在越觉得它简洁、明晰的时候越欣赏它、喜欢它，越能感觉到它的美。例如，我们在第 7 章中曾提到过的色盲遗传问题。再如，上面提到的万有引力定律，而这些正是著名科学家庞加莱所描述的"他们研究自然是因为他们从中得到了快乐，而他们从中得到快乐是因为它美"的具体体现。我们常说"天人合一"，其实就是说人与自然的和谐。数学对复杂自然现象的简洁描述，促使人们比较容易地理解自然现象，这不是天人合一是什么？这还不美吗？因此，庞加莱说科学家研究自然的动机是人类的审美追求也就不难理解了。

　　简洁性应当是科学家在科学研究中坚持的一个准则或目标。著名物理学家爱因斯坦就自称是一个到数学的简洁性中去寻找真理的唯一可靠源泉的人。在科学史上，我们可以看到不少关于数学的简洁性加强了科学家工作信心的例子。例如，从历史上看，哥白尼正是由于坚信"自然是喜爱简单性的"而坚持他的日心说。因为无论从我们肉眼的直接观察来看，还是从当时的科学观察数据来看，日心说在当时并不占据优势，当然，其一个最大的优势就是把托勒密在地心说中引进的"本轮"由 77 个缩减到了 33 个，而正是这一"简化"成为当时许多科学家支持日心说的一个主要原因。在丹皮尔的《科学史》中描写了著名天文学家、被人们称为"天空的立法者"的开普勒的心路历程，因为"哥白尼的体系具有更大的数学简单性与谐和的缘故，我从心灵的最深处证明它是真的，我以难以相信的欢乐心情去欣赏它的美。"

数学语言的简洁性与美是数学工作者多年辛勤劳动的结晶。我们可以通过"函数连续性"的定义的演化过程略见一斑。关于函数连续性问题，柯西在其《分析教程》中是这样定义的：

设函数 $f(x)$ 是变量 x 的一个函数，并设对介于给定两个限（界）之间的 x 值，这个函数总取一个有限且唯一的值。如果从包含在这两个界之间的一个 x 值开始，给变量 x 以一个无穷小增量 α，函数本身就将得到一个增量，即差 $f(x+\alpha)-f(x)$。这个差同时依赖于新变量 α 和原变量 x 的值。假定这一点之后，如果对每一个在这两个限中间的 x 值，差 $f(x+\alpha)-f(x)$ 的数值随着 α 的无限减小而无限减小，那么就说，在变量 x 的两限之间，函数 $f(x)$ 是变量 x 的一个连续函数。换句话说，如果在这两限之间，变量的一个无穷小增量总产生函数自身的一个无穷小增量，那么函数 $f(x)$ 在给定限之间对 x 保持连续。

这一定义有的地方看起来像绕口令似的，初学的人既难记也难懂。魏尔斯特拉斯采用字母化方法，就把柯西要表达的意思更精确、更简洁地表达了出来，这就是至今沿用的 ε-δ 定义：

设函数 $f(x)$ 是变量 x 的一个函数，如果给定任何一个正数 ε，都存在一个正数 δ，使得对区间 $|x-x_0|<\delta$ 内所有 x 都有 $|f(x)-f(x_0)|<\varepsilon$，则函数 $f(x)$ 在点 $x=x_0$ 处连续。

你看，这简洁美的神韵，不是跃然纸上了吗？

数学美还表现在其方法的美。科学研究中我们常需注意方法得当，此时可能就会收到事半功倍的奇效，否则将会有事倍功半之感，甚至会劳而无获。数学的方法美，也同样如此。例如，大家可能都会记得高斯加数的故事，就体现了数学的方法美。它讲的是数学家高斯在上小学时，也即1785年的一天，一位德国教师为了使学生有事可做，要他们把从1到100的数全都加起来。刚布置完题目不久，10岁的高斯就把写有答案的石板交了上去。教师发现高斯不像其他孩子一样是按 $1+2+3+\cdots+100$ 的顺序依次相加，而是按下面方法相加：

$$1+100=101，2+99=101，\cdots，50+51=101；101\times50=5050$$

其方法之简便，使人很难相信这是一个10岁小学生的杰作，无怪乎老师都吃惊了。

▶▶ 14.1.2　对称美

对称是一种美，这是大家都熟悉的。在日常生活中，我们可以看到许多对称的图案、对称的建筑物等。对称是自然美的一种表现，绘画、文学作品中常用对称的手法揭示美或表现美，数学当然也有责任揭示这一美学现象，并把它表现为数学的美。

在数学中，最明显和直观的是几何图形的对称。在几何图形中，有所谓点对称、线对称、面对称。我们试举几例：

（1）轴对称，即线对称。图14-5为轴对称的等腰三角形，即如果把等腰三角形 $\triangle ABC$ 以其高线 AD 为轴整体地旋转180°，那么

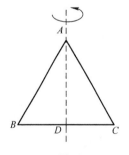

图14-5　轴对称图形

所得的图形将与原来的等腰三角形完全重合。

（2）点对称或中心对称。图14-6是一个平行四边形，如果把平行四边形 *ABCD* 绕其两对角线的交点 *O* 整体地旋转180°，那么所得图形与原来的平行四边形完全重合，即图形关于点 *O* 对称。

（3）圆对称，如图14-7所示的圆，既能满足轴对称也满足点对称，同时左右、上下半平面都是对称的，使许多古代数学家为之倾倒。例如，古希腊毕达哥拉斯学派认为球是最完美的立体，圆是最完美的平面图，认为日、月、星都是球形，悬浮在太空中。球既是点对称的，又是线对称的，还是面对称的。这种赞美，其原因很可能是基于球形与圆形的对称性、匀称性等美的特征。

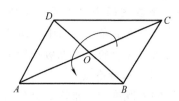

图14-6　点对称图形

图14-7　圆对称图形

下面我们由法国数学家、建筑师德萨格初步建立起来的射影几何理论中对直线与点的对称性的理解与描述来加深我们对对称美的理解。我们知道，在欧氏几何中，点与直线的对称性是不完全的，例如，过两点总可作一条直线，但两条直线并不总有一个交点，因为两条直线平行时就没有交点。但如果我们设想两条平行直线在无穷远点相交，那么就形成完全对应关系了。正是基于这种对对称性的着迷使得德萨格推进了几何学的发展。在射影几何中，点与直线始终具有"对偶"的重要特性。例如：

（1）两点确定一条直线；两条直线确定一点。

（2）不共线的三点唯一地确定一个三角形；不共点的三条直线唯一地确定一个三角形（这个三角形的一个定点可能在无穷远点）。

这样，在欧氏平面几何中的定理与射影几何中的定理之间也构成了一种对称关系。在平面几何的定理中，若将其中的"点"换成"直线"、"直线"换成"点"，就可得到相应的射影几何中的定理。例如，著名的德萨格定理与其对偶定理：

（1）若两个三角形对应顶点的直线共点，则其对应边上的交点共线。

（2）若两个三角形对应边的交点共线，则其对应顶点的连线共点。

对称美还表现在许多公式和运算之中。我们来看一下牛顿二项式与杨辉三角中所表现出来的对称美。大家知道，著名的牛顿二项公式：

$$(a+b)^n = C_n^0 a^n + C_n^1 a^{n-1}b + C_n^2 a^{n-2}b^2 + \cdots + C_n^{n-2}a^2 b^{n-2} + C_n^{n-1}ab^{n-1} + C_n^n b^n$$

注意到系数的对称性：$C_n^0 = C_n^n$，$C_n^1 = C_n^{n-1}$，…就可写出：

$$(a+b)^n = C_n^0 a^n + C_n^1 a^{n-1}b + C_n^2 a^{n-2}b^2 + \cdots + C_n^2 a^2 b^{n-2} + C_n^1 ab^{n-1} + C_n^0 b^n$$

在这个式子中，a 与 b 的位置交换结果是不变的。把这个式子右端的系数按 $n=1$，2，…排列出来就是著名的杨辉三角：

$$1$$
$$1\quad 1$$
$$1\quad 2\quad 1$$
$$1\quad 3\quad 3\quad 1$$
$$1\quad 4\quad 6\quad 4\quad 1$$
$$1\quad 5\quad 10\quad 10\quad 5\quad 1$$
$$1\quad 6\quad 15\quad 20\quad 15\quad 6\quad 1$$
$$1\quad 7\quad 21\quad 35\quad 35\quad 21\quad 7\quad 1$$

用不着计算，你就可以根据对称性及上排的数字写出下排的数字来，并一直写下去。

我们再来看集合论中的德·摩根律所表现出来的对称美。设 A，B 是两个集合，则有

$$\overline{A\cup B}=\overline{A}\cap\overline{B},\ \overline{A\cap B}=\overline{A}\cup\overline{B}$$

推广的情形是

$$\overline{\underset{i}{\cup}A_i}=\underset{i}{\cap}\overline{A}_i,\ \overline{\underset{i}{\cap}A_i}=\underset{i}{\cup}\overline{A}_i$$

数学对称美的精华更体现在群论之中。大家知道，一次、二次、三次、四次方程的解的问题经过历代数学家的努力，都获得圆满的解决。但五次及五次以上的高次方程求解问题，持续了三个多世纪都没得到解决。直到 1832 年，法国年轻数学家伽罗华（1811—1832）用对称性的思想解决了这个代数学发展史上的难题，开辟了代数学的一个崭新方向——群论。美国数学家阿尔佩林指出："群是数学中伟大的统一概念之一。它来自数学对象和科学对象的对称性研究。十分惊人的是，这些对称性的考察导致深邃的洞察，绝非直接观察所能企及；尽管群的概念不难解释，这个概念应用却极为深远，并非全然浮于表面。"限于篇幅与数学问题的复杂性，在此我们就不再详述了。

14.1.3　和谐美

和谐美与统一美联系在一起。统一、和谐，这是数学美的又一种表现形式。德国著名物理学家、诺贝尔奖获得者海森堡曾对科学美做过这样的解释："美是部分同部分之间，以及部分同整体之间固有的协调一致。"在科学中，具体表现在什么地方呢？他以牛顿力学为例做了说明："部分"就是个别的力学过程，天上地下的各种机械运动；"整体"则是统一的形式原则，所有个别过程都遵守这个原则，牛顿以简单的公理系统从数学角度建立起这个原则。这里包含着两个特点，即统一性与简单性。复杂多样的力学过程通过简单数学形式化得到了统一，科学家从中得到强烈美感。显然，这里的统一美，就特别是指人们可以成功地运用统一的数学公式对许多不同的现象进行概括总结，归纳揭示出对象的内在联系或本质，进而体验到成功的喜悦与美感。

科学中关于用数学的和谐与统一美来进行的工作有许多著名的例子，除牛顿的工作之外，爱因斯坦对狭义与广义相对论的研究也是对统一性的一种追求。徐利治、郑毓信在他们的著作《数学模式论》中就曾举过门捷列夫关于元素周期表对化学元素和谐与统一性质的研究所起到的巨大作用。他们写道："门捷列夫在表中留下了不少的空位，而这主要就是出于和谐性的考虑，因为，不然的话，在整体上就不可能体现出明显的周期性。"门捷列夫在当时依据周期性预言了与空位相对应的化学元素的存在及其主要的性质。这些预言后来都得

到了证实。例如，门捷列夫预言在铝与铟之间的空位是未知元素亚铝的位置，它的原子量是68，相对密度是 5.9~6。1875 年，法国的勒科克·布瓦保德朗在比利牛斯锌矿发现了镓（Ga），计算出其相对密度为 4.7。门捷列夫就写信指出应当是 5.9~6。后者起初不信，但后经反复计算发现果然是 5.96。"这一例子再一次表明了和谐与统一的美学思想在科学研究中所具有的重要意义。

在数学史上，代数与几何曾长期分离，而解析几何的诞生却是一次数学上的统一过程。运用解析几何的方法，平面、空间上的点被表示为一个二元或三元数对 (x, y) 或 (x, y, z)，几何中的直线与曲线、曲面被表示为代数方程，而代数中的矩阵、行列式在几何研究中也起到重要作用。它把几何图形的某些内在联系揭示得更清楚，从而使人更容易看清它们之间的和谐、统一。这是代数与几何和谐、统一的进一步表现。

例 1 平面上过点 (x_1, y_1) 和点 (x_2, y_2) 的直线方程是

$$\begin{vmatrix} x & y & 1 \\ x_1 & y_1 & 1 \\ x_2 & y_2 & 1 \end{vmatrix} = 0$$

而平面上过不共线的三点 (x_1, y_1)，(x_2, y_2) 和 (x_3, y_3) 的圆方程是

$$\begin{vmatrix} x^2+y^2 & x & y & 1 \\ x_1^2+y_1^2 & x_1 & y_1 & 1 \\ x_2^2+y_2^2 & x_2 & y_2 & 1 \\ x_3^2+y_3^2 & x_3 & y_3 & 1 \end{vmatrix} = 0$$

平面上过 (x_1, y_1)，(x_2, y_2)，(x_3, y_3)，(x_4, y_4)，(x_5, y_5) 五点的圆锥曲线的方程是

$$\begin{vmatrix} x^2 & y^2 & xy & x & y & 1 \\ x_1^2 & y_1^2 & x_1y_1 & x_1 & y_1 & 1 \\ x_2^2 & y_2^2 & x_2y_2 & x_2 & y_2 & 1 \\ x_3^2 & y_3^2 & x_3y_3 & x_3 & y_3 & 1 \\ x_4^2 & y_4^2 & x_4y_4 & x_4 & y_4 & 1 \\ x_5^2 & y_5^2 & x_5y_5 & x_5 & y_5 & 1 \end{vmatrix} = 0$$

一个式子是另一个式子的推广，形式整齐、和谐而美观，而且使我们非常容易记忆。进一步地，由此我们即可写出 (x_1, y_1)，(x_2, y_2)，(x_3, y_3) 三点共线的条件是

$$\begin{vmatrix} x_1 & y_1 & 1 \\ x_2 & y_2 & 1 \\ x_3 & y_3 & 1 \end{vmatrix} = 0$$

同时，我们又可立即写出三条直线：

$$a_1x + b_1y + 1 = 0,$$
$$a_2x + b_2y + 1 = 0,$$
$$a_3x + b_3y + 1 = 0$$

共点的条件是

$$\begin{vmatrix} a_1 & b_1 & 1 \\ a_2 & b_2 & 1 \\ a_3 & b_3 & 1 \end{vmatrix} = 0$$

多么的对称、和谐、整齐与美观啊!

例 2 我们再来看一个大家熟悉的解析几何例子。大家知道,圆、椭圆、双曲线、抛物线等,它们的图形和方程各不相同,如圆的方程为 $x^2+y^2=r^2$,其中 r 为圆的半径;椭圆的方程为 $\dfrac{x^2}{a^2}+\dfrac{y^2}{b^2}=1$,其中 a,b 为椭圆的长、短半轴长;双曲线的方程为 $\dfrac{x^2}{a^2}-\dfrac{y^2}{b^2}=1$;抛物线的方程为 $y^2=2px$。虽然它们都为二次方程,但图形区别甚大,能将它们统一在一起吗?17 世纪解析几何的诞生,为这一统一铺平了道路。

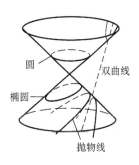

图 14-8 圆锥曲线

首先,从几何图形上看,它们可以统一于一个正圆锥(见图 14-8)。在图 14-8 中,用一平面去截正圆锥,就得到一条截口曲线。由于平面和圆锥轴的交角大小不等,因此,截口曲线的几何形状也就不同。设圆锥母线与轴的交角为 α,平面与圆锥轴线交角为 θ,那么就有

(1)当 $\theta=90°$ 时,截口曲线为圆;

(2)当 $\alpha<\theta<90°$ 时,截口曲线为椭圆;

(3)当 $\alpha=\theta$ 时,截口曲线为抛物线;

(4)当 $0\leq\theta<\alpha$ 时,截口曲线为双曲线。

由于四种曲线都是由圆锥与平面的截线,因此,通常通称为圆锥曲线。

其次,从代数方程上看,如果我们设有二次方程:

$$Ax^2+Bxy+Cy^2+Dx+Ey+F=0 \tag{14-1}$$

$$\Delta=B^2-4AC,\ 4AC+BDE-CD^2-AE^2-FB^2\neq0$$

则当 $\Delta>0$ 时,方程(14-1)为圆或椭圆;当 $\Delta=0$ 时,方程(14-1)为抛物线;当 $\Delta<0$ 时,方程(14-1)为双曲线。这是一幅多么美妙的统一与和谐的画面啊!

例 3 关于数学的和谐美,我们再看一个非常美妙的公式:$e^{i\pi}+1=0$。这里,包含了整数 0,1,包含了自然对数的底 e,包含了圆周率 π,包含了虚单位 i。0 是加法的单位,1 是乘法的单位,如果把公式改变一下就成为 $e^{i\pi}=-1$,又包含了负数 -1。毕达哥拉斯学派以整数与整数的比作为世界的根本,以致不容许有无理数的产生。我们前面也曾说过负数是多么令人难以接受,更不要说虚数了,而圆周率 π 的研究曾是数千年数学家梦里萦怀的东西。而这 6 个数却统一在这样一个简单的公式里,这还不美吗?

例 4 著名的德国数学家克莱因的埃尔朗根纲领对几何学的统一。大家都知道,在非欧几何之后,各种几何理论纷纷出现。我们应当如何认识这些几何学呢?能不能有一种统一的解释呢?19 世纪 70 年代,克莱因思考了种种几何的统一问题,于 1872 年在埃尔朗根大学做了一次著名的演讲。他指出,在变幻群的观点下可以统一所有的几何,不同的几何只是变换群的不同而已,却都是在研究不同变换下的不变量或不变式:欧氏几何是刚体变换群

（如平移变换、旋转变换、反射变换）下的不变形；仿射几何学是仿射变换群下的不变形；作为非欧几何的罗巴切夫斯基几何、黎曼几何，也无不统一在某一变换群下。他的理论被誉为几何理论体系的伟大综合，以"埃尔郎根纲领"著称于世。

数学中关于统一与和谐美的更著名的工作还有法国著名的布尔巴基数学学派曾用结构的观点来统一数学。他们认为数学有三种基本结构：代数结构、顺序结构、拓扑结构。所有的数学无非是这些结构及其不同的组合。虽然布尔巴基学派的工作还有许多缺憾，但他们的工作进一步揭示了数学自身的和谐、统一及其美的内容。

在此我们再插入一个小故事。我们前面多次提到毕达哥拉斯学派把音乐和数学，特别是和比例问题联系起来建立了"万物皆数"的核心思想。他们把音乐归结为数与数之间的比例关系，把行星运动也归结为数的比例关系。他们相信物体在空间运动时发出声音，而且运动快的物体比运动慢的物体发出更高的音。根据他们的天文学知识，离地球越远的行星运动得越快，因此，行星发出的声音因其离地球的距离而异而且都配成谐音。但因为这"天际的音乐"也像所有谐音一样都可归结为整齐的比例数，所以行星运动也体现了数学的比例美。著名天文学家开普勒继承了毕达哥拉斯学派的传统，开辟了用比例、音乐、和谐研究天体运动规律的方法。开普勒在其名著《宇宙的和谐》一书中依据他多年的观察结果与计算的数据，设想出"天体的音乐"。他虔诚地相信：太空的运动不过是一首连续、几个声部的歌曲。它为智力思维所理解，但不为听觉所感觉。这音乐好像通过抑扬顿挫，根据一定、预先设计、六个声部的韵律进行，借以在不可计量的时间川流中定出界标。300年后的1969年，美国耶鲁大学地质学家罗杰斯与作曲家威利卢福合作，利用电子计算机和电子合成器将开普勒长期计算出来的天文数据译成具体的声音，形成乐曲，并灌制成唱片。开普勒所设想的这种"天体的音乐"终于变成了能够为听觉所能感觉到、真实的"天体运动进行曲"。

 ### 14.1.4 奇异美

奇异美，也就是新奇美，这是美学的重要形态之一，其突出的特点在于出人意料的心理体验，使人在惊讶中感受到美的力量。数学同其他科学一样，也有许多奇异之美，而这当然也是吸引许多人喜欢数学的原因之一。

在第1章中，我们介绍过七桥问题，在经过欧拉的奇妙抽象之后，七桥问题成了一笔画问题，成了一个纯粹的数学图论问题，问题迎刃而解，结果出人意料，解答如此简单，使所有的人都感到数学的奇异之美。

我们还介绍过海王星的发现过程，真是奇之又奇。年轻的勒维列不靠观察，仅仅依赖一支笔与前人观察的数据，运筹于帷幄之中，完成了海王星发现的壮举，表现了数学乃至科学理论的伟大神力。

关于色盲遗传问题，也同样表达了数学理论的神奇。我们不需要从生理结构入手，而仅仅依赖色盲遗传的一些数量特征，就可以从数学上推演出其遗传规律。

我们再来看几个例子。

例5 勾股定理及其相关问题。

大家都知道勾股定理：$3^2+4^2=5^2$，类似的式子还有很多，如 $5^2+12^2=13^2$，$8^2+15^2=17^2$，$7^2+24^2=25^2$，$20^2+21^2=29^2$，…，这样的数组（3，4，5），（5，12，13）等也称为勾股数

组。进一步地，我们把它们总结为不定方程：

$$x^2+y^2=z^2$$

这个不定方程有多少正整数解呢？有没有一个一般办法寻求勾股数或寻求方程 $x^2+y^2=z^2$ 的非平凡整数解呢？我们不妨令 $x=a^2-b^2$，$y=2ab$，$z=a^2+b^2$（其中 a 与 b 一奇一偶），即可求得不定方程 $x^2+y^2=z^2$ 的一切正整数解，而且有无穷组解。由此，人们很快会想到不定方程：

$$x^3+y^3=z^3$$

的正整数解问题。它有没有解呢？有的话，有多少？再进一步推广，这就是前面我们已经介绍过的费马猜想，不定方程 $x^n+y^n=z^n$（$n \geqslant 3$ 为正整数）的结论不用我们多说了。但是，进一步推广的不定方程：

$$x_1^4+x_2^4+x_3^4=x_4^4,$$
$$x_1^5+x_2^5+x_3^5+x_4^5=x_5^5,$$
$$\vdots$$
$$x_1^n+x_2^n+\cdots+x_{n-1}^n=x_n^n$$

有无正整数解呢？1996 年人们发现了以下等式：

$$27^5+84^5+110^5+133^5=144^5$$

于是，人们惊奇地看到，$x_1^5+x_2^5+x_3^5+x_4^5=x_5^5$ 有正整数解。但是 $x_1^4+x_2^4+x_3^4=x_4^4$ 有没有正整数解还是个疑问。后来，终于发现了以下等式：

$$2682440^4+15365639^4+18796760^4=20615673^4$$

而且，还证明了当 $n \geqslant 4$ 时不定方程：

$$x_1^n+x_2^n+\cdots+x_{n-1}^n=x_n^n$$

有无穷多组正整数解。这与 $x_1^n+x_2^n=x_3^n$ 当 $n \geqslant 3$ 没有任何正整数解的结论相去甚远。真是使人感到意外的惊奇。

例 6　莫比乌斯带及相关问题。

什么是莫比乌斯带呢？如图 14-9a 所示的一条长方形纸带 $ABB'A'$，我们如果将纸带旋转 $180°$，用糨糊将 A' 与 B，B' 与 A 粘和起来，就形成了图 14-9b 的图形，也就是莫比乌斯带了。要注意的是，这是一个没有正反面之分的曲面。什么意思呢？如果我们设想一只蚂蚁从莫比乌斯带上的任何一点出发，那么它可以不翻越带的边缘又回到出发点（如图 14-10 所示，这是埃舍尔所创作的又一幅数学名画）。这种奇怪的性质是任何普通常见的双侧曲面（有正面、反面的区别的曲面称为双侧曲面）都没有的。莫比乌斯带的上述特性也可以这样来描述：如果给普通纸双侧曲面涂上颜色的话，那么正面和反面可以涂两种不同的颜色。但莫比乌斯带只能涂一种颜色。它没有正面和反面之分，称为单侧曲面。一条纸带把我们引入了单侧曲面的奇境。这里没有内外、正反之分，蚂蚁不知不觉就由正面走到了反面，又从反面走到正面；边界没有了，正反没有了，天上地下浑然成为一体。

麦比乌斯带是现代拓扑学研究的重要内容之一，有许多奇妙的性质，读者不妨自己去试一试。比如，用剪刀沿原纸带的中线在莫比乌斯带的中间把它分成两半看看，再分一次又如何呢？

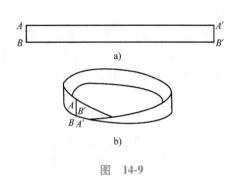

a)

b)

图 14-9

图 14-10

14.2 数学方法美

前面在许多地方已谈到了数学方法。数学美不仅体现在其内容与形式上，而且体现在其方法上。下面我们就通过对一些具体数学方法的分析来说明数学的方法美。

▶ 14.2.1 归纳方法⊖

前面我们曾提到归纳法是一种发现知识的方法。所谓归纳法，就是通过对一些个别、特殊情况的分析、推断，导出一般性结论的方法。它是一种从特殊到一般的推理方法。

例 7 哥德巴赫猜想。

例 8 费马数。

1640 年，法国数学家费马曾根据以下计算

$$2^{2^0}+1=3, \quad 2^{2^1}+1=5, \quad 2^{2^2}+1=17, \quad 2^{2^3}+1=257, \quad 2^{2^4}+1=65537$$

以上计算所得结果都是素数，从而费马猜想：对于非负整数 n，形如 $F(n)=2^{2^n}+1$ 的数是素数。

1732 年，欧拉经过艰苦的计算，给出

$$F(5)=2^{2^5}+1=4294967297=641\times6700417$$

否定了这一猜想。

例 9 求证：$1+2+3+\cdots+n$ 的和的末位数字不能是 2，4，7，9。

证明 因为 $1+2+3+\cdots+n=\dfrac{n(n+1)}{2}$，所以我们先来讨论 $n(n+1)$ 的末位数字。我们把 $n=0$，1，$\cdots$，9 的各种情况列表如表 14-1 所示。

表 14-1

n 的末位数字	1	2	3	4	5	6	7	8	9	0
$n(n+1)$ 的末位数字	2	6	2	0	0	2	6	2	0	0

⊖ 顾泠沅：《数学思想方法》，中央广播电视大学出版社，2010，第68-74页。

可以看出，$n(n+1)$ 的末位数字只有 0，2，6 三个数字，从而 $\dfrac{n(n+1)}{2}$ 的末位数字只能是 0，1，3，5，6，8，所以 $1+2+3+\cdots+n$ 的和的末位数字不能是 2，4，7，9。

归纳法分为不完全归纳法与完全归纳法两种。所谓不完全归纳法，是根据对某类事物中部分对象的分析，做出该类事物一般性结论的方法。其推理的一般形式如下：

设有事物集合 $S=\{A_1，A_2，\cdots，A_n，\cdots\}$，若其中事物 $A_1，A_2，\cdots，A_n$ 具有某性质 P，推断集合 S 中的所有事物都具有性质 P。

上面的例 7、例 8 都属于不完全归纳法。

所谓完全归纳法，是根据对某类事物中每一个对象的情况分析做出的一般性结论的推理方法。其一般推理形式如下：

设有事物集合 $S=\{A_1，A_2，\cdots，A_n\}$，若事物 $A_1，A_2，\cdots，A_n$ 都有某性质 P，推断集合 S 中的所有事物都具有性质 P。

上面的例 9 属于完全归纳法。一般来说，完全归纳法分为穷举归纳推理与分类归纳推理。读者可以自己举出相应的例子。

由上可知，不完全归纳法的推理结果不一定正确，如例 8；但完全归纳推理的结果一定是正确的。

▶▶ 14.2.2　类比方法⊖

所谓类比，是指由一类事物所具有的某种属性来推测与其类似的另一类事物是否也具有这种属性的推理方法。它是一种由特殊到特殊的推理方法。类比推理一般可用下列形式来表示：设有事物 A，B，

A 具有性质 a_1，a_2，$\cdots$，a_n 及 d

B 具有性质 a'_1，a'_2，$\cdots$，a'_n

_____

由此，B 也具有性质 d'

其中，a_1 与 a'_1、a_2 与 a'_2、$\cdots$、a_n 与 a'_n、d 与 d' 分别相同或相似。

由于是一种由特殊到特殊的推理方法，因此，无法保证推理结果的正确性。为了增加类比结果的可靠性，应尽量满足下列条件：

① 类比对象 A 与 B 共同或相似的属性应尽量多些；

② 这些共同或相似的属性应是类比对象 A 与 B 两类事物的主要属性；

③ 这些共同或相似的属性应包括类比对象 A 与 B 的各个不同方面，并且尽可能是多方面的；

④ 可迁移的属性 d 应与 a_1，a_2，$\cdots$，a_n 属于同一类属性。

类比方法的类型有表层类比（形式或结构上的简单类比）、深层类比（方法或模式上的纵向类比）与沟通类比（不同分科之间的类比）等。

1. 表层类比

表层类比是根据两个比较对象的表面形式或结构上的相似而进行的类比。这种类比结果

_____

⊖　顾泠沅：《数学思想方法》，中央广播电视大学出版社，2010，第 75-80 页。

的可靠性较差，结论具有较大的或然性。

例 10　由三角形内角平分线的性质推测三角形外角平分线的性质。

设有 $\triangle ABC$，AD 是其内角 $\angle A$ 的平分线（点 D 是 $\angle A$ 平分线与 BC 边的交点），则有 $\dfrac{AB}{AC} = \dfrac{BD}{CD}$（见图 14-11）。

由此，我们推测：

设有 $\triangle ABC$，AD 是其外角 $\angle CAF$ 的平分线（点 F 是 BA 边延长线上一点，点 D 是 $\angle CAF$ 平分线与 BC 边延长线上的交点），则也有 $\dfrac{AB}{AC} = \dfrac{BD}{CD}$（见图 14-12）。

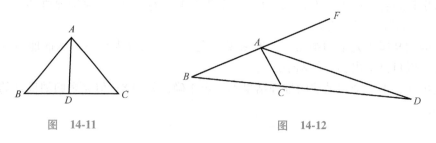

图　14-11　　　　　　　　　　图　14-12

这一类比推理是正确的（在此不予证明，有兴趣的读者自己可以证明）。

例 11　由极限的性质

$$\lim_{n \to \infty} (a_n + b_n) = \lim_{n \to \infty} a_n + \lim_{n \to \infty} b_n$$

类推极限的性质：

$$\lim_{n \to \infty} (a_n b_n) = \lim_{n \to \infty} a_n \cdot \lim_{n \to \infty} b_n$$

这一类推是正确的。

例 12　由运算性质

$$a(b+c) = ab + ac$$

类推三角函数的性质：

$$\sin(\alpha + \beta) = \sin \alpha + \sin \beta$$

这一类推是错误的。

在上述类比推理中，例 10 是结构上的类比，例 11 与例 12 是形式上的类比。

2. 深层类比

深层类比是通过对被比较对象处于相互依存的各种相似属性之间的多种因果关系的分析而得到的类比，又称实质性类比。这种纵向类比是在数学上统一分支内的一种类比。例如，几何中的空间问题用平面问题来类比（即降维类比）；代数中的多元问题用一元问题来类比（即减元类比）；等等。

例 13　设有直角三角形 $\triangle ABC$，$\angle C$ 是直角，则有勾股定理

$$a^2 + b^2 = c^2$$

设有空间直角四面体（见图 14-13），类比勾股定理，有

$$S_{\triangle ABD}^2 + S_{\triangle ACD}^2 + S_{\triangle BCD}^2 = S_{\triangle ABC}^2$$

其中，$S_{\triangle ABD}$ 表示 $\triangle ABD$ 的面积。

例 14　在整数理论中有以下定理：

定理　设有正整数 a 与 b（不为 0），则存在唯一一对正整数 q 与 r，使得

$$a = qb + r,\ 0 \leqslant r < b$$

在代数学中，类比有以下定理：

定理　设有多项式 $f(x)$ 与 $g(x)$（不为 0），则存在唯一的多项式 $q(x)$ 与 $r(x)$，使得

$$f(x) = q(x)g(x) + r(x),\ 0 \leqslant \deg[r(x)] < \deg[g(x)]$$

其中，$\deg[g(x)]$ 表示多项式 $g(x)$ 的次数。

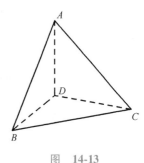

图　14-13

3. 沟通类比

沟通类比是不同学科分支之间由相互联系产生的一种类比联想的结果。这一种类比比前两种类比要深刻得多，需要熟练掌握相关学科的知识并能熟练运用，经过适当联想才能进行。

例 15　设 a，b，c 是正整数，求证：

$$\sqrt{a^2+b^2} + \sqrt{b^2+c^2} + \sqrt{c^2+a^2} \geqslant \sqrt{2}\,(a+b+c)$$

思路　由 $\sqrt{a^2+b^2}$ 经过横向类比，联想到复数 $a+bi$ 的模及复数的模的不等式。

证明　设复数 $z_1 = a+bi$，$z_2 = b+ci$，$z_3 = c+ai$。由复数的模的性质，有

$$|z_1| + |z_2| + |z_3| \geqslant |z_1+z_2+z_3|$$

所以

$$\sqrt{a^2+b^2} + \sqrt{b^2+c^2} + \sqrt{c^2+a^2} = |z_1| + |z_2| + |z_3| \geqslant |z_1+z_2+z_3|$$

$$= |(a+b+c)(a+b+c)\mathrm{i}| = \sqrt{2}\,(a+b+c)$$

归纳与类比等方法是提出数学猜想的重要方法。所谓猜想，就是人们在解决问题过程中，根据一定的经验材料与某些已知事实，运用归纳、类比等数学方法而做出的一些猜测性判断而得到的命题。这些命题可能是真的，也可能是假的，还需要进一步证明。但是，猜想是数学发现中非常重要的一步，是数学发展的动力之一。例如，著名的哥德巴赫猜想就是归纳的结果，而著名的"费马猜想"则是类比的结果。

▶▶ 14.2.3　反证法

在日常用语中，对于一件我们很想做的事，常用"不能不"去强调。例如，我们说，这件事太重要了，我们不能不去做，也不能不把它做好。在数学中也常有运用"不能不"的时候，反证法就是在表达这个意思。用反证法证明某命题成立时，就是在论证说：这个命题不可能不成立。

具体地说，一个命题，最简单的形式必包含有已知条件部分与结论部分。反证法的第一步就是假定结论不成立，然后通过一定的推导，或者推导出与已知条件相冲突的命题，或者是推导出与已有公理相冲突的命题，或者是推导出与临时的假定（论证之中的）相冲突的命题，或有自相矛盾的东西出现，即得出矛盾，从而说明结论不成立是不可能的。

例 16　证明 $\sqrt{2}$ 是无理数。

证　假设 $\sqrt{2}$ 不是无理数，即 $\sqrt{2}$ 是有理数，那么它必可表示为一个既约分数。令

$$\sqrt{2} = \frac{q}{p}$$

其中，p，q 是两个互质的正整数。上式两边平方，得

$$2p^2 = q^2$$

可见，q 必为一偶数，记为 $q = 2m$，m 为正整数。于是

$$2p^2 = (2m)^2$$

又得

$$p^2 = 2m^2$$

这样，p 也成了偶数。至此我们得到一个矛盾：p 与 q 都是偶数，而 $\dfrac{q}{p}$ 是既约的。

假如我们设想从正面去证明 $\sqrt{2}$ 是无理数，那么就要通过对 2 开方，计算出它确是一个无限不循环的小数。这能做到吗？我们可以开方计算到小数点后百万位甚至亿万位，但永远算不到尽头，因此，我们不能下结论说明它就是一个无限不循环小数，即无理数。

▶▶ 14.2.4　关系映射反演（RMI）方法

数学中的对应或映射（也可以说是函数）与逆映射（反函数）大家都不陌生，而这恰恰就是数学中一种非常重要的思想方法，体现了数学对象之间辩证的逻辑关系，给人以特殊的美感，也叫逻辑美，是科学美的一种。映射与逆映射（函数与反函数）这一矛盾运行过程就构成了所谓的 RMI 方法。

我们还是先从大家熟悉的例子说起。我们应用张楚廷先生在他的著作《数学文化》中举过的对数计算的例子来说明。

大家知道，计算 2^{11} 是比较容易的。因为 $2^3 = 8$，$2^4 = 16$，$2^6 = 64$，$2^8 = 16^2 = 256$，再乘 4，得到 $2^{10} = 1024$，于是 2^{11} 也很好算。

相反，计算 $2^{\frac{1}{11}}$ 就要困难多了。对 2 开 3 次方就不容易，对 2 开 11 次方就更不容易了。但是，计算 $2^{\frac{1}{11}}$ 的对数很容易，很多人记得 2 的常用对数值是 0.3010，于是

$$\lg 2^{\frac{1}{11}} = \frac{1}{11} \lg 2 = \frac{0.3010}{11} \approx 0.0274$$

接着，我们有对数表可查，查出 0.0274 的反对数：1.065，这就是 $2^{\frac{1}{11}}$ 的近似值，于是得到 $\sqrt[11]{2} \approx 1.065$。

以上，我们实际上经历了一个这样的过程：本来是求 2 的 11 次方根 $x = 2^{\frac{1}{11}}$，但是我们先求 $\lg x$，然后再求出 $10^{\lg x}$，即 x。简言之：

$$x \longrightarrow \lg x \longrightarrow 10^{\lg x} = x$$

这是从 x 出发又回到了 x，但后一个 x 与前一个 x 不同，前者是由一个运算所涵盖着的，后者以一个具体数字显现，即 $2^{\frac{1}{11}}$ 的值。这一过程可以表示为如下的框图形式：

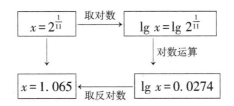

徐利治、郑毓信先生在他们的著作《数学模式论》中给出了一个类似上图的一般关系映射反演的框图，有兴趣的读者可以参阅该书，有比较详细的介绍，在此不再赘述。

以上的过程走了一条曲折的路，正是有了这种曲折才导致了进步。这种曲折不是一般人走的弯路，而是一种创造、一种发明。这里，关键的工具是对数。对数出现后，不到一个世纪，就传遍了世界上许多国家。它的出现与天文学有关，因此，尤其是天文学家们以十分欣喜的心情欢迎它。伽利略甚至以艺术般的语言说：“给我空间、时间及对数，我即可创造一个宇宙。”

关系映射反演方法就是这样，通过映射（函数）把一个问题转化为与之等价的另一个问题，然后通过对转化后的等价问题的研究，得出结论，再运用逆映射（或反函数）把问题再转化为原问题的解，这样我们就可以通过一条迂回的道路得到原问题的解答。转了一圈，不是倒退，而是迂回前进。这就是辩证的美。

再举一个张楚廷先生在《数学文化》中举过的级数计算的例子。求和：

$$y = 1 - \frac{1}{3} + \frac{1}{5} - \frac{1}{7} + \cdots + (-1)^n \frac{1}{2n+1} + \cdots \tag{14-2}$$

由于这里给出的不是等比级数，而且，我们还知道

$$1 + \frac{1}{3} + \frac{1}{5} + \cdots + \frac{1}{2n+1} + \cdots \tag{14-3}$$

是无穷大。但式（14-2）、式（14-3）两个级数明显不一样，而且可以看出，当加减交替时，就不会是无穷大了。我们先绕绕弯子。我们先把它变成一个变动的式子（函数项级数）：

$$y = x - \frac{x^3}{3} + \frac{x^5}{5} - \frac{x^7}{7} + \cdots + (-1)^n \frac{x^{2n+1}}{2n+1} + \cdots$$

如果能知道它的和，然后令此和中的 $x = 1$，就可达到目的了。问题在于，这个变数级数的和容易求吗？下面我们就来考虑这个变数级数的和的计算。

只要有一点微积分知识就知道

$$(x)' = 1, \left(\frac{x^3}{3}\right)' = x^2, \left(\frac{x^5}{5}\right)' = x^4, \cdots$$

这样，如果一旦对前面那个函数项级数做微分运算，那么我们很快就会得到一个比较容易求和的级数了，它就是一个等比级数：

$$y' = 1 - x^2 + x^4 - x^6 + \cdots + (-1)^n x^{2n} + \cdots$$

此式的公比是 $-x^2$，于是得到

$$y' = \frac{1}{1+x^2}$$

我们很容易地求出了 y'，却不是 y，然后再由 y' 来求出 y，从而变成了求原函数（积分）的问题。但是，这个求原函数的问题比较简单。由基本积分表，即知

$$y = \int \frac{1}{1+x^2}\mathrm{d}x = \arctan x$$

似乎应考虑积分常数，但当 $x=0$ 时，$y=0$，故可知积分常数是 0，因此，上述结果无误。当然，上述运算过程中还有一些理论问题，这里就不细说了。若令 $x=1$，就得到：

$$1-\frac{1}{3}+\frac{1}{5}-\frac{1}{7}+\cdots=\frac{\pi}{4}$$

关键在于对我们走过的路程的理解。与前一例相同的是，我们也是经历了一个"否定之否定"的程序，所不同的是，这里所使用的工具不是对数，而是微积分。对这个过程也可表示如下：

$$y \xrightarrow{\text{微分}} y' \xrightarrow{\text{积分}} \int y'\mathrm{d}x = y$$

再比较一下就可明白，以上都是利用了两个互逆的运算来实现我们的目标的。一个是对数和反对数，一个是微分与积分，一正一反解决了问题。

数学方法有许多，有兴趣的读者可以参阅相关的数学方法论方面的著作，如徐利治的《数学方法论选讲》等。

这里，我们还想借用张楚廷先生对直观性与数学抽象方法的辩证分析强调一下我们应对各种数学方法的重视："在我国传统的教育理论中，特别强调直观性原则。其实，这是一条带有很大片面性的原则。第一，人的认识能力的提高，既表现在善于直观上，更表现在通过直观到抽象的飞跃上；第二，虽然总体上讲是求得直观与抽象在认识上的统一，但青少年时期大量学到的是间接知识，完成这一过程的更重要的方面是迅速提高他们的抽象能力，接触直观形象同样多的人，在认知程度、智力程度上可能有很大差别，造成这一差别的基本原因之一是能否更好、更有效地增强抽象思维能力；第三，直观不仅难以把握事物的本质，还可以造成直观错觉，为直观所欺骗，避免这种错觉，防止受骗，基本的解决办法是提高抽象能力，提高逻辑判断的能力。数学典型的抽象方法和逻辑方法在这方面也就起着独特、难以替代的作用。"

[*]14.3　数学的审美直觉性原则

下面，我们介绍徐利治、郑毓信的"数学的审美直觉性原则"。[一]

▶ 14.3.1　数学领域中的发明心理学

我们关心数学美，除领略数学的美之外，更重要的是要清楚数学的美学因素对数学发明创造所具有的重要意义。这里，我们以庞加莱[二]的论述来说明问题，因为这直接反映了他作为一个大数学家的亲身体验。

庞加莱首先对数学发明创造的本质进行了分析。在庞加莱以前，莱布尼茨已经提出了一个观点：发明创造的实质是找出概念的一切可能的组合。而与莱布尼茨不同的是，庞加莱则

[一]　徐利治、郑毓信：《数学模式论》，广西教育出版社，1983，第164-174。
[二]　庞加莱：《科学的价值》，李醒民译，光明日报出版社，1988，第355页。

突出地强调了发明创造的"选择性"。他指出："数学创造实际上是什么呢？它并不在于用已知的数学实体做出新的组合。任何一个人都会做这种组合，但这样做出的组合在数目上是无限的，它们中的大多数完全没有用处。创造恰恰在于不做无用的组合，而做有用、为数极少的组合。发明就是识别、选择。"显然，与莱布尼茨的上述论点相比，庞加莱的这一分析是更为深入、更为正确的。

数学家究竟是如何做出所说的发明创造的？庞加莱在此又突出地强调了无意识思维活动的作用。庞加莱认为，各种有意识的思维活动都必然会受到已有的观念或思想的限制或束缚，从而只有无意识的思维活动才可能形成大量的可能组合。进而，庞加莱指出，在无意识的思维活动所形成的大量组合中，正是审美感发挥了重要的"筛选"作用。他写到："数学的美感、数和形的和谐感、几何学的雅致感，是一切真正的数学家都知道的审美感，……在由下意识的自我盲目形成的大量组合中，几乎所有的都毫无兴趣，毫无用处；可是正因为如此，它们对审美感也没有什么影响。意识永远不会知道它们；只有某些组合是和谐的，从而同时也是有用的和美的，它们能够触动我刚才所说的几何学家的这种特殊情感。这种情感一旦被唤起，就会把我们的注意力引向它们，从而为它们提供变为有意识的机会。"由此，在庞加莱看来，"缺乏这种审美感的人永远不会成为真正的创造者"。另外，"数学家把重大的意义与他们的方法和结果的雅致联系起来。这不是纯粹的浅薄涉猎。在解中、在证明中给我们以雅致感的实际是什么呢？是各部分的和谐，是它们的对称，是它们的巧妙平衡。一句话，雅致感是所有引入秩序的东西，是所有给出统一，容许我们清楚地观察和一举理解整体和细节的东西。可是，这正好就是产生重大结果的东西"[⊖]。显然，这也就清楚地表明了美学的因素对数学发展的重大意义。然而，从方法论的角度去进行分析，庞加莱的论述又具有明显的局限性，突出地强调发明过程中的无意识思维活动，从而就未能上升到方法论的高度。特别是，就数学美的研究而言，我们在此显然应当考虑这样的问题，即我们能否以对数学美的追求作为数学研究自觉的指导性原则？

事实上，我们知道，对数学美的自觉追求的确在数学的历史发展中发挥了重要的作用，这也就是所谓的数学研究的"美学的标准"。这一标准曾得到不少数学家的明确肯定。

另外，应当强调的是，尽管庞加莱注重无意识的思维活动，但他的论述仍然具有十分重要的方法论意义。例如，特别重要的是，庞加莱曾对无意识的思维活动与有意识的工作之间的关系进行了深入的分析。他指出："这些突如其来的灵感只有在有意识努力工作了若干天之后才会出现。尽管这些努力好像毫无成果，从中也没有得出什么好东西，而且所采取的路线似乎也是完全错误的。因此，这些努力并不像人们设想的那样一点结果也没有；它们驱动着无意识的机器，没有它们，无意识的机器就不会运转，也不会产生出任何东西。"[⊖]从而，我们在此也就可引出如下的方法论原则："没有有意识的努力，就不会有任何发明。"[⊜]

综上所述，我们就可以，而且应当从方法论的角度去从事数学美的研究，并引出相应的方法论原则。显然，由数学领域中的无意识思维活动到数学中的美学方法这一发展事实上从又一角度更为清楚地表明了数学方法论研究的意义，即其基本目标就在于促成由方法论原则

⊖ 庞加莱：《科学的价值》，李醒民译，光明日报出版社，1988，第357页。
⊖ 庞加莱：《科学的价值》，李醒民译，光明日报出版社，1988，第381页。
⊜ 徐利治、郑毓信：《数学模式论》，广西教育出版社，1983，第167页。

的"不自觉"应用向"自觉状态"的转化。

▶▶ 14.3.2 数学美学方法与"审美直觉选择性原则"

1. 数学美学方法在现代数学研究中的必然性

由于数学抽象是一种重新构造的过程，而且现代数学的研究对象在很大程度上又可被看成自由想象的产物，因此，在纯粹的数学研究中我们就不可能依据实用的考虑来选择可能的研究方向。与此相反，由于数学是一种创造性的活动，因此，这就如同马克思所指出的："人也是按照美的规律来塑造物体的。"⊖数学家们也常常依据美学的考虑来做出必要的选择或判断。

2. 数学美学方法在现代数学研究中的合理性

即如前面所指出的，数学美的基本内容可以说是对称性、简洁性、统一性和奇异性，而对对称性、简洁性、统一性和奇异性的追求，事实上也就是认识不断深化和发展的过程。例如，对统一性的追求即是揭示了对象间的内在联系，奇异性结果的获得又往往就意味着冲破了原先认识的局限性。

英国数学家阿蒂亚就曾写道："数学中统一性和简洁性的考虑都是极为重要的。因为研究数学的目的之一就是尽可能地用简洁而基本的词汇去解释世界。归根结底，数学研究是人类智力活动，而不是计算机程序。如果我们希望能把人类所积累起来的知识一代一代地传下去，我们就必须努力地去把这些知识加以简化和统一。"⊖另外，庞加莱也曾指出："当规则牢固地建立以后，当它变得毫无疑问之后，与它完全一致的事实就没有意义了，因为它们不能再告诉我们任何新东西。于是，正是例外变得重要起来。我们不去寻求相似，我们尤其要全力找出差别，在差别中我们首先应选择最受强调的东西，这不仅因为它们最为引人注目，而且因为它最富有指导作用。"⊜一般地说，无论是对对称性、简洁性、统一性或奇异性的追求，事实上都体现了数学家的这样一种特性：他们永不满足于已取得的成果，而总是希望能将复杂的东西予以简单化，将分散、零乱的东西予以统一，也总是希望能开拓新的研究领域。从更为深入的层次上说，我们又应看到在实际的数学研究中美学的考虑往往是与其他因素联系在一起的。这就如同波雷尔所指出的："我们称为美学的东西，实际上往往是各种观点的聚合。"这就是说，"我们的美学并不总是那么纯净而神秘，也包含几条较为世俗的检验标准，如意义、后果、适用、用途——不过是在数学科学的范围内"⊛。更为一般地说，数学的历史事实上已经清楚地表明了以下的拉丁格言的真理性："美是真理的光辉。"因此，我们也就应当在这样的意义上去肯定数学美学方法的意义。

除直接的方法论意义之外，我们还应看到，美感往往为数学家提供了重要的工作动力和精神支柱。具体地说，对美的追求事实上就是许多数学家致力于数学研究的一个重要原因。这就如同庞加莱所指出的："科学家研究自然，并非因为它有用处，他研究它，是因为他喜欢它，他之所以喜欢它，是因为它是美的。如果自然不美，就不值得了解；如果自然不值得

⊖ 马克思：《1844年经济哲学手稿》，人民出版社，2002，第51页。

⊖ 徐利治、郑毓信，《数学模式论》，广西教育出版社，1983，第170页。

⊜ 庞家莱：《科学的价值》，李醒民译，光明日报出版社，1988，355页。

⊛ 齐民友：《数学与文化》，大连理工大学出版社，2008，第154页。

了解，生活也就毫无意义。"[一]由此可见，对美的赞赏与追求事实上就是个人情感进入数学（科学）研究的地方，如果没有这种情感，就不可能有持久的工作热情。这就正如爱因斯坦所说："要是没有这种热情，就不会有数学，也不会有自然科学。"

综上所述，我们就应明确肯定美的自觉追求对数学研究的重要意义，也正是在这样的意义上，歌德写道："数学家只有在他能领悟到真实的美时才是完美的。"另外，从方法论的角度看，我们则可提出如下的"审美直觉选择性原则"：

在种种数学模式的探索、设计与建构过程中，应当力求按照简洁性、统一性、对称性和奇异性等审美标准去选择目标和方法。

3. 数学美学方法的相对性和局限性

所谓美学方法的相对性主要是指对数学美的感受最终必然从属于各个具体的个人，并带有强烈的感情色彩，因此，所说的美学方法也就具有一定的相对性，即可能由于对象、时间等的不同而表现出一定的差异。

另外，所谓数学美学方法的局限性是指我们不能从纯粹美学的角度去从事数学的研究，更不能以美学的考虑去代替真理性问题的分析。也就是说，我们应当承认相对独立的"美学的标准"，但同时又应该看到这种美学的标准从属于"数学的标准"。也就是说，数学家所追求的是在极度无序的对象（关系结构）中展现极度的对称性（或同一性），在极度复杂的对象中揭示出极度的简洁性，在极度离散的对象中发现极度的统一性，在极度平凡的对象中认识到极度的奇异性。

另外，我们还应指出，美学需要是好事，但如果仅仅是追求美学而长期远离实践，仅仅是间接地受到来自现实的思想所启发，它就会遭到严重危险的困扰，变得越来越纯粹地美学化，越来越纯粹地"为艺术而艺术"。换句话说，在距离经验本源很远很远的地方，或者在多次"抽象地"近亲繁殖以后，一门数学学科就有退化的危险。这就清楚地表明了数学美学方法的局限性。

综上所述，我们就既应肯定美的追求对数学研究所具有的重要的方法论意义，又不能以美学的考虑完全取代真理性问题的分析，更不能从纯粹美学的角度去从事数学的研究。美是数学研究的重要动力之一，但不是全部。

 思考题

1. 数学美主要表现在哪些方面？
2. 举例说明数学方法的美。
3. 你如何认识数学审美性原则？

[一] 庞家莱：《科学的价值》，李醒民译，光明日报出版社，1988，第 355 页。

数学为逻辑推理提供了一个理想的模型，它的表达是清晰和准确的，它的结论是确定的，它有着新颖和多种多样的领域，它具有增进力量的抽象性，它具有预言事件的能力，它能间接地度量数量，它有着无限的创造机会……

——D. A. Johnson 和 W. H. Glenn

前面我们介绍了数学文化的各种特征、应用，以及一些简明的数学文化史。本章我们将从哲学的角度来讨论数学及数学文化的意义，介绍我国数学哲学与数学文化专家郑毓信⊖先生的研究成果。我们将从对象这一角度指明数学文化的第一种含义：数学对象并非物质世界中的真实存在，而是抽象思维的产物，并将进一步地指明数学在这一方面的特殊性，这就是数学对象的特殊形式建构性与数学世界的无限丰富性和秩序性。

15.1　作为文化的数学对象及其存在性

文化，广义地说，是指人类在社会历史实践过程中所创造的物质财富与精神财富的总和。因此，我们就应该把一切非自然的，也即由人类所创造的事物和对象都看成文化物，而这里所说的"文化性"即是明确肯定了相应事物或对象对于人类创造活动的直接依赖性。

由于数学对象并非物质世界中的真实存在，而是人类抽象思维的产物，因此，在所说的意义上，数学就是一种文化。

例如，谁曾见到过"一"？我们只能见到某一个人、某一棵树、某一间房，而绝不会见到作为数学研究对象的真正的"一"（注意，在此不应把"一"的概念与其符号相混）；类似地，我们也只能见到圆形的太阳、圆形的车轮、圆形的场地，而绝不会见到作为几何研究对象的真正的"圆"（在此我们也必须对"圆"的概念与相应的圆形，如纸上所画的圆明确地加以区分）。因此，即使就最简单的数学对象而言，它们也都是抽象思维的产物。

对于数学对象的上述特性，古希腊的亚里士多德已做了十分明确的论述。亚里士多德指出，数学是研究大小的量和数的，但是，它们所研究的量和数，并不是那些我们可以感觉到的、占有空间的、具有广延性的、可分的量和数，而是作为某种特殊性质的（抽象的）量和数，是我们在思想中将它们分离开来进行研究的。因此，在亚里士多德看来，数学对象就是一种抽象的存在，也即是人类抽象思维的产物。

如果说亚里士多德的上述论述只是一种哲学的分析，那么从历史的角度看，这却是数学发展史上的一个重要转折。正是古希腊人在数学史上首次引进了相对独立的数学对象，并以

⊖　郑毓信、王宪昌、蔡仲：《数学文化学》，四川教育出版社，2000，第 17-43 页。

此作为数学研究的直接对象，从而与数学在古埃及、古巴比伦等地的早期发展相比，这就代表了一次革命性的变化——数学已不再是先前那种建立在直接观察与实验之上的归纳性的知识，而是向着理论科学的方向迈出了关键性的一步。

就数学文化史的研究而言，上述事实显然为我们提出了一个十分重要的问题：是什么促使古希腊人迈出了上述的关键性一步？在此我们先指明这样一点，尽管在人类历史上曾经存在多种不同的数学传统，但是由古希腊所开创的上述传统现已为人们所普遍接受。例如，"我们运用抽象的数字，却不打算每次都把它们同具体的对象联系起来。我们在学校中学的是抽象的乘法表，而不是价钱的数目乘以苹果的数目，或者苹果数目乘以苹果的价钱。""同样地，在几何中研究的是直线，而不是拉紧的绳子。"（亚历山大洛夫语）显然，就我们现在的论题而言，数学对象的这种抽象性就清楚地表明了数学对象的文化属性。

下面我们分析一下数学抽象的特点。具体地说，尽管一些基本的数学概念具有较为明显的直观意义，但数学中有许多概念并非建立在对真实事物或现象的直接抽象之上，而是较为间接的抽象的结果，即是在抽象之上进行抽象，由概念去引出概念。另外，更为重要的是，数学中还有一些概念与真实世界的距离如此之遥远，以致常常被说成"思想的自由创造"。

我们以射影几何为例来具体地体会一下数学中的自由抽象。

众所周知，在欧氏平面几何中，点和直线的位置并不是完全"对称"的，过任意两点总可以引出一条直线，因此，平面上的任意两点就唯一地确定了一条直线；然而，尽管在一般情况下，平面上任意两条直线也唯一地确定了一个点（它们的交点），但是，如果这两条直线互相平行的话，它们就没有交点了。

正是为了解决这种不对称性，德国数学家德沙格在直线上引入一个"无穷远点"，并把它看成与此相平行的各条直线的交点。另外，所有这些"无穷远点"则又构成了所谓的"无穷远直线"。

"无穷远点"和"无穷远直线"的引入在数学上有着重要的意义，事实上标志着射影几何的诞生。但是，射影几何中各种直线究竟是怎样的呢？我们不妨来具体地设想一下。

匈牙利著名数学家罗莎·彼得曾十分形象地描述道："一条直线的两端都是无限延伸的，但我们只给它附加一个无穷远点（只有这样才能保证对偶原则的成立，而如果附以两个无穷远点的话，对偶原理就将遭到破坏），因而直线的两端就好像相逢于无穷远处一样，于是直线也就变成某种类型的圆了。虽然我们的直线是向着两个相反方向无限延伸的，此处却在一种魔法下变成了圆形。

对于无穷，大家总觉得不可想象，而我们所说的"不可想象性"事实上就最为清楚地表明了自由想象在数学中得到充分的运用并占有重要的地位，因此，数学就常常被称为"创造性的艺术"。显然，这也就更为清楚地表明了数学的文化性质。

数学抽象的特殊性究竟是什么呢？一个显然的解答是数学属于科学的范畴，也就是指我们在数学中所从事的是一种客观的研究。这就是说，我们不能随心所欲地去创造某个数学规律，而只能按照数学对象的本来面貌去对此进行研究。例如，我们不能随意地把 7 说成是 4 和 5 的和，也不能毫无根据地去断言哥德巴赫猜想的真假，等等。

从而在很多人看来，数学对象事实上就是一种独立的存在，这也就是所谓的"数学世界"。

15.2 数学对象的形式建构

下面，我们从数学的特殊性——数学对象的形式建构——来进一步分析数学对象的客观性。通常所谓的"数学的客观性"，一般主要是指在数学中我们所从事的是一种客观的研究，特别是，就某些数学概念的创造者来说，常常就已包括了由"主观的思维创造"向"客观的独立存在"的转化。

例如，数学的发展史告诉我们，超穷数理论在很大程度上是由德国数学家康托独立发展起来的。具体地说，康托在数学史上第一次引进了超穷基数和超穷序数的概念。由于康托在此所采取的是一种实在的、完成了的对象，而这与当时占主导地位的数学思想，特别是所谓的潜无限观念是直接相对立的。因此，康托的超穷数理论在当时就完全是一种"思维的自由创造"，或如与康托同时代的另一著名数学家克郎尼克所形容的那样，是"精心创造的神话"。

但是，尽管超穷数在最初只是康托的"个人创造"，但它一旦获得了明确的定义，就立即获得了相对的独立性，即使康托本人也只能客观地去对此进行研究，而不能随意地做出改变。例如，康托证明了如下定理：有理数集与自然数集具有相同的基数，直线上的点集与空间上的点集具有相同的基数，等等。由于这些结论与直觉非常不符而导致康托本人也不由惊呼道："我看到了，但我简直不能相信它！"另外，为了解决所谓的连续统问题，即准确地确定直线上的点集的"大小"，康托更可谓绞尽了脑汁；但是，不管康托怎样努力，却始终未能解决这一问题，以致为此而"抱恨终身"。显然，这些事例即已清楚地表明康托在此所从事的的确是一种客观的研究。这也就如康托本人所指出的："就新数的引进而言，数学中所需的仅仅是给出它们的定义，借助于这些定义，赋予新数以这样的确定性，以及在情况允许时，赋予它们以与旧数这样一种关系，使得在给定的情况下，它们可以明确地加以区分，一旦满足了所有这些条件，一种数在数学中就可以而且必须被认为是存在和真实的。"

尽管康托关于超穷数理论的创造只是数学发展史中的一个实例，但由于数学史学家已对此做了较为彻底的研究，因此，我们就可以"以康托集合论的发展作为缩影来研究对科学具有重要意义的新思想的产生和发展的问题"。（道本语）因此，就像罗莎·彼得所生动描绘的那样，数学家在此就像是神话中的那个巫师的徒弟，他面对着自己所创造的神灵显得瞠目结舌，数学家们同样从虚无中创造了一个新的世界，但这个新世界以它那种种神奇和出乎预料的规律控制了数学家。从此，数学家不再是一个创造者，仅仅是一个探索者了，他探索着他自身所创造的那个世界的秘密和关系。

作为主观思维创造的数学对象究竟是如何获得客观独立性的呢？笔者以为，正确的解答只能来自对数学抽象方法的深入分析。

具体地说，抽象性常常被认为是数学的基本特性。然而，由于任何理论科学都依赖于一定的抽象思维，特别是，任何科学概念都是抽象思维的产物，因此，为了清楚地说明数学抽象的特殊性，我们就必须从数学抽象的内容、量度和方法这样几个方面做出进一步分析。

第一，数学是从量的方面反映客观实在的。这就是说，在数学的抽象中我们仅仅保留了事物或现象的量的特性，而完全舍弃了它们的质的内容。显然，这种特殊的抽象内容就清楚

地表明了在数学抽象与一般自然科学抽象之间所存在的一个重要区别。

应当强调的是，以上的分析事实上只具有相对的意义，因为为了避免所谓的"循环定义"，我们在此显然必须首先对"量"的概念做出明确的说明；然而，后者却并非一个静止、僵化的概念。毋宁说，量的概念正是由于数学的发展而不断获得新的意义，或者说，这一概念随着数学的不断发展而处于不断的历史演变之中。特殊地，从历史的角度看，数量关系和空间形式曾一度构成了"量"这一概念的两个基本意义，但是，现代数学的发展早已突破了"数学是数量关系和空间形式的研究"这一传统的观点。

第二，数学抽象的特殊性也表现在它的量度上。这就是说，数学的抽象程度远远超出了一般的自然科学而达到了特殊的高度。

例如，上面所提及的自由想象在数学创造中的重要作用就已清楚地表明了数学的高度抽象性。

第三，数学抽象的形式建构性质。数学抽象是一种建构的活动，数学的研究对象正是通过这样的活动得到构造的。这也就是说，数学并非对客观世界量性规律的直接研究，而是以抽象思维的产物——数学对象，作为直接的研究对象。

为了清楚地说明问题，在此我们仍可将数学抽象与一般自然科学中的抽象做出对照：

容易看出，无论就数学抽象或一般自然科学中的抽象而言，概念的产生相对于（可能的）现实原型而言，往往都包括一个"理想化""简单化"和"精确化"的过程。例如，任何真实事物的形状都很难说是严格的圆（球）形，在现实世界中也不可能找到没有大小的点、没有宽度的线等，因此，相应的几何概念就都是理想化的产物。同样地，力学研究中所涉及的也都是"理想的对象"，如没有摩擦力的斜面、绝对的真空等。对于所说的建构活动，我们可以做出如下的进一步分析。

（1）数学对象是借助于明确的定义得到构造的，在进一步的研究中，我们只能依靠所说的定义去进行演绎推理，而不能求助于直观，因此，我们就可以把所说的构建说成是一种"逻辑建构"。

（2）按照定义方式的不同，对数学对象的逻辑建构可以做出如下的区分：有些数学对象是借助于其他的对象明显地得到定义的，从而就是所谓的"派生概念"。例如，圆就可以定义为"到定点的距离等于定长（半径）的点的轨迹"。另外，那些更为基本的对象，也即所谓的"初始概念"，则是借助于相应的公理（组）"隐藏地"得到定义的。例如，希尔伯特在其著作《几何基础》中给出的公理系统就可看成关于（欧氏）几何中基本对象（即点、线、面等）的"隐藏定义"。

（3）数学对象的逻辑建构是借助于纯粹的数学语言完成的，在严格的数学研究中我们只能依据相应的定义去进行推理，而不能求助于直观。因此，数学对象的明确定义事实上就是一种重新建构的过程。对此可具体剖析如下：

① 理想化。相对于具有明显现实原型的数学对象而言，数学抽象的过程往往包括了对真实事物或现象的必要简化和完善化，也即是一个理想化的过程。一般地说，在数学对象与其现实原型之间往往存在有重要的区别。

② 精确化。在很多情况下，严格的数学概念的提出就意味着对相应朴素观念的必要澄清。或者说，只有借助于所说的数学概念，相应的朴素观念才能获得明确的意义。例如，如果不借助于极限等概念，弧长、面积、体积等概念就不可能获得精确的定义。

③ 分离化。由于在严格的数学研究中，我们只能根据相应的定义去进行推理，而不能求助于直观，因此，数学对象的逻辑建构事实上就意味着与真实的分离。这就是说，在纯粹的数学研究中，我们是以抽象思维的产物为直接对象，而不是以其可能的现实原型为直接对象从事研究的。正因为如此，即使就具有明显直观意义的数学概念和理论而言，诸如欧几里得的几何理论等，也不能被看成是对真实事物或现象的直接研究。

④ 一般化。相对于可能的现实原型而言，以抽象思维的产物为直接对象去从事研究具有更为普遍的意义，它们所反映的已不是某一特定事物或现象的量性特征，而是一类事物或现象在量的方面的共同特征。例如，从历史的角度看，计算运动物体的瞬时速度是导数概念的一个重要来源；但是，由于后者是借助于纯粹的数学语言得到定义的，而且有关的理论又完全建立在纯粹的逻辑演绎之上，因此，这就具有更为普遍的意义，不仅可以用于对运动的研究，也适用于具有相同量性特征的一类问题。例如，电流强度就是电量关于时间的导数，曲线在某点处切线的斜率是纵坐标关于横坐标的导数等。

为了清楚地表明数学对象的相对独立性及其普遍意义，并考虑到数学抽象的特殊内容，我们可以把数学的研究对象特称为"量化模式"。由此，对所说的"模式"（pattern）就应与通常所说的"模型"（model）明确地加以区分。按照我们的用法，模型从属于特定的事物或现象，从而就不具有模式那样的相对独立性和普遍意义。

进而，对于数学抽象（在方法上）的特殊性，我们则可简要地归结如下：

在数学中，我们是通过相对独立的量化模式的构建，并以此为直接对象从事客观世界量性规律性的研究的。

第四，数学对象的逻辑建构不仅意味着与真实的分离，而且意味着与各个特殊个人的"心理图像"的分离，从而就直接促成了数学对象由"内在的思维创造"向"外部的独立存在"的转化。

具体地说，由于数学对象是借助于明确的定义得到建构的，而且数学中所研究的又只是这种定义的逻辑理论，因此，尽管某些数学概念或理论在最初很可能只是某个人的"发明创造"，但是，一旦这些对象得到了明确的定义，就立即获得了确定的"客观意义"，即使是"发明者"本人也只能客观地对此进行研究，而不能再任意地加以改变。于是，这也就回答了前述关于数学对象何以可能由"主观的思维"转化为"相对独立的客观存在"的问题。另外，尽管同一个数学概念（诸如平行线的概念）在不同的人那里可能具有不同的"心理图像"，但是相应的数学结论具有超越各个特殊个体的普遍性。显然，这事实上也就是数学能够成为一门科学的一个必要条件。

第五，数学抽象的特殊方法，即数学对象的逻辑建构为数学的高度抽象提供了现实的可能性。数学对象的逻辑建构在一定意义上就意味着与真实的脱离，从而就为思维的创造性活动提供了极大的自由性。例如，由于公理被看成相应数学对象的隐定义，而并非是关于特定对象的"自明真理"，因此，在这样的理解下，我们就可"自由地"应用"假设—演绎方法"去从事各种可能的量化模式的研究。

总的来说，数学抽象在方法上的特殊性就在于这种建构活动的形式特性。这就是说，数学并非对客观事物或现象量性特性的直接研究，恰恰相反，与可能的现实原型相对照，数学抽象是一种"重新建构"的活动，在数学中我们并就这种建构活动的产物作为直接的研究对象。

第六，相对于可能的现实原型而言，通过数学对象所形成的数学概念和理论具有更为普遍的意义，它们所反映的已不是某一特定事物或现象的量性特征，而是一类事物在量的方面的共同特性。

正因为数学的研究对象、概念和命题具有超越特殊对象的普遍意义，它们就都是一种模式。因此，数学就可以被说成"模式的科学"，或者更为恰当地说："数学即是（量化）模式的建构与研究"。

15.3 无限丰富的数学世界

15.3.1 数学对象的实在性

综合以上两部分的分析，我们就可对数学对象的实在性问题做出如下的具体回答：

第一，数学对象是借助于明确的定义得到建构的，在严格的数学研究中，我们只能依靠所说的定义和相应的规则去进行推理，而不能求助于直观。

这也就是说，数学建构的形式特性保证了数学研究的客观性，直接促成了数学对象纯主观的思维创造向相对独立的思维对象的转化。

第二，又如怀特等人所已指出的，除上述之外，我们并应从一个不同的角度（或者说，从更高的层面上）去讨论数学研究的客观性。这就是指，数学对象有可能超越个体而获得更为普遍的意义，也即成为一种"文化实在"。这也就如著名数学家波莱尔所指出的："凡属文明或文化上的所有事物，我们往往假定了它们的存在，因为它们是我们和别人共有的东西，我们可以用它们互相交流思想。有些东西，只要我们相信在别人的头脑里和在我们的头脑里都是以同样的形式存在的，我们就可以一起来考虑和讨论，那么它就成为客观事物（而不是"主观"事物）了。"

显然，与上述数学建构活动形式不同，我们在此所强调的即是这种活动的社会性质。这就是说，在现代社会中，个人的数学创造最终必须接受社会的"裁决"，只有为相应的社会共同体（即数学共同体）一致接受的数学概念才能真正成为数学的成分；反之，如果一位数学家的发明创造由于某种原因（即严重背离当时的研究主流）而始终未能得到普遍的接受，那么即使这种建构从形式上看是完全没有问题的，最终仍将很快为人们所遗忘，也即不可能真正成为数学的研究对象。

因此，在上述的意义上，我们也可以做出关于"思维对象"与"客观对象"的进一步区分，并在后一意义上去肯定数学对象的客观性。这就是说，数学对象最终被看成一种"社会的建构"。这也就如同波莱尔所指出的："数学家们共同享有一个精神的实体——大量的数学思想，他们用心灵的工具研究的对象，其性质有的已知有的未知，还有理论、定理、已经解决和尚未解决的问题。"

综上可见，数学对象由主观的思维创造向相对独立的客观对象的转化就是经由对象的形式建构和由个体向群体的转移这两个环节得以实现的，即包括了"主观的思维创造""思维对象""客观对象"这三个不同的阶段。

最后，应当指出，就数学研究的客观性问题而言，我们当然还应涉及数学与客观世界的关系。在此首先指明这样一点：尽管数学并非对客观世界量性规律的直接研究，但是，就整体、过程、总和、局势、源泉而言，数学规律又正是思维对客观世界量性规律性的正确反映。当然，这又并非一种简单、被动的反映，恰恰相反，数学抽象的建构性质清楚地表明了这种认识活动的能动性质，特别是，所说的建构在一定意义上就意味着与真实的分离，从而也就为思维的自由创造提供了极大的可能性。

15.3.2 数学文化的层次性与秩序性

由于数学对象的建构相对于可能的现实原型而言是一个"重新建构"的过程，而且严格的数学研究就以此作为直接的对象，因此，数学对象的形式建构在很大程度上为数学想象的自由翱翔提供了现实的可能性。

例如，如前面所提的，数学抽象未必是从真实事物或现象直接去进行抽象，也可以以业已得到建构的数学模式作为原型再间接地加以抽象。这就正如美国当代著名数学家斯蒂恩所指出的："数学是模式的科学，数学家们寻求存在于数量、空间、科学、计算机乃至想象中的模式，……模式提示了别的模式，并常常导致了模式的模式。正是以这种方式数学遵循着自身的逻辑，以源于科学的模式为出发点，并通过补充所有的由先前的模式导出的模式使这种图像更加完备。"

特殊地，我们在此并可着重提及一般化（弱抽象）与特殊化（强抽象）在数学中的广泛应用。前者即是指由原型中选取某一特征或侧面加以抽象，从而形成比原型更为普遍、更为一般的概念或理论。例如，从欧氏空间的概念出发，通过一系列的弱抽象，我们就可以依次建立以下的概念（其中，以符号"$\xrightarrow{(-)}$"表示弱抽象的关系）：

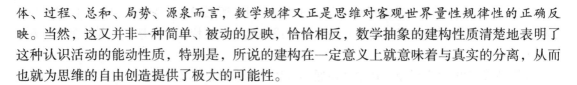

容易看出，如果就思维方向进行分析，弱抽象和强抽象可说是直接相对立的。但是，应当强调的是，如果把弱抽象看成概念的分解，那么强抽象就不只是简单的复归（组合），即如将分解所得出的概念再依反方向重新组合起来（或者说，即是由"抽象的规定"重新回到"思维中的具体"），恰恰相反，由于在此可以尝试对分解所得出的概念进行各种可能的组合（和新的分解），因此，通过弱抽象和强抽象的综合运用（也即概念的分解和适当的组合），我们就可获得各种可能的新模式，从而构造出一个无限丰富而又井然有序的数学世界。

例如，我们在此应当特别提及法国布尔巴基学派的工作，因为这一学派关于数学结构的分析，清楚地表明了数学的高度创造性及其整体上所具有的明显的层次性和秩序性。

具体地说，正是通过对若干基本的数学理论（自然理论、实践理论）的具体分析，布尔巴基学派指出，大部分数学理论都可归结为三种基本的数学结构（它们被称为"母结构"），即代数结构、序结构和拓扑结构。显然，这事实上就是一个弱抽象的过程。在获得了所说的三种基本结构以后，我们显然不仅可以以此为基础对先前作为出发点的各个数学理论的结构做出具体的解释，而且也可通过各种新的组合（强抽象）去建构出各种可能的数学结构（可称为子结构）。特别是，由于这是一个逐次建构的过程，因此，布尔巴基学派的工作也就清楚地表明了在各种数学理论之间所存在的明显的"谱系"。

15.3.3 关于可能的量化模式

更为一般地说，这事实上就可被看成数学现代发展的一个决定性特点，即其研究对象已

经由已给出的具有明显直观背景的量化模式过渡到了可能的量化模式。因此，对于前述的关于数学的"定义"，我们就应当做出如下的补充或修正：数学是（量化）模式的建构和研究，而且现代数学的研究对象已经由具有明显直观意义的现实模式过渡到了可能的模式。

综上可见，数学世界的无限丰富性和秩序性也就应当被看成数学对象相对于一般文化物的一个重要特殊性。

最后，应当指出，在充分肯定数学思维自由性的同时，我们也应清楚地认识到"自由并非任意"。这就是说，对数学思维自由性的肯定并不意味着我们可以随意地去从事数学的创造。事实上，正如前面所指出的，任何数学创造最终都必须接受社会共同体的"裁决"；而且，作为共同体的一员，各位数学家又必然处于一定的数学传统之中，更不可避免地受到社会中各种文化和物质成分的影响和限制。

15.3.4 数学的各个成分

最后应当指明，以上关于数学对象文化性质的分析，也可推广到数学的各个"客观成分"。事实上，按照现代的数学观，特别是从数学活动的角度去进行分析，数学显然不仅包括有作为数学活动——"最终成果"的事实性结论，而且也包括有"问题""语言""方法"等多种成分。

另外，这里所说的数学的文化性质就是指无论就事实性结论（命题），或是就问题、语言和方法而言，都是人类思维的产物，而且它们又都应被看成"社会的建构"，这也就是说，只有为"数学共同体"所一致接受的数学命题、问题、语言和方法才能真正成为数学的组成成分。

 思考题

1. 如何理解数学的抽象性？
2. 如何理解数学是关于量化模式的科学？
3. 试举例说明数学模式的建构过程。

参 考 文 献

[1] 齐民友. 数学与文化 [M]. 大连：大连理工大学出版社，2008：1.

[2] 郑毓信，王宪昌，蔡仲. 数学文化学 [M]. 成都：四川教育出版社，2000：8-10，17-43，135-136，
235-247，291-298.

[3] 张景中. 数学与哲学 [M]. 北京：中国少年儿童出版社，2003：72，75，141.

[4] 张燕顺. 数学的思想、方法和应用 [M]. 北京：北京大学出版社，1997：106-108，242-245，262-
264，267.

[5] 徐利治，郑毓信. 数学模式论 [M]. 南宁：广西教育出版社，1983：26-31，55-60，164-174，190-193.

[6] 爱因斯坦. 爱因斯坦文集：第一卷 [M]. 许良英，范岱年，译. 北京：商务印书馆，1976：101，136，
262，316，372.

[7] 卡普尔. 数学家谈数学本质 [M]. 王庆人，译. 北京：北京大学出版社，1989：209.

[8] 康德. 十八世纪末—十九世纪初德国古典哲学 [M]. 北京大学哲学系外国哲学史教研室，编译. 北京：
商务印书馆，1960：15-16.

[9] 玻尔. 原子物理学和人类知识论文续编 [M]. 郁韬，译. 北京：商务印书馆，1978：73.

[10] 狄拉克. 量子力学原理 [M]. 陈咸亨，译. 北京：科学出版社，1979：V.

[11] 庞加莱. 科学的价值 [M]. 李醒民，译. 北京：商务印书馆，2007：190.

[12] 易南轩，王芝平. 多元视角下的数学文化 [M]. 北京：科学出版社，2007：107-113，118-121，134-
145，147-151，176-198，225-226，234-280，318-352.

[13] 李迪. 中国数学简史 [M]. 沈阳：辽宁人民出版社，1984：222.

[14] 吴文俊. 关于研究数学在中国的历史与现状 [J]. 自然辩证法通讯，1990 (4)：1-3.

[15] 杜瑞芝，刘琳. 中国、印度和阿拉伯国家应用负数的历史的比较 [J]. 辽宁师范大学学报：自然科学
版，2004 (3)：274-278.

[16] 薛有才. 复数及其文化意义 [J]. 数学文化，2011 (2)：57-60.

[17] 克莱因. 古今数学思想 [M]. 张理京，张锦炎，江泽涵译. 上海：上海科学技术出版社，1979：294.

[18] 恩格斯. 反杜林论 [M]. 吴黎平，译. 北京：人民出版社，1956：37.

[19] 郑毓信. 数学教育哲学 [M]. 2 版. 成都：四川教育出版社，2001：55，125-126.

[20] 克莱因. 现代世界中的数学 [M]. 齐民友，等译. 上海：上海教育出版社，2007：156.

[21] 布留尔. 原始思维 [M]. 丁由，译. 北京：商务印书馆，1985：201-202.

[22] 胡作玄. 数学与社会 [M]. 大连：大连理工大学出版社，2008.

[23] 王庚. 数学文化与数学教育 [M]. 北京：科学出版社，2000：15-25，29.

[24] 陈鼎兴. 数学思维方法——研究式教学 [M]. 南京：东南大学出版社，2008：88-96，117-118.

[25] 李维. 数学沉思录 [M]. 黄征，译. 北京：人民邮电出版社，2010：119.

[26] 克莱因. 西方文化中的数学 [M]. 张祖贵，译. 上海：复旦大学出版社，2004：128-139，235-286，
358-375，380.

[27] 胡炳生，陈克胜. 数学文化概论 [M]. 合肥：安徽人民出版社，2006：57-61，157-162.

[28] 张饴慈，焦宝聪，都长清，等. 大学文科数学 [M]. 北京：科学出版社，2001：93-94.

[29] 朱家生，姚林. 数学：它的起源与方法 [M]. 南京：东南大学出版社，1999：3，9，52-53.

[30] 张红. 数学简史 [M]. 北京：科学出版社，2007：52-54，238-241.

[31] 张苍. 九章算术 [M]. 南京：江苏人民出版社，2011：180-182.

[32] 靳全勤. 初等变换的一个应用：矩阵的满秩分解 [J]. 大学数学，2009 (5)：195-196.

[33] 王章雄. 数学的思维与智慧 [M]. 北京：中国人民大学出版社，2011：256-262.

[34] 郭龙先. 代数学思想史的文化解读 [M]. 上海：上海三联书店，2011：185-186.

[35] 克莱因. 数学，确定性的丧失 [M]. 李宏魁，译. 长沙：湖南科学出版社，2003.

[36] 艾耶尔. 语言、真理与逻辑 [M]. 尹大贻，译. 上海：上海译文出版社，1981：85.

[37] 马克思. 1844 年经济学哲学手稿 [M]. 中共中央马克思恩格斯列宁斯大林著作编译局，译. 3 版. 北京：人民出版社，2000.

[38] 黄秦安. 数学哲学与数学文化 [M]. 西安：陕西师范大学出版社，1999：277.

[39] 伯格，迈克尔·斯塔伯德. 数学爵士乐 [M]. 唐璐，付雪，译. 长沙：湖南科学技术出版社，2007：120-121.

[40] 张楚廷. 数学文化 [M]. 北京：高等教育出版社，2003：34-66，317-327，363-370.

[41] 赵北耀，郭邦士，薛有才. 体育应用数学 [M]. 北京：人民体育出版社，1994.

[42] 马克思，恩格斯. 马克思恩格斯全集：第 20 卷 [M]. 中共中央马克思恩格斯列宁斯大林著作编译局，译. 北京：人民出版社，1971：247.

[43] 薛有才，罗敏霞. 线性代数 [M]. 北京：机械工业出版社，2010：134-143.

[44] 中国科学院数学物理部. 今日数学及其应用 [J]. 自然辩证法研究，1994（1）：3-4.

[45] 薛有才，陈晓霞. 工科数学在创新教育中的理论与实践 [J]. 高等工程教育研究，2008（S2）：7-8.

[46] 庞加莱. 科学的价值 [M]. 李醒民，译. 北京：光明日报出版社，1988：190，355，357，377，383-384.

[47] 米山国藏. 数学的精神、思想和方法 [M]. 毛正中，吴素华，译. 成都：四川教育出版社，1988：197-198.

[48] 胡炳生，陈克胜. 数学文化概论 [M]. 合肥：安徽人民出版社，2006：146.

[49] 丹皮尔. 科学史 [M]. 李珩，译. 北京：商务印书馆，1975：193.

[50] 刘仲林. 科学臻美方法 [M]. 北京：科学出版社，2002：35，80-81.

[51] 梁衡. 数理化通俗演义 [M]. 北京：人民教育出版社，2002.

[52] 夏基松，郑毓信. 西方数学哲学 [M]. 北京：人民出版社，1986.

[53] 王树禾. 数学思想史 [M]. 北京：国防工业出版社，2003.

[54] 亚历山大洛夫，等. 数学：它的内容，方法和意义：第 3 卷 [M]. 王元，万哲先，等译. 北京：科学出版社，2001.

[55] 袁小明，胡炳生，周焕山. 数学思想发展简史 [M]. 北京：高等教育出版社，1999.

[56] 袁小明，胡炳生，刘逸. 中华数学之光 [M]. 长沙：湖南教育出版社，1999.

[57] 许康，周复兴. 数学与美 [M]. 成都：四川教育出版社，1991.

[58] 赵北耀，郭邦士，薛有才. 体育应用数学 [M]. 北京：人民体育出版社，1994.

[59] 薛有才. 微分几何的历程和陈省身教授的伟大贡献 [J]. 运城高专学报，2002，20（3）：32-37.

[60] 薛有才. 欧高黎嘉陈：陈省身教授对微分几何的贡献 [J]. 运城高专学报，2001，19（3）：61-64.

[61] 许梅生，薛有才. 线性代数 [M]. 杭州：浙江大学出版社，2003.

[62] 白尚恕. 中国数学史研究：白尚恕文集 [M]. 北京：北京师范大学出版社，2007.

[63] 佛拉德. 计量史学方法导论 [M]. 王小宽，译. 上海：上海译文出版社，1997.

[64] 谈祥柏. 数学与文史 [M]. 上海：上海教育出版社，2002.

[65] 上海市科普创作协会. 数学与文学 [M]. 上海：上海科学普及出版社，1991.

[66] 欧阳绛. 数学游戏 [M]. 北京：中央编译出版社，2004.

[67] 林夏水. 数学哲学译文集 [M]. 北京：知识出版社，1986.

[68] 徐利治. 数学方法论选讲 [M]. 武汉：华中工学院出版社，1995.

[69] 林夏水. 数学的对象与性质 [M]. 北京：社会科学文献出版社，1994.

[70] 胡作玄. 第三次数学危机 [M]. 成都：四川人民出版社，1985.

[71] 丁石孙，张祖贵. 数学与教育 [M]. 长沙：湖南教育出版社，1989.

[72] 张奠宙，赵斌. 二十世纪数学史话 [M]. 北京：知识出版社，1984.

［73］郑毓信，肖柏荣，熊平. 数学思维与数学方法论［M］. 成都：四川教育出版社，2001.

［74］张楚廷. 数学与创造［M］. 长沙：湖南教育出版社，1990.

［75］托马斯·库恩. 科学革命的结构［M］. 金吾伦，胡新和，译. 北京：北京大学出版社，2003.

［76］伊夫斯. 数学史概论［M］. 欧阳绛，译. 太原：山西经济出版社，1986.

［77］李约瑟. 中国科学技术史：第二卷，科学思想史［M］. 何兆武，等译. 北京：科学出版社，1978.

［78］史蒂芬·巴克尔. 数学哲学［M］. 韩光焘，译. 北京：三联书店，1989.

［79］怀特海. 科学与近代世界［M］. 何钦，译. 北京：商务印书馆，1989.

［80］斯蒂恩. 今日数学［M］. 马继芳，译. 上海：上海科学技术出版社，1982.

［81］中国大百科全书编辑部. 中国大百科全书：数学［M］. 北京：中国大百科全书出版社，1988.

［82］周昌忠. 西方科学的文化精神［M］. 上海：上海人民出版社，1955.

［83］徐利治，王前. 数学与思维［M］. 大连：大连理工大学出版社，2008.

［84］史树中. 数学与经济［M］. 大连：大连理工大学出版社，2008.